煤炭职业教育“十四五”规划教材
高等职业教育“新形态”一体化教材

矿图

主　编　李洪军
副主编　王杰勋　李松泽　王　超
参　编　丁海英　邓俊岩　杜　凯
主　审　竭永军

中国矿业大学出版社
·徐州·

内容简介

本书是基于智能开采专业群建设编写的煤炭高等职业教育采矿类教材，在原有矿图知识的基础上，以“项目-任务”的形式呈现教材内容，并且在教材中加入了课程思政要素。

全书包括了九个项目，具体内容为矿图的基础、矿图常用图例、矿井地面图、矿井地质图、采掘工程设计图、采掘工程生产管理图、安全工程图、矿井其他矿图、综合训练等。

本书可作为高等职业教育院校煤矿智能开采、矿井通风、矿山地质等专业的教材，也可作为中等职业院校相关专业及成人培训的教材。

图书在版编目(CIP)数据

矿图 / 李洪军主编.— 徐州：中国矿业大学出版社，2023.12

ISBN 978-7-5646-5917-2

Ⅰ. ①矿…　Ⅱ. ①李…　Ⅲ. ①矿产分布图—高等职业教育—教材　Ⅳ. ①P617

中国国家版本馆 CIP 数据核字(2023)第 149328 号

书　　名　矿图
主　　编　李洪军
责任编辑　何晓明　耿东锋
出版发行　中国矿业大学出版社有限责任公司
　　　　　　（江苏省徐州市解放南路　邮编 221008）
营销热线　(0516)83885370　83884103
出版服务　(0516)83995789　83884920
网　　址　http://www.cumtp.com　**E-mail**:cumtpvip@cumtp.com
印　　刷　苏州市古得堡数码印刷有限公司
开　　本　787 mm×1092 mm　1/16　**印张** 13.25　**字数** 339 千字
版次印次　2023 年 12 月第 1 版　2023 年 12 月第 1 次印刷
定　　价　49.00 元

前 言

为了充分体现高职教育的发展目标，适应煤炭高等职业教育智能开采专业教学改革需要，为现代新型工业培养高素质技能型人才，并根据煤矿开采类专业矿图教学的基本要求及教学改革的要求编写了本教材。

本书的主要内容有：项目一矿图的基础（12 学时）、项目二矿图常用图例（4 学时）、项目三矿井地面图（6 学时）、项目四矿井地质图（10 学时）、项目五采掘工程设计图（4 学时）、项目六采掘工程生产图（10 学时）、项目七安全工程图（4 学时）、项目八矿井其他矿图（4 学时）、项目九综合训练（10 学时）等。总参考学时为 64 学时。

本书是基于智能开采专业群建设编写的煤炭高等职业教育采矿类教材。承担编写任务的教师做了大量的调研、搜集整理资料和编撰工作。本书在原有矿图知识的基础上，以“项目-任务”的形式呈现教材内容，并且在教材中加入了课程思政要素。

本书由李洪军任担任主编。具体编写分工如下：项目一由黑龙江能源职业学院王超编写；项目二、项目四任务一至任务三、项目六、项目九及全书的课程思政点由黑龙江能源职业学院李洪军编写；项目三由陕西能源职业技术学院丁海英编写；项目四任务四和任务五由黑龙江能源职业学院王杰勋编写；项目五由黑龙江省双鸭山矿业有限公司新安煤矿邓俊岩编写；项目七由黑龙江能源职业学院李松泽编写；项目八由黑龙江工业学院杜凯编写。龙煤双鸭山矿业有限责任公司地质信息研究院（地质测量部）竭永军担任本书的主审，全面负责本书的审稿工作。

本教材的编写内容是以煤炭高等职业教育定位及人才培养目标为宗旨，依据国家有关煤炭行业法律、法规、规范、标准等对矿图课程的要求和煤矿智能开采专业学生应具备的矿图知识及技能要求设置的。教材努力贯彻素质教育精神，体现职业技术教育的理念、特点和要求，突出行业的特点，突显理论联系实际和培养实际动手能力为主的职业教育特色；尽力联系煤炭行业的矿图使用现状把教材的基本内容与生产实际和教学实践相结合，增强实用性；充分吸取新的科学技术成果，大力培养学生的科学态度和创新意识。

教材中选用了大量煤矿实际使用的矿图，具有较强的实用性。教材还配套了完整的电子教案、教学课件、课后习题答案、拓展资料、微课等立体化教学资源，以支持网络及多媒体等现代化教学方式，有效提升教学质量。

限于编者水平，书中疏漏之处在所难免，恳请广大读者批评指正。

编 者

2023年6月

目　录

项目一　矿图的基础

【学习目标】

1. 熟悉矿图在煤矿生产中的重要性及矿图的主要内容。

2. 理解矿图的概念以及范围和方位的确定对于读图制图的意义。

3. 掌握矿图的坐标和高程的投绘方法。

【思政目标】

通过学习矿图的基础内容，学生应了解煤炭在国民经济中的重要作用，更加热爱矿山工作，不忘初心、牢记使命，在工作和学习中时刻严格要求自己，解放思想、敢于创新，时刻以自己作为煤炭行业接班人而骄傲。

任务一　矿图的重要性及矿图的分类

一、概述

思政元素

能源是社会和经济发展的重要物质基础。随着我国国民经济建设的发展和综合国力的提高，虽然石油、天然气、水能和核能占比在不断增加，煤炭占比在不断下降，但是煤炭在我国能源消费结构中所占比例仍然是最高的。煤炭作为我国的基础能源，其重要地位不可动摇。

煤炭工业是我国重要的基础产业，在煤炭资源开发过程中，必须经过地质勘查、设计、建设和试生产阶段，然后实现煤炭的正规生产，在各阶段实施过程中都要绘制和使用各种图件。例如，在地质勘查阶段，地质部门编制的反映煤田、矿区和井田各种地质特征的地质图件；在设计阶段，煤矿设计部门编制的工程设计图纸；在建设阶段，对工程设计图纸的使用及变更；在生产阶段，工程技术人员根据矿井开拓、掘进、工作面回采及实际揭露的煤层产状、地质构造、煤质、开采技术条件等情况而绘制的地质测量图。另外，为方便矿井管理还要绘制生产管理图，如采掘计划图，各类安全、生产系统图等。因此，在煤炭的勘查、设计、建设和生产的各个阶段都离不开图纸，它是煤炭开发建设、生产管理的重要技术资料。

人们把为煤炭开发、生产服务的地质测量图、设计工程图、生产管理图统称为矿图。一套完整的矿图可以反映一个煤炭企业可持续发展的能力及潜力，也是展示一个煤炭企业形象的窗口、评价一个煤炭企业综合实力的重要资料。

在煤炭企业建设生产过程中，全面地了解地质状况及井下采掘情况都离不开矿图。作为未来煤炭企业的工程技术人员，必须学习矿图的有关基本知识，并经过严格训练，具备阅读、使用和绘制矿图的能力。

二、本课程的主要内容、目的和任务

1. 主要内容

本课程是为煤炭行业培养高技能应用型人才而开设的一门技术基础课。课程的主要内容有：

① 矿图基本知识。主要介绍点的坐标、直线的方位角和矿图制图的基本知识。

② 投影基本知识。主要介绍标高投影和轴测投影。

③ 井田区域地形图。主要介绍地物、地貌的表示方法，井田区域地形图的识读和使用。

④ 煤矿地质图。主要介绍井田地形地质构造特征、煤层赋存状况和地质构造形态；煤层底板等高线图、钻孔柱状图、综合柱状图、煤岩层对比图的特征、识读和使用方法。

⑤ 采掘工程设计图和采掘工程生产管理图。主要介绍井田开拓方式图、采区巷道布置图、采掘工程平面图等矿图的特征、识读、使用和绘制方法。

⑥ 矿井其他矿图。主要介绍矿井通风系统图、井上下对照图、保护煤柱图、井下运输系统图等矿图的识读、使用和绘制方法。

2. 目的和任务

本课程的目的：使学生具备识读、绘制矿图的能力及利用矿图解决实际问题的能力。

本课程的主要任务：使学生了解矿图的基本知识和绘图的基本原理，熟悉矿图的基本内容，掌握识读和绘制各种常用矿图的基本技能，学会利用矿图管理煤炭企业和指导煤矿生产的基本方法。

三、本课程与其他课程的关系

二十大元素

本课程与“煤矿地质”“矿山测量”“煤矿开采方法”“井巷工程”“矿井通风”“煤矿安全”等课程有着密切的联系。煤层产状、地质构造及水文地质知识需要在“煤矿地质”课程里介绍；点位、直线方位的测量与计算需要在“矿山测量”课程里介绍；井田开拓方式、巷道布置等相关知识需要在“煤矿开采方法”“井巷工程”课程里介绍；通风线路的布设、避灾线路的选择等通风安全知识需要在“矿井通风”“煤矿安全”课程里介绍。因此，要学好本课程，应先学好上述几门课程，具备相关的专业知识。

四、矿图的概念及分类

初识矿图

1. 矿图的概念

在矿井设计、施工和生产管理等工作中所绘制的一系列图纸，统称为矿图。矿图是煤矿企业非常重要的技术资料，是设计、施工和生产的主要技术依据。

2. 矿图的分类

生产矿井必须具备的图纸可分为三大类：地质测量图、设计工程图和生产管理图。

(1) 地质测量图

地质测量图分为矿井测量图和矿井地质图。

① 矿井测量图是根据地面和井下实际测量资料绘制而成的图纸，主要反映矿井地面的地物、地貌情况，井下巷道和硐室的空间位置，矿层产状和地质构造，井下采掘情况以及井上下相互位置关系等情况。

由于矿井采掘情况不断变化，因而矿井测量图是随着矿井的开拓、掘进和回采等工作的进行，逐步进行测量并填绘的。

一般煤矿必备八大矿井测量图：井田区域地形图、工业广场平面图、采掘工程平面图、主要巷道平面图、井底车场平面图、井筒断面图、井上下对照图、主要保护煤柱图等。另外，在赋存急倾斜煤层的煤矿，为了更清晰地反映井下巷道和硐室的空间位置关系，可绘制采掘工程立面图；在开采煤层较多的煤矿，可绘制采掘工程层面图。

② 矿井地质图是反映矿井矿层产状、地质构造、地形地质、水文地质、矿产质量分布等情况的图纸。

矿井地质图一般是在矿井测量图的基础上，根据地质勘查资料和井下地质编录资料，经过分析、推断绘制而成的图纸。在建井前，依据地质勘查资料，绘制矿层产状、大的地质构造和矿产质量等情况的多种地质图。在矿井建设和生产过程中，对矿层产状、地质构造和矿产质量等情况又会有新的发现，此时应对先前绘制的地质图进行补充和修改，使矿井地质图的精度不断提高，为矿井设计、施工和生产提供可靠的依据。

煤矿常用的矿井地质图有：煤层底板等高线图、井田地形地质图、各种地质剖面图、各种柱状图、水文地质图等。

矿井测量图和矿井地质图有着密切的联系，两种图纸上的部分内容相互交融，但侧重点不同。没有矿井测量图，矿井地质图就难以绘制；反之，矿井测量图如果不填绘可靠的地质资料，也就说明不了矿层埋藏的真实状况，将大大降低矿井测量图的实用性。

（2）设计工程图

设计工程图是设计部门为矿井建设而设计、绘制的一系列图纸。

煤矿设计包括矿井新井建设设计、矿井改扩建设计、矿井水平延深设计、采区设计和单项工程设计。每种类型的设计都必须按其不同阶段的要求绘制一系列图纸用以说明设计方案和设计内容。

（3）生产管理图

生产管理图是在矿井生产管理过程中绘制的用于指导日常生产工作的主要图纸。如采掘工程平面图，采掘计划图和各类安全、生产系统图。

生产管理图与地质测量图有着密切的联系，其中有相互交叉的图纸，如采掘工程平面图既是矿井测量图，也是生产管理图。许多生产管理图是在矿井测量图的基础上绘制的，如各类安全、生产系统图一般是以采掘工程平面图为基础绘制而成的。

矿图是煤矿企业重要的技术资料，在矿井生产管理过程中，正确地进行矿井设计、科学地管理和指挥生产、合理地安排生产计划、及时地制定灾害预防措施和处理方案等工作，都需要借助矿图。矿图是矿井建设和生产的主要技术依据，是工程技术人员、管理人员相互交流的工程技术工具。

任务二　矿图的范围：方格网

方格网

为了保证绘制出的矿图能达到一定的精度，应首先使绘制在平面图上的坐标方格网和剖面图中的高程线达到足够的精度要求。下面对坐标方格网和高程线的绘制进行介绍。

一、坐标方格网的绘制

矿图上的坐标格网有正方格网和斜方格网，格网线与图廓正交的方格网称为正方格网，格网线与图廓斜交的方格网称为斜方格网。每个小方格的边长一般规定为 100 mm。其精度要求规定：方格网线粗不得超过 0.1 mm，每个小方格的边长误差不得超过 0.2 mm，图廓边长以及每条对角线长与理论值之差不得超过 0.3 mm，对角线上各交点应在一条直线上。

1. 正方格网的绘制

思政元素

（1）对角线法

以长方形图纸为例，正方格网的绘制方法如图 1-1 所示，步骤如下：

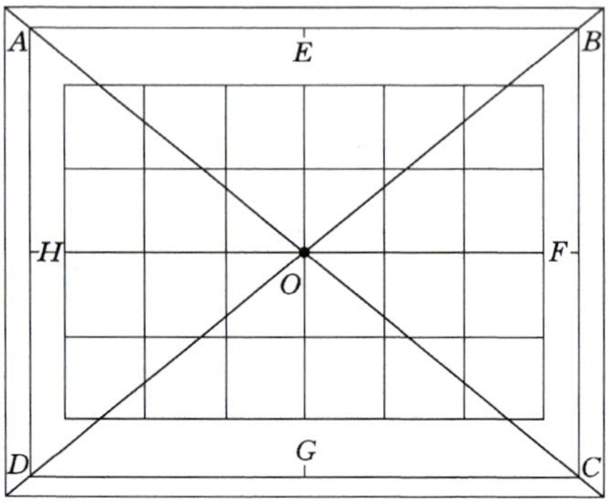

图 1-1　对角线法绘制正交的方格网

① 在长方形的图纸上，先绘出两条对角线 AC 和 BD，交点为 O。

② 以交点 O 为圆心，以适当长度为半径，用直尺在对角线上截取等长的线段 OA、OB、OC、OD，并将 AB、BC、CD、DA 连接起来，即得一矩形 $ABCD$。

③ 找出 AB、BC、CD、DA 各边的中点 E、F、G、H，并连接 EG、FH，检查其交点是否通过中心；若不通过，需要重新绘制。

④ 在矩形 $ABCD$ 各边上，以 E、F、G、H 为起点，用直尺或圆规每 100 mm 的长度截取得到各个分点，连接对应的各分点，即得坐标方格网。

⑤ 按格网精度要求检查坐标格网是否符合要求，并擦去辅助线条和字母。

（2）弧度法

具体作法如图 1-2 所示，步骤如下：

① 在正方形或长方形的图纸上，距下底边 50 mm 处画一直线，由距左纸边 10 mm 处起始，沿直线量取 500 mm 得直线 AB，如图 1-2(a)所示。

② 以 A 为圆心，以 AB 为半径向上画弧 BF；再以 B 点为圆心，以 BA 长为半径向上画弧 AG；圆弧 BF 与 AG 交点为 O，如图 1-2(b)所示。

③ 作 OA 平分线得与圆弧 OA 的交点 E。

④ 以 O 点为圆心，以 OE 为半径画弧，分别与圆弧 AG、BF 相交于 C、D 两点，如图 1-2(b)所示。

⑤ 连接点 A、B、C、D，得出 500 mm×500 mm 的正方形图框，如图 1-2(c)所示。

⑥ 在正方形四边每隔 100 mm 截取一点，连接相应各点即得坐标方格网，如图 1-2(d)所示。

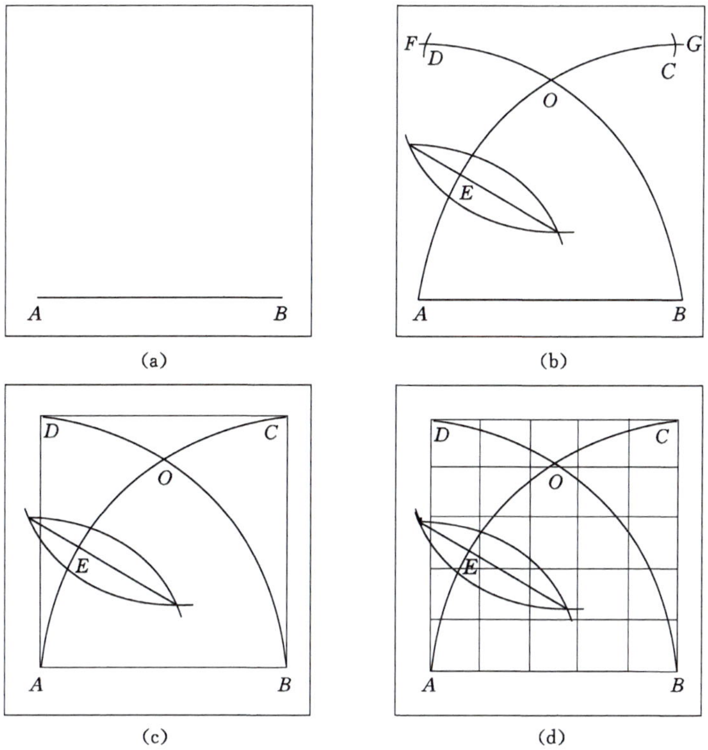

图 1-2　弧度法绘制坐标方格网

2. 斜方格网的绘制

自由分幅的矿图，一般幅面较大，为了使绘制的矿图内容在图纸上有合理的分布，绘制方格网时，格网线常与图廓斜交。斜方格网的绘制方法如图 1-3 所示，步骤如下：

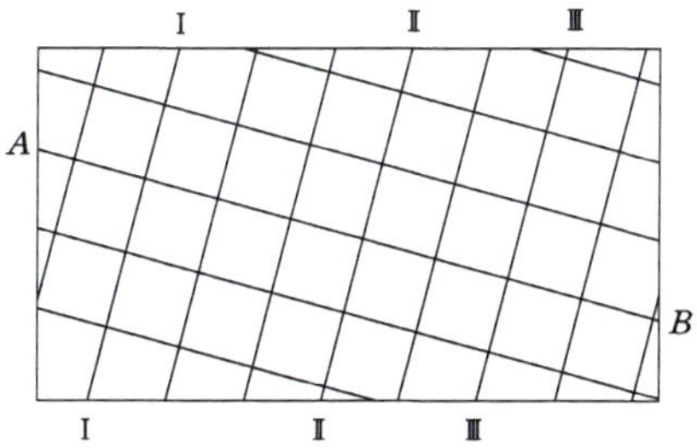

图 1-3　斜方格网的绘制

① 首先按图幅大小绘出长方形图廓边线。

② 根据图面内容，在图幅内的适当位置画一条长直线作为格网的基准线，如图 1-3 中的 AB。该线与图廓边线的交角依煤层的走向方位角而定，一般情况下，煤层的走向与矿图图幅的长方向基本一致。

③ 在基准线上每隔 100 mm 截取一点，并每隔若干点作基准线的垂线（即控制线，如图 1-3 所示Ⅰ—Ⅰ、Ⅱ—Ⅱ、Ⅲ—Ⅲ直线）。

④ 在所作的几条垂线上，从基准线开始，每 100 mm 截取一点，并连接对应点，得到基准线的平行线。

⑤ 在平行于基准线的各线上，由同一条控制线开始每隔 100 mm 截取一点，连接对应点，得到垂直于基准线的坐标格网线。

二、剖面图中高程线的绘制

剖面图中的高程线是一组间距相等的平行线，平行线间距的大小取决于图纸的比例及高差的大小。每条高程线要求平直并相互平行，其间距误差不得超过 0.2 mm。高程线的绘制步骤如下：

① 在图纸的下方，根据剖面图的图面布置，在适当位置画一条直线作为基准线，如图 1-4 中的 AA''，其长度由剖面图的长度和比例的大小确定。

② 在基准线的两端和中间分别作垂线，如图 1-4 中的 AD、$A'D'$、$A''D''$。若剖面较长，可多选几个点作垂线。

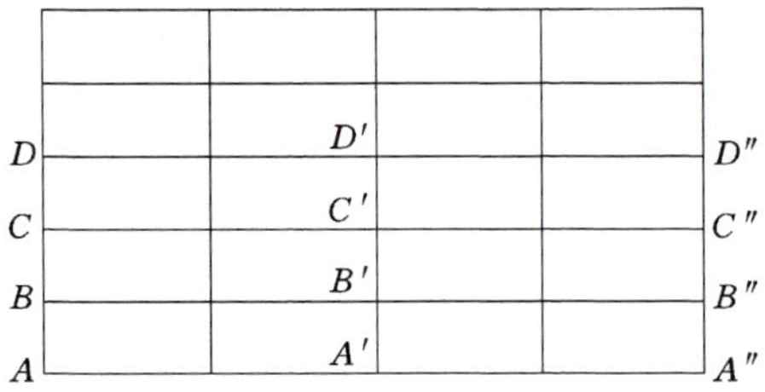

图 1-4　剖面图中高程线的绘制

③ 从 A、A'、A''开始，用直尺或圆规按图的比例和高程线的间距分别在各垂线上向上截取各高程点 B、C、D、B'、C'、D'、B''、C''、D''等。

④ 用直尺连接 B、B'、B''，C、C'、C''，D、D'、D''等，连接时三点应在一条直线上，否则应重新绘制。

⑤ 检查高程线的精度，满足要求后擦去中间的垂线，两侧的垂线可留下，最后注记高程线的高程值。

随着绘图软件在煤矿制图中的应用，坐标方格网和高程线的绘制工作完全可以利用计算机绘图软件来完成，速度快、精度高。有了计算机绘图软件，不仅可以绘制坐标方格网和高程线，而且整个矿图的绘制过程都可以利用计算机绘图软件来完成。

任务三　矿图中点的坐标和高程

点的坐标

在井田区域范围内，地面上各种地物分布和地貌形态、井下各种地质构造特征、煤层产状以及井下各种巷道和硐室的空间位置，在矿图上是以它们特征点的连线来表示的。确定特征点的空间位置是绘图前的主要工作，也是测量的基本工作。特征点的空间位置，指的是特征点的平面位置和高低位置，点的平面位置一般用坐标系统里的坐标来表示，点的高低位置一般用高程来表示。

坐标系统有地理坐标系、平面直角坐标系和假定平面直角坐标系。

一、地理坐标系

地理坐标系属于球面坐标系，根据基准面不同，又分为天文地理坐标系和大地地理坐标系。以大地水准面为基准面，以铅垂线为基准线，可以建立一套表示地面点水平位置和高程的坐标系，叫作天文地理坐标系，简称天文坐标系。以参考椭球面为基准面，以法线为基准线，可以建立一套表示地面点水平位置和高程的坐标系，叫作大地地理坐标系，简称大地坐标系。在地理坐标系中，地面点在球面上的位置用经度和纬度表示，称为地理坐标。这里只介绍一下大地坐标系。

在图 1-5 中，NS 为椭球的旋转轴，N 表示北极，S 表示南极，O 表示球心。通过椭球旋转轴的平面称为子午面，而其中通过英国格林尼治天文台的子午面称为起始子午面。子午面与椭球面的交线称为子午线。通过椭球中心且与椭球旋转轴正交的平面称为赤道面，赤道面与椭球面的交线称为赤道。与赤道面平行的平面和椭球表面的交线称为纬线。起始子午面和赤道面是确定地面某一点地理坐标的基准面。

图 1-5 中，F 点的经度是该点的子午面与首子午面所构成的二面角，用 L 表示。经度由首子午面向东 0°～180°称为东经，由首子午面向西 0°～180°称为西经。

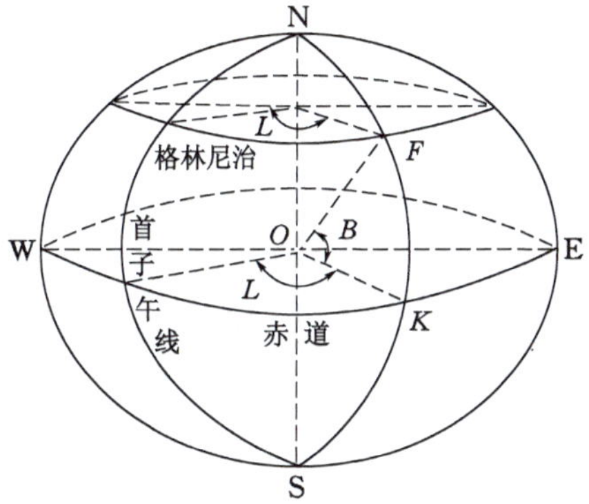

图 1-5　大地坐标

F 点的纬度是通过该点的法线与赤道面之间的夹角，用 B 表示。纬度以赤道平面为基准，向北 0°～90°称为北纬，向南 0°～90°称为南纬。例如，北京的地理坐标为东经 116°23′、北纬 39°54′。

二、平面直角坐标系

（一）平面直角坐标系的建立

在小区域地球表面进行测量时，可以把地球表面视为平面，在平面上建立平面直角坐标系，用平面坐标表示点位。如果测区范围较大，就不能把地球表面当作平面看待，需要按照地图投影的方法，将球面上的点移到平面上，这样才能建立平面直角坐标系。我国采用高斯投影法，由高斯（德国著名数学家、物理学家、天文学家、大地测量学家）提出的横圆柱正形投影理论经克吕格（德国大地测量学家）补充研究完成的高斯-克吕格坐标就是建立在高斯投影面上的直角坐标。

1. 高斯投影方法

为了研究方便，把地球作为一个圆球看待，设想将一个平面卷成圆柱形，把它套在地球外面，使圆柱面恰好与地面上的某一子午线相切，这条子午线称中央子午线或轴子午线，如图 1-6(a)所示。将球面上中央子午线附近的各点、线投影到圆柱表面上，然后过两极 N、S。

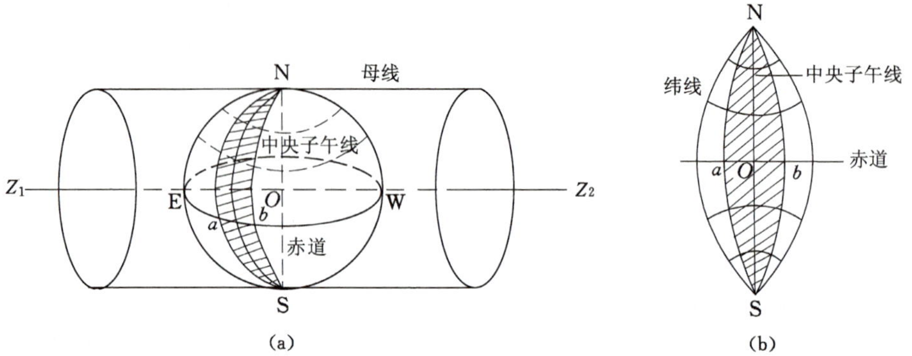

图 1-6 高斯投影

沿圆柱母线将圆柱面剪开，并展成平面(高斯投影平面)，就得到球面上投影到平面上的各点、线。图 1-6(b)就是中央子午线附近的经线和纬线在平面上的投影。

2. 投影带的划分

椭球面是一个不可展曲面，除中央子午线外，其他子午线的投影均为曲线，并且长度发生变形，离中央子午线越远，变形越大，这对图的精度产生较大的影响。为了控制这一长度变形，高斯投影采取了分区分带的投影方法，使带内最大的变形控制在测量允许的范围内，如图 1-7 所示。

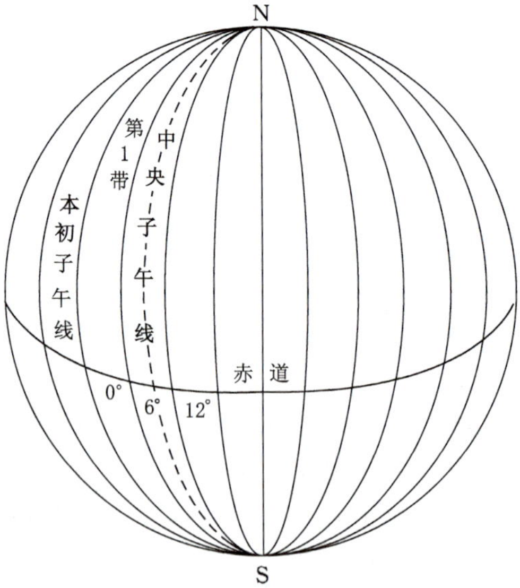

图 1-7 投影带划分

我国的分带投影是按照经度将地球划分为 60 个 6°带，从 0°子午线开始每隔经度差 6°划分为一带，即 0°～6°，6°～12°，12°～18°…分带带号 N 自西向东依次为 1～60，如图 1-8 所示。位于各带边上的子午线称为分带子午线，位于各带中央的子午线称为中央子午线，各带中央子午线的经度可按下式计算：

$$L_6 = 6°N - 3° \tag{1-1}$$

投影时每带独立进行，将投影平面与中央子午线相切，投影后，展开投影面，即高斯投影面。在高斯平面上中央子午线与赤道的投影构成两条相互垂直的直线。为了进一步控制变形，满足大比例尺测图和精密测量的需要也可采用 3°带。由图 1-8 可知，3°带是在 6°带的基础上划分的，3°带是从东经 1.5°开始，自西向东每隔 3°为一带，带号 n 依次为 1～120 带。各带中央子午线的经度可按下式计算：

$$L_3 = 3°n \tag{1-2}$$

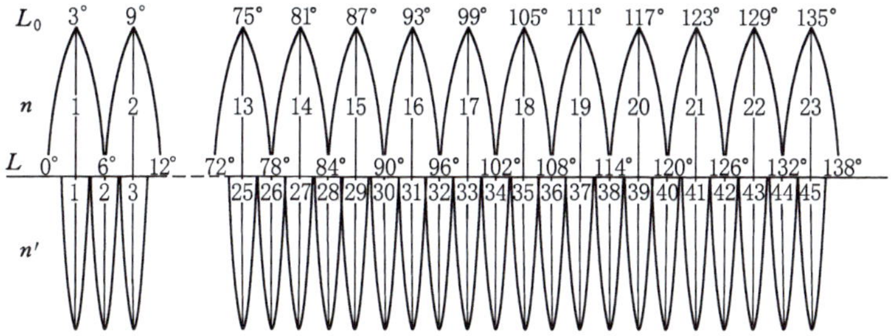

图 1-8　投影带

例如，首都北京位于东经 116°20′，所在 6°带和 3°带的中央子午线经度为 $L_6 = L_3 = 117°$，则由式(1-1)和式(1-2)得：

$$N = (L_6 + 3°) \div 6° = (117° + 3°) \div 6° = 20$$

$$n = L_3 \div 3° = 117° \div 3° = 39$$

可见北京的 6°带号为 20，3°带号为 39。

3. 平面直角坐标系

采用分带投影后，取各带的中央子午线为 x 轴，赤道为 y 轴，其交点为原点，从而建立起每个投影带独立的高斯-克吕格坐标系。这样就可把地面上的点位按高斯-克吕格投影公式将球面坐标转换为平面坐标。

我国位于北半球，x 坐标值为正，横坐标值 y 则有正有负，中央子午线以东为正、以西为负。这种以中央子午线为纵轴、赤道投影为横轴的坐标值，称为自然坐标值，如图 1-9(a)所示。为了使横坐标值不出现负值，规定每带坐标纵轴向西平移 500 km 计算坐标，如图 1-9(b)所示。这样，无论横坐标自然值为正还是负，加上 500 km 均为正值。为了判明点位所在的投影带，还规定在横坐标值之前加注投影带带号，这种由带号、500 km 和自然值三部分组成的坐标系，称为国家统一坐标系。横坐标值 y 称为横坐标的统一值或通用值。

例如，设 A 点位于 19 带，其自然坐标值为：x=4 687 km，y=178 km，换算为国家通用坐标值为：X=4 687 km，Y=19 678 km。设 B 点也位于 19 带，自然坐标值为：x=4 128 km，y=

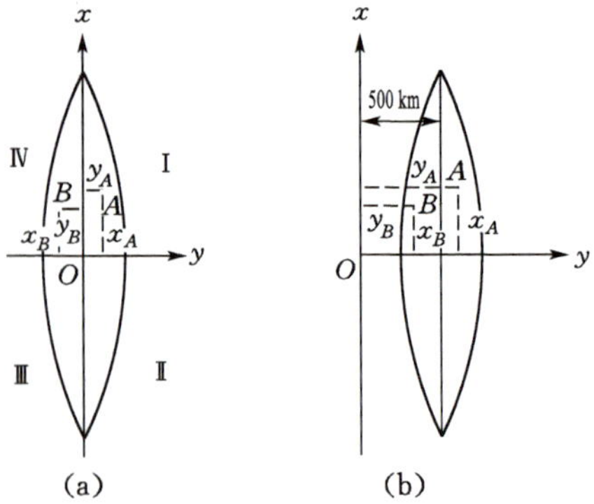

图 1-9 高斯平面直角坐标

−183 km，换算为国家通用坐标值为：X＝4 128 km，Y＝19 317 km。

由上例可以看出：由自然坐标值换算为国家通用坐标值时，x 坐标值不变，y 坐标值加上 500 km 后，再在前面加注带号。显然，当 y 坐标的通用值大于 500 km 时，该点位于投影带中央子午线的东侧，当 y 坐标的通用值小于 500 km 时，该点位于投影带中央子午线的西侧。

由于我国境内 6°带带号在 13～23 之间，而 3°带带号则在 24～45 之间，没有重复带号，故根据某点的通用值，便可知道投影带是 6°带还是 3°带。

（二）平面直角坐标表示点位的方法

某点在平面上的位置常用平面直角坐标来表示，其数值大小可通过测量工作得到。如果知道了某点的坐标，可以将该点绘于矿图上。矿图中所绘的图形就是由若干点连线得到的。

思政元素

高斯平面直角坐标系是由平面上两条相互垂直的直线（中央子午线与赤道的投影）所组成的。南北方向的直线称为坐标纵轴 x，向北为正；东西方向的直线称为坐标横轴 y，向东为正；两坐标轴的交点称为坐标原点 O。坐标轴将平面分为四个部分，称为象限，按顺时针方向排列分别为Ⅰ、Ⅱ、Ⅲ、Ⅳ象限，如图 1-10 所示。某点的平面位置（坐标）用该点到两坐标轴的垂直距离来表示。在图 1-10 中，Aa_1 称为 A 点的纵坐标，亦称 x 坐标，以 x_A 表示；Aa_2 称为 A 点的横坐标，亦称 y 坐标，以 y_A 表示。

在矿图上，通常画有由平行于纵横坐标轴的直线所构成的方格网，称为坐标方格网，如图 1-11 所示。每小方格一般为 100 mm×100 mm，在每一条纵横线上注明其坐标值，此数值表示该直线到坐标轴的垂直距离，图纸比例不同，小方格的长度所代表的实际距离也不同，一般为该图每格所代表实际距离的倍数。在图 1-11 中，箭头 N 为指北方向，图的下部数字为横坐标，左侧数字为纵坐标。图中任一点的坐标，可以根据该点所在小方格左下角的纵横坐标数值求出。图 1-11 中，若 $Aa_1=60$ m，$Aa_2=50$ m，则 A 点坐标为：

$$\begin{cases} x_A = 1\,700 + Aa_1 = 1\,700 + 60 = 1\,760\ (\text{m}) \\ y_A = 2\,300 + Aa_2 + 2\,300 + 50 = 2\,350\ (\text{m}) \end{cases}$$

三、假定平面直角坐标系

矿区比较偏僻或范围很小且附近没有国家控制点时，可以用假定平面直角坐标系进行

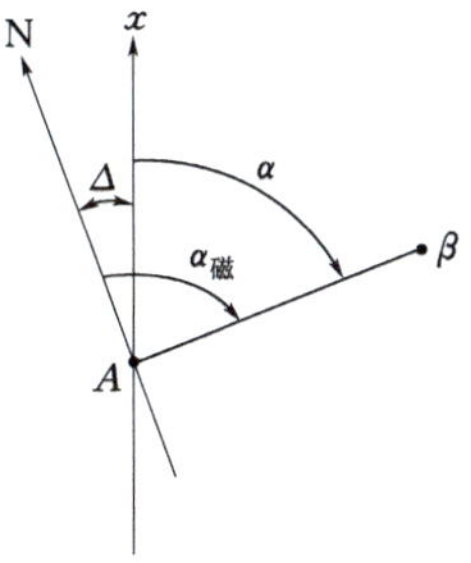

图 1-17　坐标磁偏角

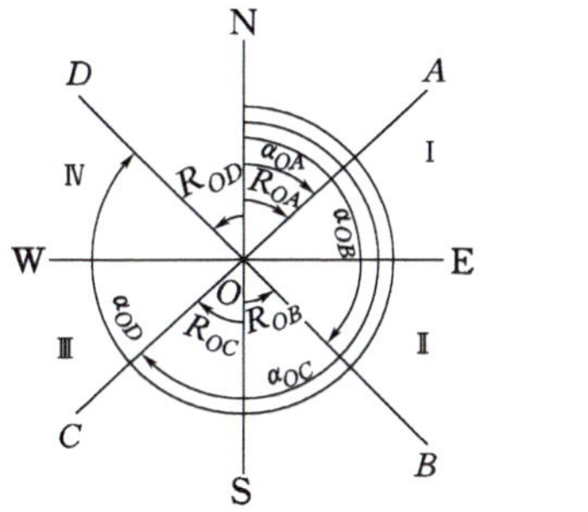

图 1-18　象限角与坐标方位角的关系

表 1-1　象限角与坐标方位角的关系

象限名称	角度区间/(°)	由坐标方位角求象限角	由象限角求坐标方位角
象限Ⅰ(北东)	0～90	$R=\alpha$	$\alpha=R$
象限Ⅱ(南东)	90～180	$R=180°-\alpha$	$\alpha=180°-R$
象限Ⅲ(南西)	180～270	$R=\alpha-180°$	$\alpha=180°+R$
象限Ⅳ(北西)	270～360	$R=360°-\alpha$	$\alpha=360°-R$

任务五　矿图制图基本知识

一、图廓

图廓是图纸限定绘图区域的轮廓，是绘制内容的最外轮廓。图廓分为内图廓和外图廓，内图廓以内绘有坐标格网和图纸的有关内容，内图廓和外图廓之间注记坐标格网线的坐标值。内图廓为细实线，外图廓一般为粗实线。

二、图纸的幅面及编号

为了便于矿图的绘制、使用和保存，需要将矿图进行分幅，并将分幅的图纸进行系统编号。图纸幅面是指图纸图廓长度与宽度组成的图面。图幅一般分为标准图幅和自由图幅。

矿图幅面及内容组成

(一) 标准图幅

大型矿区的井田区域地形图以及在矿井建设期间的矿井设计施工图一般为标准图幅。

1. 图纸幅面尺寸

大型矿区的井田区域地形图，一般采用标准图幅中的正方形分幅及编号。

正方形分幅以纵横坐标的整千米或整百米数值作为图幅的分界线，图廓呈正方形。

标准图幅的编号一般采用该图廓西南角纵横坐标千米数值表示，如某幅比例尺为1∶2 000的地形图的西南角坐标为 $x=45\ 000$ m，$y=28\ 000$ m，则图幅的编号为 45+28。

各种比例尺的图幅的大小及图廓西南角点的坐标见表 1-2。

表 1-2　正方形分幅的图廓规格

比例尺	图廓大小/cm²	实地面积/km²	一幅 1∶5 000 图中所包含的图幅数	图廓西南角点的坐标/m
1∶5 000	40×40	4	1	500 的倍数
1∶2 000	50×50	1	4	200 的倍数
1∶1 000	50×50	0.25	16	100 的倍数
1∶500	50×50	0.062 5	64	50 的倍数

矿井建设期间的矿井设计施工图采用《技术制图 图纸幅面和格式》(GB/T 14689—2008),其规定如下:

① 绘制技术图样时,应优先采用表 1-3 所规定的基本幅面。

② 必要时,也允许选用表 1-4 和表 1-5 所规定的加长幅面。这些幅面的尺寸是由基本幅面的短边乘整数倍后得出的,如图 1-19 所示。

表 1-3　图纸基本幅面尺寸

单位:mm

幅面代号	尺寸(*B*×*L*)
A0	841×1 189
A1	594×841
A2	420×594
A3	297×420
A4	210×297

表 1-4　图纸加长幅面尺寸

单位:mm

幅面代号	尺寸(*B*×*L*)
A3×3	420×891
A3×4	420×1 189
A4×3	297×630
A4×4	297×841
A4×5	297×1 051

表 1-5　图纸加长幅面尺寸

单位:mm

幅面代号	尺寸 *B*×*L*	幅面代号	尺寸 *B*×*L*
A0×2	1 189×1 682	A3×5	420×1 486
A0×3	1 189×2 523	A3×6	420×1 783
A1×3	841×1 783	A3×7	420×2 080
A1×4	841×2 378	A4×6	297×1 261
A2×3	594×1 261	A4×7	297×1 471
A2×4	594×1 682	A4×8	297×1 682
A2×5	594×2 102	A4×9	297×1 892

图 1-19 中粗实线所示为基本幅面(第一选择);细实线所示为表 1-4 所规定的加长幅面(第二选择);虚线所示为表 1-5 所规定的加长幅面(第三选择)。

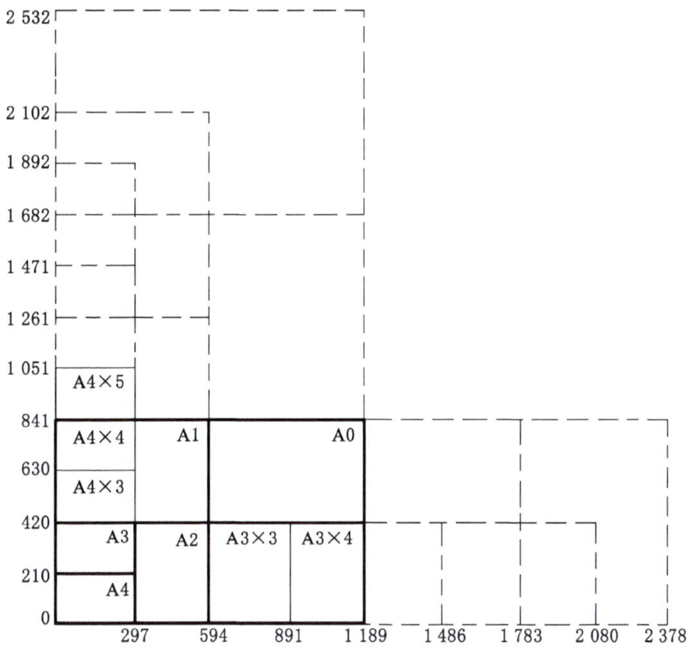

图 1-19 图纸幅面

2. 图框格式

GB/T 14689—2008 中规定了技术制图的格式，具体如下：

① 在图纸上必须用粗实线画出图框，其格式分为不留装订边和留有装订边两种。

② 不留装订边的图纸，其图框格式如图 1-20、图 1-21 所示，尺寸按表 1-6 的规定。

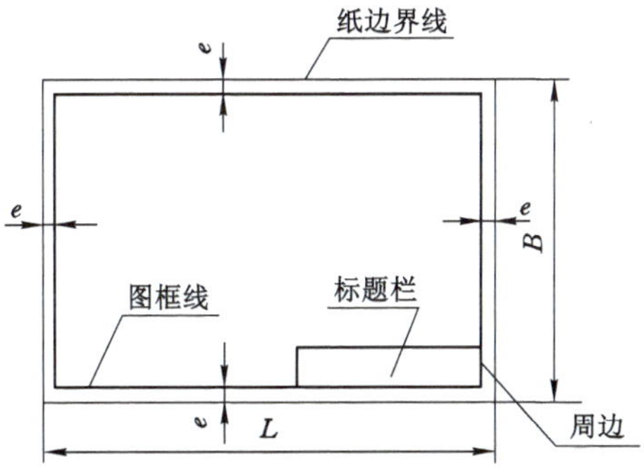

图 1-20 不留装订边图框格式(一)

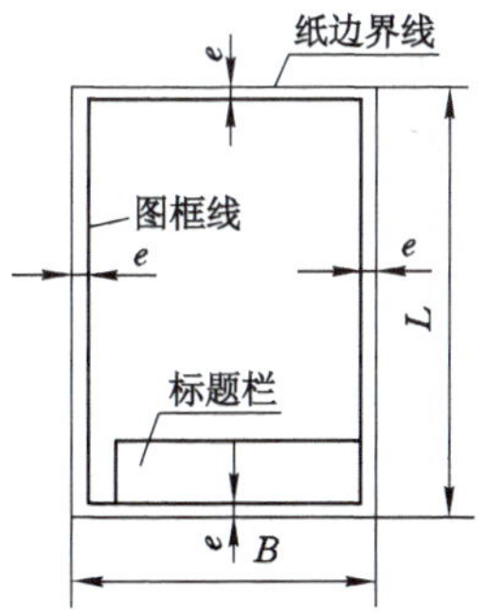

图 1-21 不留装订边图框格式(二)

表 1-6 图框尺寸

单位：mm

幅面代号	A0	A1	A2	A3	A4
$B \times L$	841×1 189	594×841	420×594	297×420	210×297
e	20		10		
c	10			5	
a	25				

③ 留有装订边的图纸，其图框格式如图 1-22、图 1-23 所示。

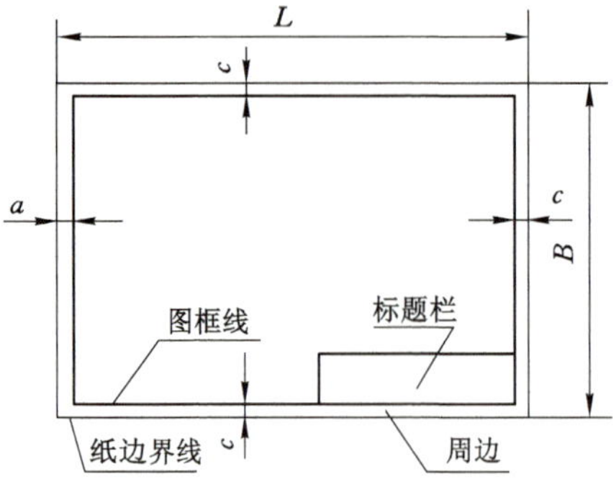

图 1-22　留装订边图框格式(一)

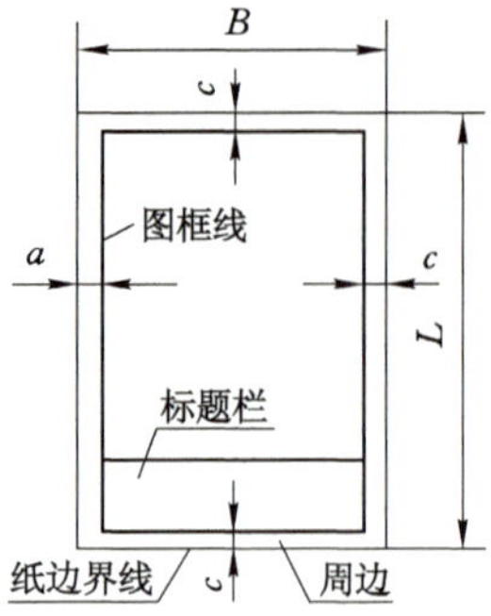

图 1-23　留装订边图框格式(二)

④ 加长幅面的图框尺寸，按比所选用的基本幅面大一号幅面的图框尺寸确定。例如，A2×3 的图框尺寸，按 A1 的图框尺寸确定，即 e 为 20(或 c 为 10)；而 A3×4 的图框尺寸，按 A2 的图框尺寸确定，即 e 为 10(或 c 为 10)。

3. 标题栏

每张矿井设计施工图的右下角都必须画出标题栏(图签)。标题栏的外框用粗实线画出，分栏线用细实线画出，标题栏的方向和看图的方向一致。标题栏的格式如图 1-24 所示。

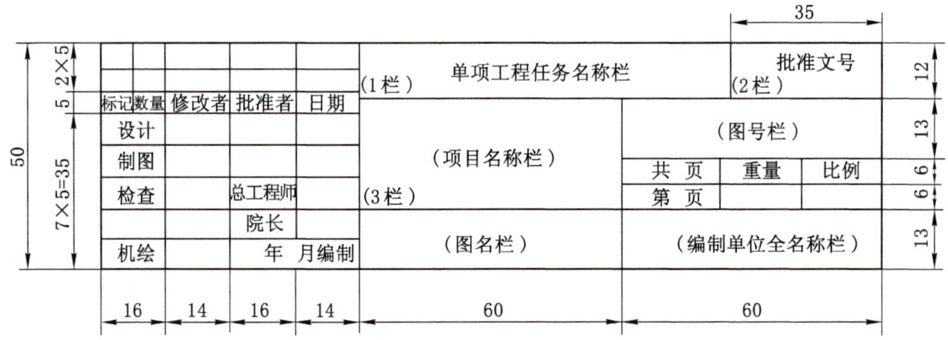

图 1-24　标题栏的格式

说明：

① 编制年、月，系指该项设计完成的日期，此栏由设计人员填写。

② 项目名称栏内，如系总图则填写编制项目的全名称，如系零部件图则填写零部件的名称。

③ 图名栏内，按习惯填写总图、首图、平面图、布置图、剖面图、部件图、分部件图等。

④ 批准文号栏，在接到批准文号后及时填写，此栏只在总图图签上填写，其他图可以不填写。

⑤ 工程设计时，1 栏和 2 栏合并改为设计任务项目名称，3 栏改为单位工程或设备名称。

4. 会签栏

有装订边的图纸，会签栏的位置如图 1-25 所示；图纸没有装订边时，会签栏一般置于标题栏附近。会签栏的格式如图 1-26 所示。

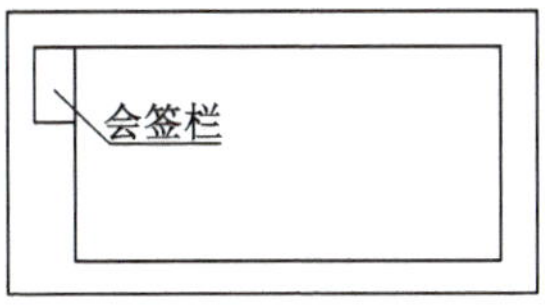

图 1-25　会签栏位置

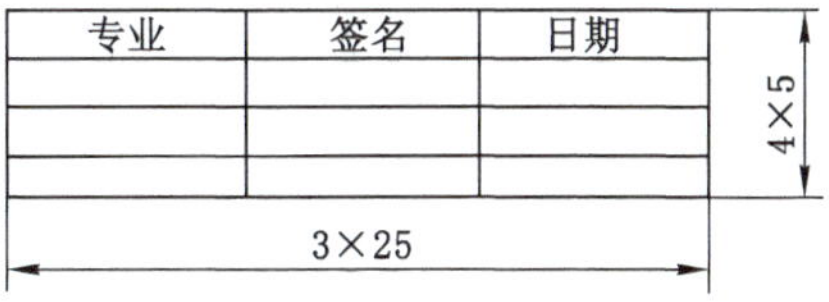

图 1-26　会签栏格式

（二）自由幅面与编号

在采矿绘图中，多数矿井采用自由分幅的方法来划分图幅。在确定自由分幅的幅面大小和格网方向时，应遵循以下原则：

① 便于矿图的绘制、使用和保存。

② 幅面大小视井田范围而定。井田范围不大的矿井，以全矿井或井田的一翼为一幅；井田范围较大的矿井，可按采区分幅。

③ 坐标格网线可以平行于图廓，也可以与图廓斜交。格网线与图廓线斜交时其交角视煤层走向而定，使煤层走向大致平行于上下图廓，煤层倾向指向下图廓，指北方向指向图纸的斜上方。

④ 在同一矿井中，矿图的图幅大小应尽量一致。

自由分幅的矿图，一般不统一编号，而是在规定的图签中写出图名，以便查找和使用。图签的格式如图 1-27 所示。

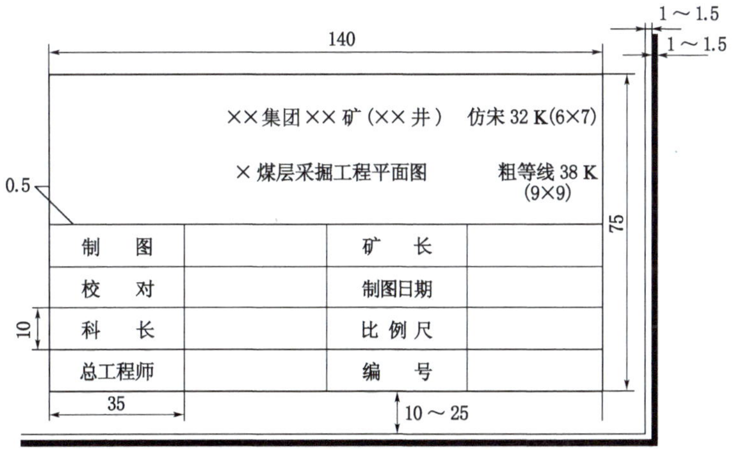

图 1-27　图签的格式

三、比例尺

1. 比例尺的概念

比例尺

矿图在绘制过程中，是将地物、地貌及井下巷道、硐室和采煤工作面按比例缩绘在图纸上。图纸上某线段长度与实际相应线段水平长度之比，称为比例尺。设图上线段长度为 l，实际相应线段水平长度为 L，比例分母为 M，则图纸的比例尺为：

$$\text{比例尺}=\frac{l}{L}=\frac{1}{M} \tag{1-8}$$

上式中分子、分母单位一致，通常分子为 1，分母 M 为 10 的整倍数。

例如，某水平巷道长度为 500 m，图纸上绘制的长度为 0.5 m，则图纸的比例尺为 0.5 m/500 m=1∶1 000，或写为 1/1 000、$\frac{1}{1\ 000}$。

2. 比例尺的种类

在采矿技术中，图纸常用的比例尺有 1∶200、1∶500、1∶1 000、1∶2 000 和 1∶5 000，这些都属于大比例尺；不太常用的 1∶10 000～1∶100 000 比例尺为中比例尺；小于 1∶100 000的比例尺为小比例尺。

比例尺的分母越小，比例尺越大；反之，比例尺的分母越大，比例尺越小。

比例尺一般分为数字比例尺和图示比例尺。

（1）数字比例尺

用分数或比例数字的形式表示的比例尺，称为数字比例尺。如 1∶1 000 或$\frac{1}{1\ 000}$。在工程技术中常用数字比例尺。

（2）图示比例尺

用图示形式表示的比例尺称为图示比例尺。图示比例又分为直线比例尺或斜线比例尺。在此只简单介绍一下直线比例尺，如图 1-28 所示。在日常生活地图上经常用直线比例尺。

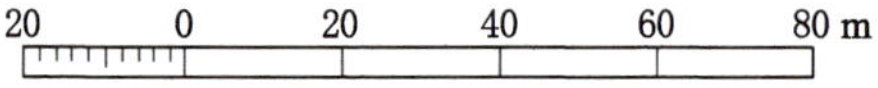

图 1-28　直线比例尺

它是用 2 cm 或 1 cm 的基本单位把图线分成若干个线段，将最左端的基本单位再分成 20 个或 10 个等份，然后在该基本单位的右分点上注记 0。如图 1-28 所示，若基本单位为 1 cm，则该比例尺为 1∶2 000。

使用时，先用分规在图上量出某两点的距离，然后将分规移至直线比例尺上，使其一脚尖对准 0 点右边的某个整基本单位一个分划线上，从另一脚尖读取左边的小分划数，并估读小于基本单位的长度。

应用直线比例尺，可省略使用数字比例尺的计算，并可避免由于图纸的伸缩而引起的误差。但在工程图纸使用中很不方便。

3. 比例尺的用途

只要知道了图纸的比例尺，就可以根据图纸上的长度求出实际的水平长度，也可以将实际的水平长度换算为图纸上应绘制的长度。

【例 1-1】　在比例尺为 1∶2 000 的图纸上，某直线的长度为 15.6 mm，求该直线的实际水平长度。

解　由式(1-8)可知：

$$L=Ml=2\ 000\times15.6=31.2\ (\text{m})$$

【例 1-2】　实际测得某段水平巷道的长度为 65.2 m，求在比例尺为 1∶1 000 的图纸上该段巷道应绘制的长度。

解　由式(1-8)可知：

$$l=\frac{L}{M}=\frac{65.2}{1\ 000}=65.2\ (\mathrm{mm})$$

4. 比例尺的精度

一般认为人的肉眼能分辨图纸上的最小长度是 0.1 mm，也就是说，小于 0.1 mm 的线段无法在图上绘制出来。通常把图上 0.1 mm 所代表的实际长度称为比例尺的精度。不同比例尺的精度见表 1-7。

表 1-7　比例尺的精度

比例尺	1∶500	1∶1 000	1∶2 000	1∶5 000
比例尺的精度/m	0.05	0.1	0.2	0.5

从表 1-7 中可知，当图纸比例尺确定后，根据比例尺的精度就可推算出测定实际距离时应准确到什么程度，或者为使某种尺寸的物体能在图上表示出来，可按要求确定图纸应选用多大的比例。例如，测绘 1∶2 000 比例的矿图时，实际测量的精度只要求达到 0.2 m 即可，因为测量再准确，在图上也表示不出来。又如，若要求图纸上能表示出 0.1 m 的实际长度的精确程度，其选用的比例尺应不小于 1∶1 000。

四、字符及字母

矿图中使用的字符及字母应符合以下规定：

① 图样中的汉字、数字及字母等应做到字体工整、笔画清楚、排列整齐、间隔均匀。

② 汉字应写成长仿宋体，字体的宽度约为字体高度的 2/3，并应采用国家正式公布推行的简化字。

③ 字体的号数即为字体的高度(单位为 mm)。字体号数共分为 8 种：20、14、10、7、5、3.5、2.5、1.8，其中汉字高度不应小于 3.5 mm，如需要书写更大的字，其字体高度应按比率递增。

④ 字母和数字分 A 型和 B 型。A 型字体的笔画宽度(d)为字高(h)的 1/14，B 型字体的笔画宽度(d)为字高(h)的 1/10。

⑤ 字母和数字可写成斜体或直体。斜体字字头向右倾斜，与水平线约成 75°角。

⑥ 用作指数、分数、注脚等的数字及字母，一般采用小一号的字体。

⑦ 在图纸中，对常用数量的名称，使用下列字母代号：

长度	L、l	角度	α、β、γ、δ、θ
宽度	B、b	重量	G、g
高度	H、h	经距	y
厚度	M、m	纬距	x
直径	D、d	高程	z
半径	R、r	年产量	A
体积	V	密度	γ
面积	S	巷道净断面积	S
巷道掘进断面积	S_1	曲线长	K_p

巷道净周长　P

巷道壁厚　T

巷道拱厚　d_0

充填厚度　δ

切线长　T

风量　Q

风速　v

巷道摩擦阻力系数　α

五、图线及画法

各种图线的名称、形式、代号、宽度以及在图上的应用见表 1-8。

思政元素

表 1-8　图线

序号	线型	图线宽度	图线名称	图线使用举例
1		b	粗实线	① 主要可见轮廓线； ② 主要可见过渡线
2		$b/2$	较细实线	① 次要可见轮廓线； ② 次要可见过渡线
3		$b/3$	细实线	① 尺寸线； ② 尺寸界线； ③ 剖面或断面线； ④ 引出线； ⑤ 范围线
4		$b/3$	波浪线	① 断裂处的边界线； ② 视图和剖视的分界线
5		$b/3$	双折线	断裂处的分界线
6		$b/3$	虚线	① 不可见轮廓线； ② 不可见过渡线
7		b	剖切线	剖面或断面的剖切线
8		$b/3$	细点画线	① 轴线； ② 中心线； ③ 轨迹线
9		$b/3$	双点画线	① 剖面图中假想投影轮廓线； ② 运动件位置轮廓线； ③ 不属于本专业位置的轮廓线； ④ 中断线
10		b	粗点画线	有特殊要求的线或表面的表示线

说明：图线的宽度 b 应在 0.5～2 mm 之间；图线宽度的推荐系列(mm)：0.25、0.35、0.5、0.7、1.0、1.4 和 2。

绘制图线应遵循：

① 同一幅图纸中，各图样比例相同时，同类图线的宽度应保持一致。虚线、单点画线及双点画线的线段长度和间隔应各自大致相等。

② 波浪线一般可用徒手绘制，如图 1-29 所示。其他各种线条一律用仪器绘制。

③ 点画线和点画线或者虚线和虚线应交于线段中间，两端应以短线收尾，并应超出物体轮廓界限之外 4～5 mm，如图 1-30(a)、(b)所示。

④ 直径小于 12 mm 的图，其中心线可画成实线，如图 1-30(c)所示。

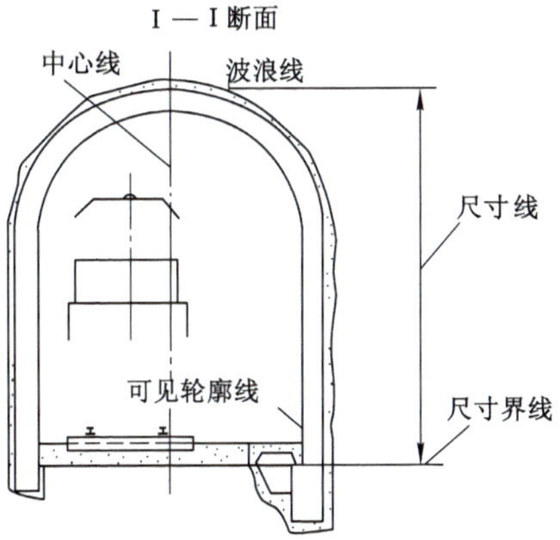

图 1-29　波浪线的徒手绘制

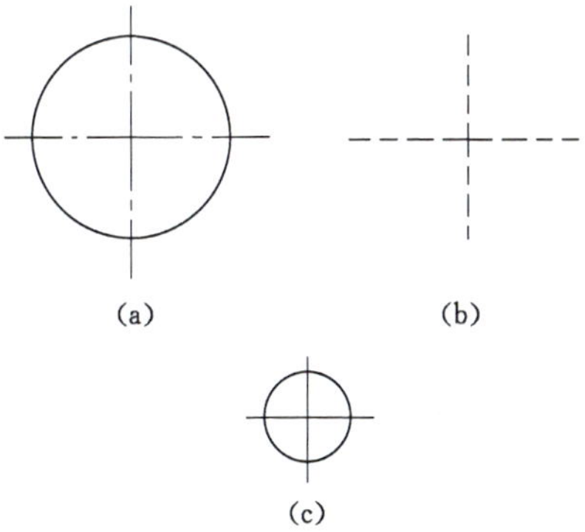

图 1-30　各种线相交的画法

⑤ 虚线成为实线的连接线时，应留出一段空隙，但两者成某一角度相交时，结合处不应留出空隙，如图 1-31 所示。

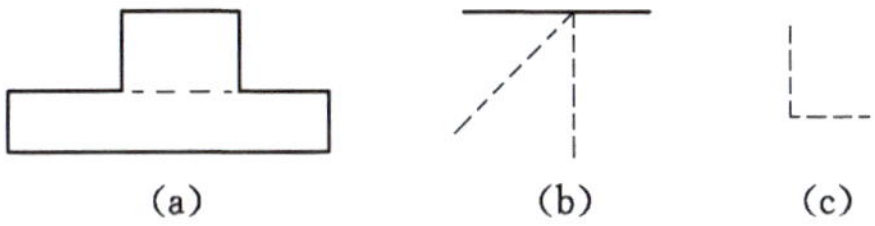

图 1-31　空隙的留取

⑥ 在剖面图中，应采用规定的剖面符号。沿与井筒、巷道、硐室中心线重合剖切的图形，习惯称剖面。沿与井筒、巷道、硐室中心线垂直剖切的图形，习惯称断面。剖切面剖切到的物体和能直接看到的物体用实线绘制，剖切面前方不能直接看到的物体需表示时，用虚线绘制，剖切面后方的物体需表示时，用双点画线表示。剖切面的起讫处和转折处的剖切线用 5～10 mm 长的粗实线表示，并不得与图样的轮廓线相交，一般用罗马数字 Ⅰ，Ⅱ，Ⅲ…编号，用短线段(2～4 mm)表示剖视方向，见表 1-8。

六、标注

(一) 尺寸标注

1. 基本规则

① 图中所注尺寸数据是确定工程数据的唯一依据，必须与图纸比例相符。

② 图纸上的尺寸数字，规定以 mm 或 m 为单位(在 1∶50～1∶500 比例的图纸上采用 mm 为单位，在 1∶1 000～1∶10 000 比例的图纸上采用 m 为单位)，无须写明单位。如不按照上述规定时，则必须在各尺寸数字右边加注所采用计量单位，同时在图纸附注中注明单位。

③ 每个尺寸一般在图纸上标注一次，仅在特殊情况下或实际需要时方可重复标注。

2. 尺寸线、尺寸数字和尺寸界线

(1) 尺寸线

尺寸线用细实线绘制，其终端采用箭头，在位置不够的情况下，允许用圆点代替箭头(图 1-32)；标注线性尺寸时，尺寸线必须与所标注的线段平行

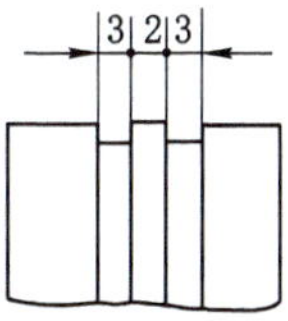

图 1-32　尺寸线

(图 1-32)；圆的直径和圆弧半径的尺寸线的终端应画成箭头(图 1-33)；当圆弧的半径过大或在图纸范围内无法标出其圆心位置，可按图 1-34(a)标注的形式标注；若不需要标出其圆心位置时，可按图 1-34(b)标注的形式标注；在没有足够的位置画箭头或注写数字时，可按图 1-35 标注的若干种形式标注。

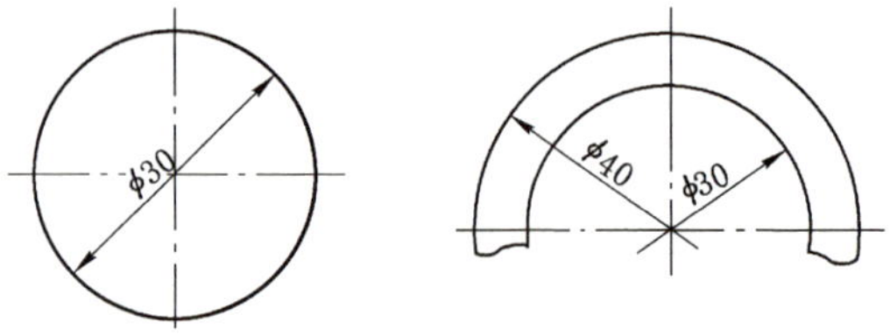

图 1-33　尺寸线标注(一)

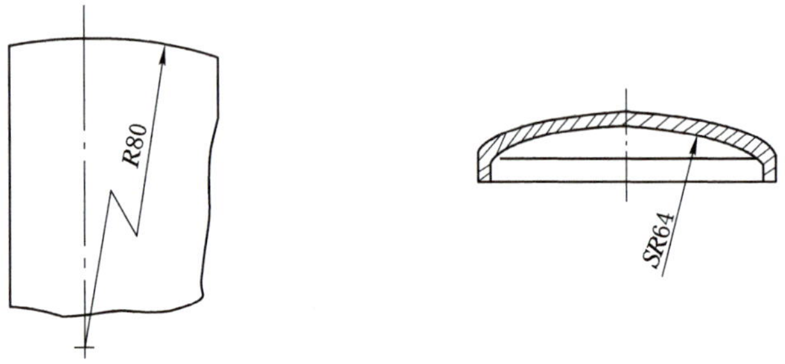

(a)　　(b)

图 1-34　尺寸线标注(二)

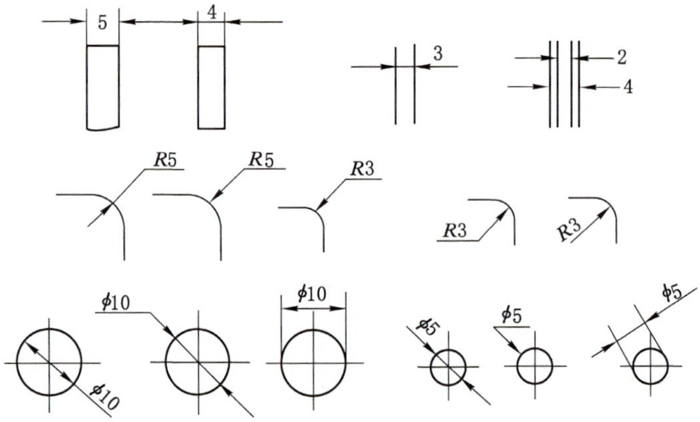

图 1-35　尺寸线标注(三)

(2) 尺寸数字

线性尺寸的数字一般应标注在尺寸线的上面，也允许标注在尺寸线的中断处(图 1-36)；线性尺寸数字的方向，应按图 1-37 方法标注，并尽可能避免在图示 30°范围内标注尺寸；角度的数字一律写成水平方向，标注在尺寸线的中断处，必要时也可标注在尺寸线外侧或将角度引出标注(图 1-38)；标注标高时一律采用 m 为单位，即零点标高±0.000，标高符号应标注在图形右侧，标高符号采用倒三角形，右半边涂黑，将名称和数字依次写在横线上（图 1-39）；在一张图纸上有两个或两个以上图形时，尺寸应标注在主要图形上，辅助图形只标注相关位置尺寸，当上述辅助图形不在同一张图纸时，应在辅助图形上详尽标注尺寸。

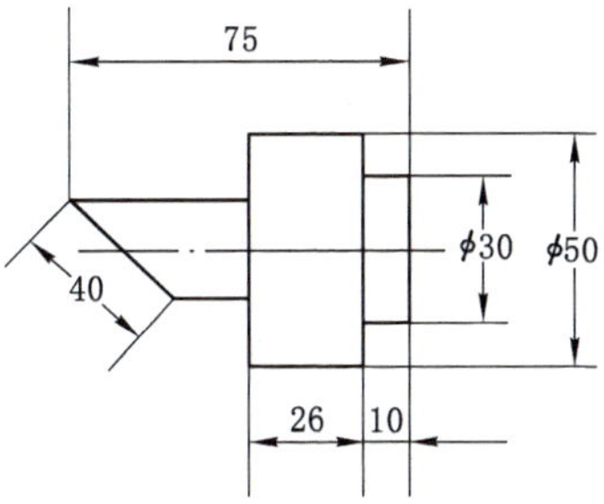

图 1-36　尺寸数字标注（一）

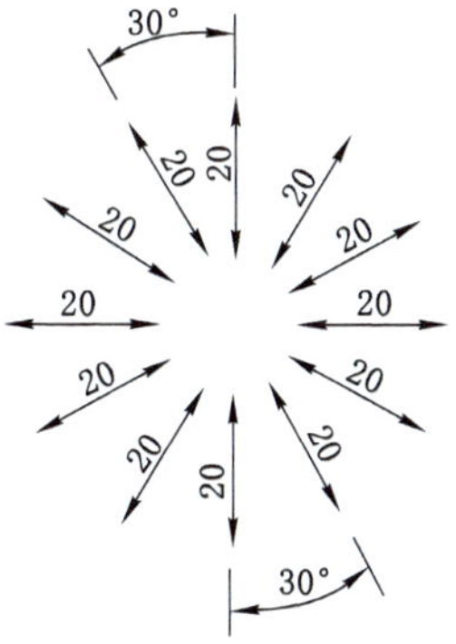

图 1-37　尺寸数字标注（二）

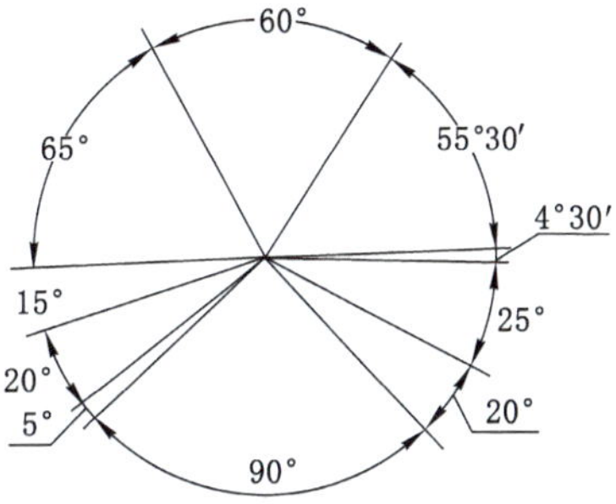

图 1-38　尺寸数字标注（三）

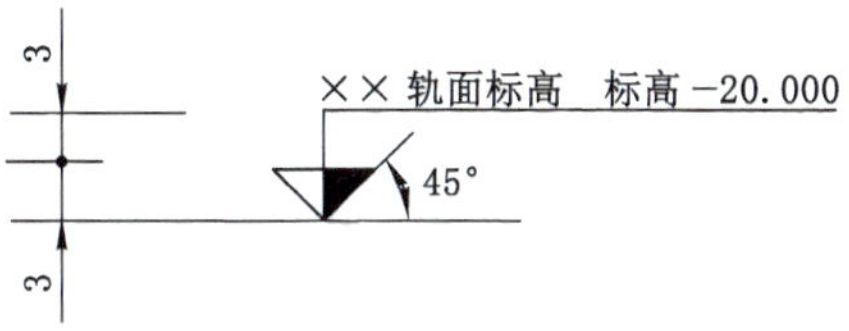

图 1-39　尺寸数字标注（四）

(3) 尺寸界线

尺寸界线用细实线绘制，并应由图形的轮廓线、轴线或对称中心线处引出，也可利用轮廓线、轴线或对称中心线作尺寸界线（图 1-40）；标注角度的尺寸界线应沿径向引出（图 1-41）；标注弦长或弧长的尺寸界线应平行于该弦的垂直平分线（图 1-42、图 1-43）；当弧长较大时，可沿径向引出（图 1-44）；曲线巷道的参数按图 1-45 所示标注。

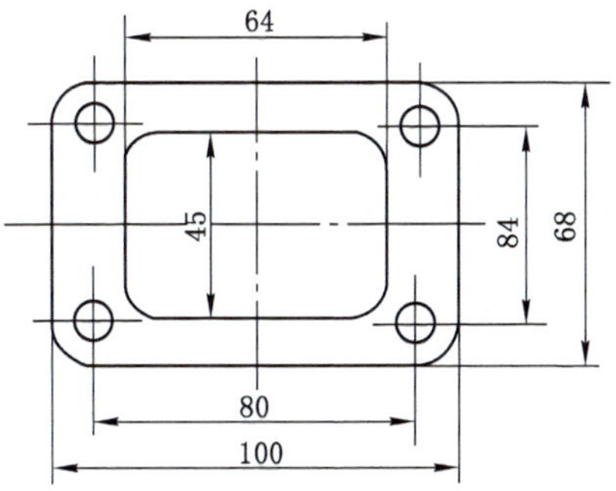

图 1-40　尺寸界线标注（一）

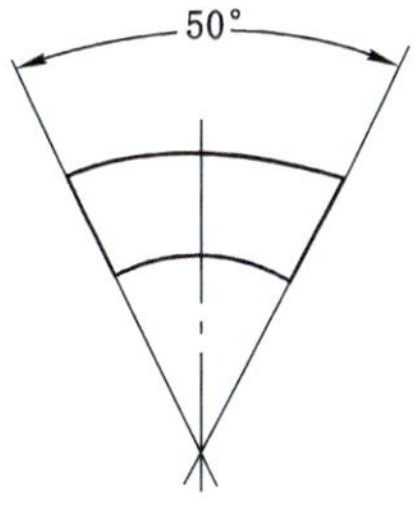

图 1-41　尺寸界线标注（二）

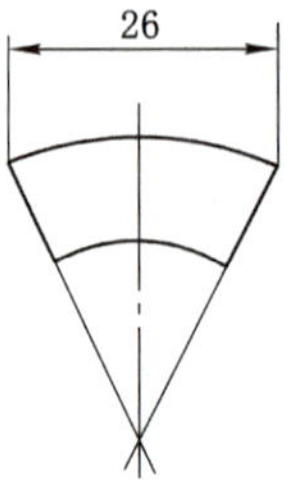

图 1-42　尺寸界线标注(三)

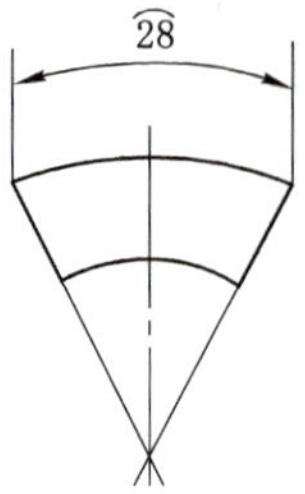

图 1-43　尺寸界线标注(四)

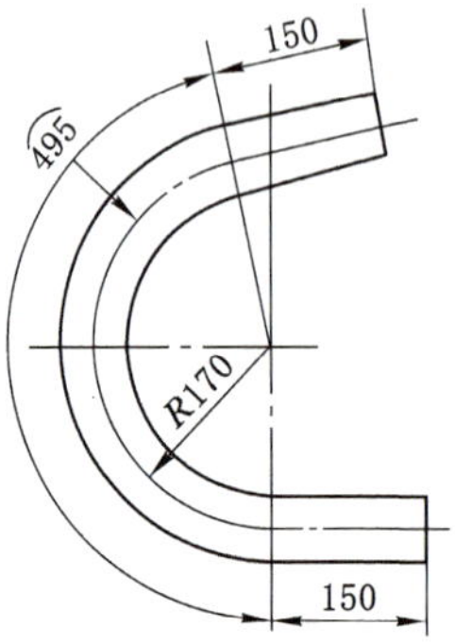

图 1-44　尺寸界线标注(五)

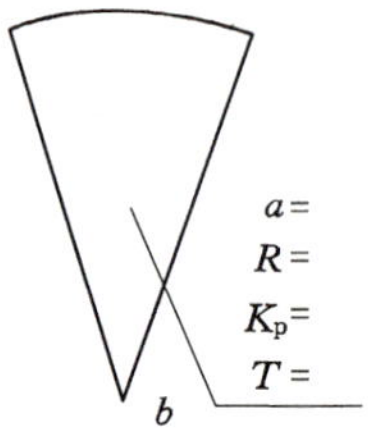

图 1-45　曲线巷道参数

3. 标注尺寸的符号

① 标注直径时,应在尺寸数字前加注符号"ϕ"或"D";标注半径时,应在尺寸数字前加注符号"R"或"r";标注球面的直径或半径时,应在符号"ϕ"或"R"前再加注"S",如图 1-46 所示。

② 标注弧长时,应在尺寸数字上方加注符号"⌒",如图 1-43、图 1-44 所示。

③ 标注板状零部件的厚度时,可在尺寸数字前加注"δ",如图 1-47 所示。

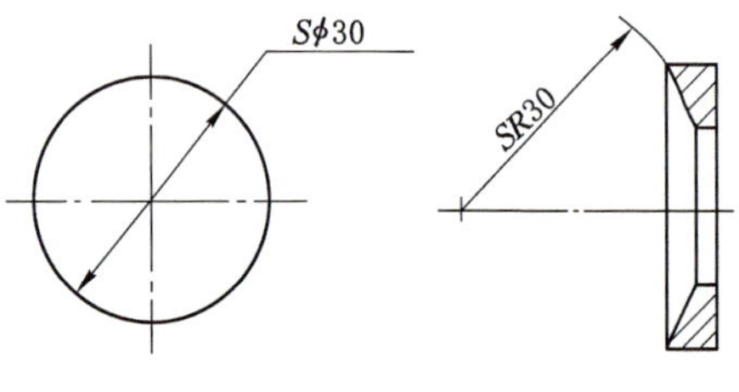

图 1-46　标注尺寸的符号(一)

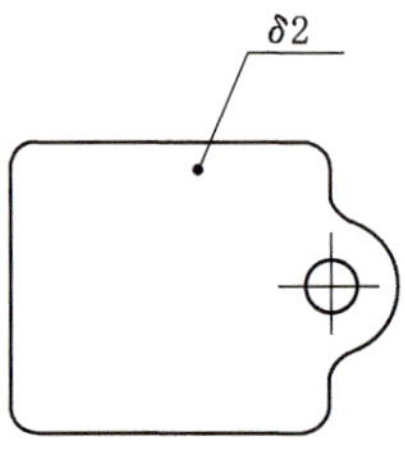

图 1-47　标注尺寸的符号(二)

④ 在平面图上标注倾斜巷道斜长尺寸时,应将尺寸数字加上括号如图 1-48 所示。

⑤ 标注斜度时,可按图 1-49 的形式标注,符号的方向应与斜度的方向一致。

(二) 井筒方位角标注

井筒方位角是指从坐标纵线北端起,按顺时针方向量至井口出车方向线或出口方向线的夹角。下面对立井、斜井、平硐方位角的标注做一简单介绍。

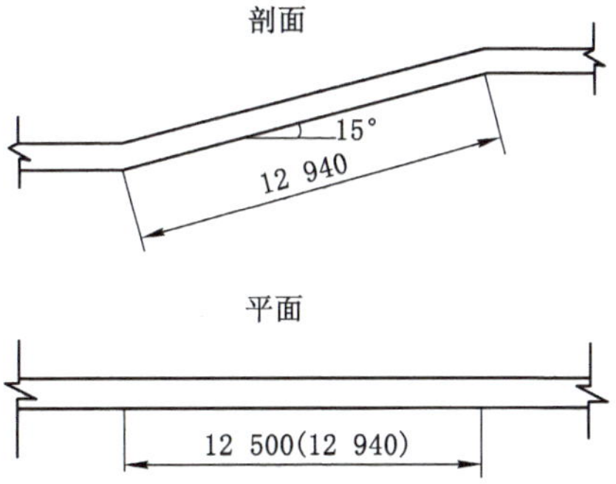

图 1-48　标注尺寸的符号(三)

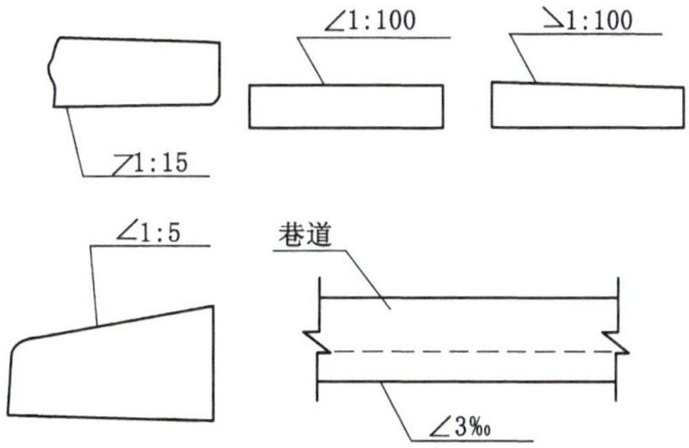

图 1-49　标注尺寸的符号(四)

1. 立井

① 有提升设备立井的方位角，是从坐标纵线北端起，量至井口罐笼出车(或箕斗卸载)方向线的夹角，如图 1-50 所示。

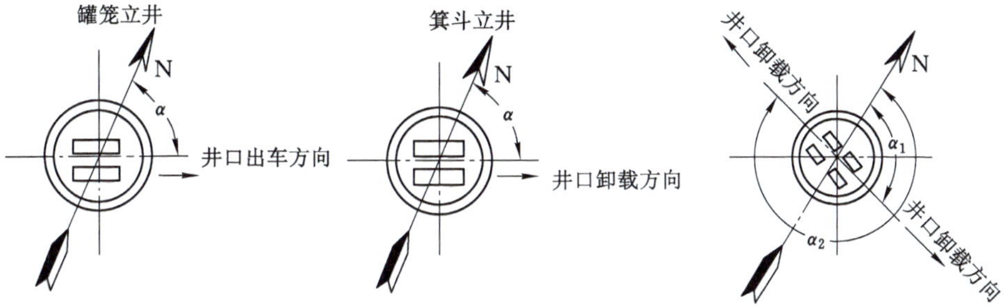

图 1- 50　立井方位角的标注(一)

装备两套箕斗的立井，若其井口卸载方向一致，只标注一个坐标方位角；不一致时，应标注各自的方位角。

装备一套箕斗和一套罐笼的立井，若其井口卸载方向和出车方向线一致，标注一个方位角；不一致时，应标注各自的方位角，如图 1-51 所示。

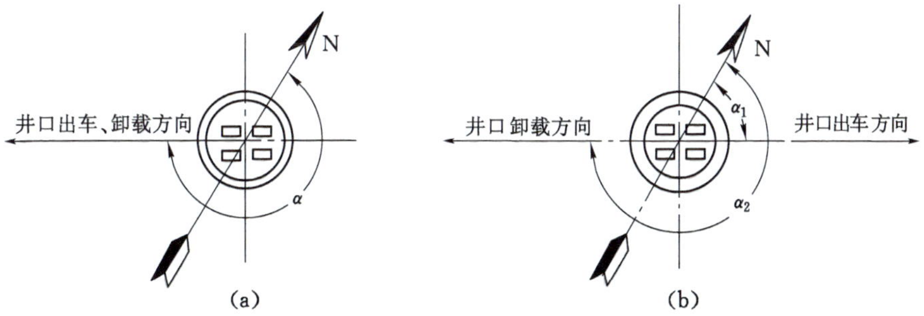

图 1-51　立井方位角的标注(二)

② 无提升设备立井的方位角，是从坐标纵线北端起，按顺时针方向量至风硐(无风硐时为梯子间)出口方向线的夹角，如图 1-52所示。

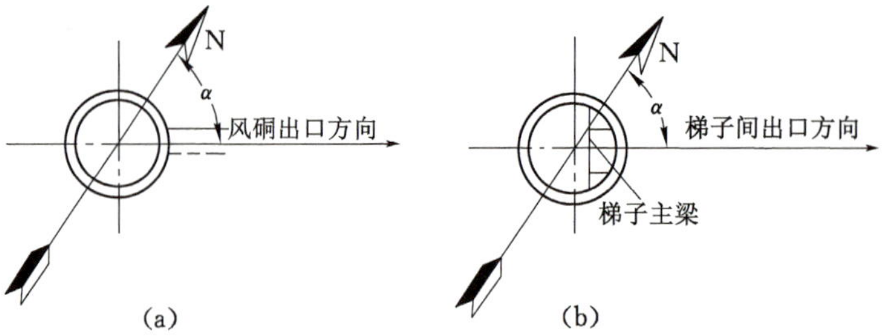

图 1-52　立井方位角的标注(三)

2. 斜井、平硐方位角

斜井、平硐方位角,是从坐标纵线北端起,按顺时针方向量至其出口方向线的夹角,如图 1-53 所示。

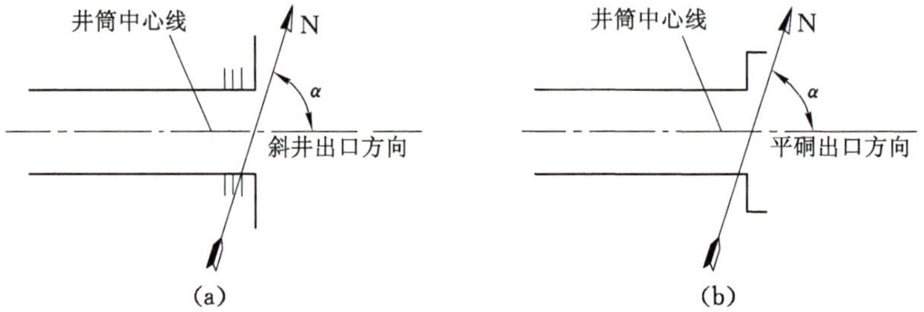

图 1-53　斜井、平硐方位角的标注

任务六　矿图的投影方式及投影方法

各种矿图都是依据一定的投影原理和方法绘制的。因此了解投影知识,对于我们绘制、识读和使用矿图具有重要意义。

矿图的投影方式及方法

一、投影的概念

在日常生活中,物体经阳光或灯光的照射,在地面或墙面上产生影子的现象就是投影现象。

根据投影线是否相互平行,投影法可分为中心投影法和平行投影法两种。

(一) 中心投影法

投影线汇交于一点的投影法称为中心投影法,用中心投影法所绘制的投影称为中心投影,如图 1-54(a)所示。

极射赤平投影

中心投影的特性:

① 投影线都是从投影中心发出的。

② 投影线与投影面斜交。

③ 在一定条件下,投影的大小随物体到投影中心和投影面距离的远近而变化。

④ 投影的形状随物体与投影面的倾斜程度而不同。

在日常生活中,照相、放幻影灯、电影等都是应用这种原理。由于这种投影不能满足工程所需的度量要求，因而在工程制图中一般不用。

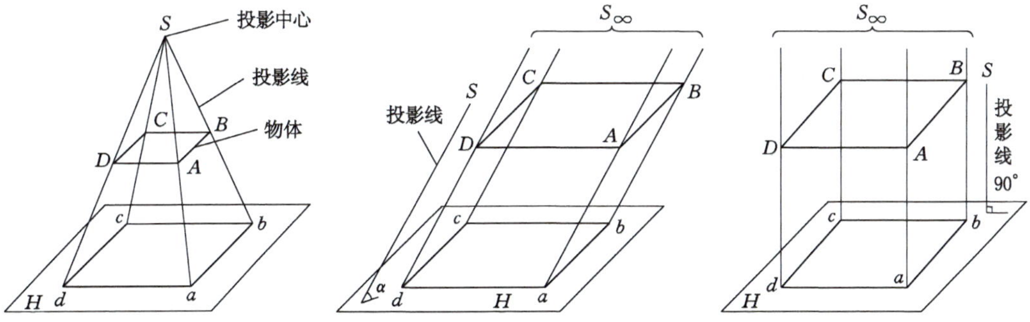

(a)　　(b)　　(c)

图 1-54　中心投影法与平行投影法

（二）平行投影法

投影线相互平行的投影方法称为平行投影法，如图 1-54(b)、(c)所示。用平行投影法所得到的物体投影，其大小与物体距投影面的远近无关；其形状随物体、投影线与投影面的角度的变化而变化。

平行投影法可分为斜投影法和正投影法。

1. 斜投影法

投影线与投影面倾斜的平行投影法称为斜投影法，如图 1-54(b)所示。

2. 正投影法

投影线与投影面垂直的平行投影法称为正投影法，如图 1-54(c)所示。根据正投影法所得到的投影称为正投影(或正投影图)。

正投影的特性：

① 显实性。物体平面平行于投影面，其投影图形反映平面物体的真实形状和大小。

② 类似性。物体平面倾斜于投影面，其投影图形的形状和大小随物体平面与投影面的倾斜角度的变化而变化。

③ 积聚性。物体平面(直线)垂直于投影面，其投影为一条直线(或一个点)。

这种投影能真实反映物体的形状和大小，便于绘制，能满足工程技术要求，因而在工程图中得到广泛应用。

机械制图时，为了全面反映物体的真实形状和大小，常选用三面投影。矿图一般只选用一个投影面，如井田区域地形图、缓倾斜煤层的采掘工程平面图等；有时用两个投影面，如急倾斜煤层的采掘工程图。

二、标高投影

标高投影

采用零水平面(小区域大地水准面)作为投影面，将空间物体上各特征点垂直投影到该水平面上，以确定各点的平面位置，然后将物体各特征点的高程(标高)标注在各投影点的旁边，用于说明各点高于或低于零水平面的数值，这种投影称为标高投影。

标高投影属于正投影，大部分矿图是利用标高投影的方法绘制而成的。

物体的外形轮廓都是由点、线、面构成的。如建筑物的角点、立井井筒中心、钻孔中心、巷道的拐点等，都可以看作一点；各种道路、井下巷道等，可以看作线；地面、煤层的顶底板、断层面等，可以看作面。因此，熟悉和掌握点、线、面的标高投影知识，是识读和绘制矿图的基础。

（一）点的标高投影

自空间一点向零水平面（投影面）作垂线，并在垂足的一侧注记该点的标高，这就是点的标高投影。注记时，注意标高的正负号，点在零水平面以上为正、以下为负。如图 1-55(a)所示，H 平面为零水平面，空间 A 点的高程为 60 m，B 点的高程为 −56 m，A、B 两点在水平面 H 上的投影分别为 a_{60}、b_{-56}，如图 1-55(b)所示。

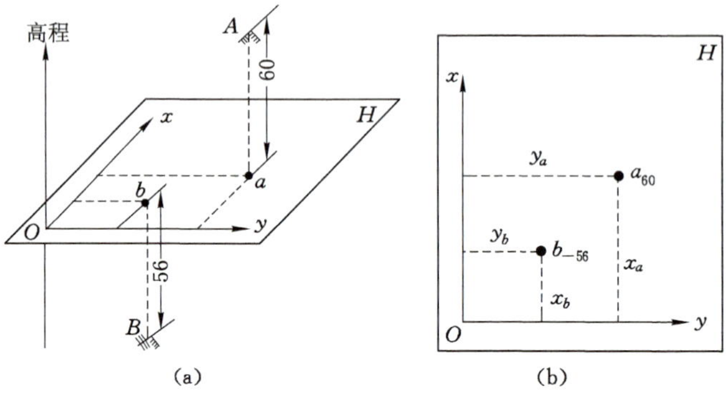

图 1-55　点的标高投影

作图方法：首先确定投影面，绘出坐标系，然后根据 A、B 两点的 x、y 坐标值定出点的平面位置，并在点的投影旁边注明点的标高。

【例 1-3】 A、B、C 三点的高程分别为 25 m、−22 m、20 m。三点的坐标分别为 $x_A=2$ m，$y_A=2$ m；$x_B=4$ m，$y_B=4$ m；$x_C=2$ m，$y_C=1$ m。试绘出这三点的标高投影图。

作图方法如图 1-56 所示。

（二）直线的标高投影

1. 直线的标高投影及作图方法

直线的标高投影就是该直线两端点标高投影的连线。图 1-57 为空间直线标高投影图，直线 AB 两端点的标高分别为 6 m、8 m，两端点在投影面上的标高投影分别为 a_6、b_8，则直线 a_6b_8 即为直线 AB 的标高投影。

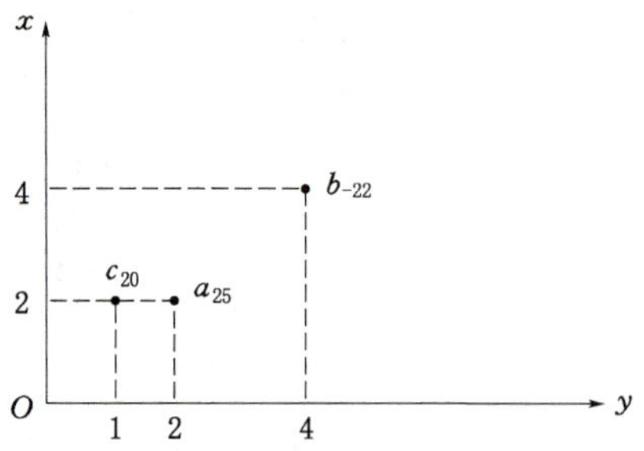

图 1-56　点的标高投影作图

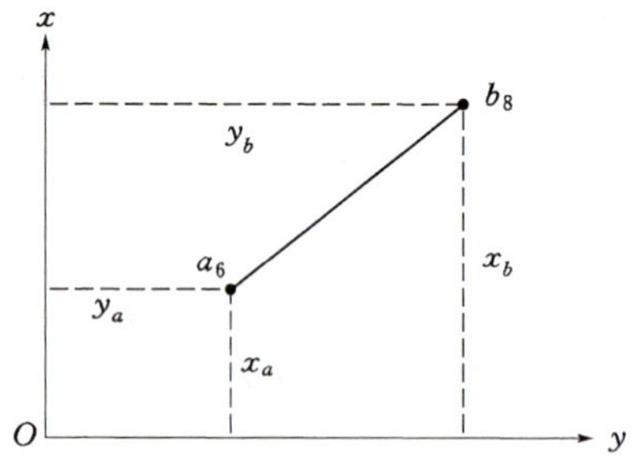

图 1-57　直线的标高投影作图

直线在投影面上的投影长度随直线与投影面夹角的变化而变化，若直线与投影面斜交，其投影的长度比直线的实际长度短，如图 1-58(a)所示；若直线为铅垂线，则直线的标高投影为一点，如图 1-58(b)所示；若直线平行于投影面，则直线的标高投影长度与直线的实际长度相等，如图 1-58(c)所示。

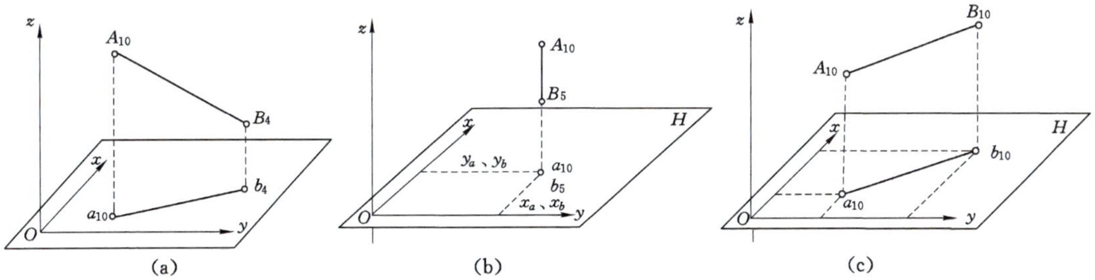

图 1-58　直线的标高投影

2. 直线要素及相互关系

直线的倾斜长度、倾角、水平长度、高差和坡度统称为直线要素。

直线的实际长度称为直线的实长，用 L 表示；直线在水平面上的投影长度称为水平长度（又称平距），用 D 表示；直线与水平面的夹角（最小的角度）称为直线的倾角，用 δ 表示；直线两端点的高程之差称为直线的高差，用 h 表示；直线的高差与直线的水平长度之比称为直线的斜率（坡度），用 i 表示。

直线要素之间的关系（图 1-59）由以下公式表示。

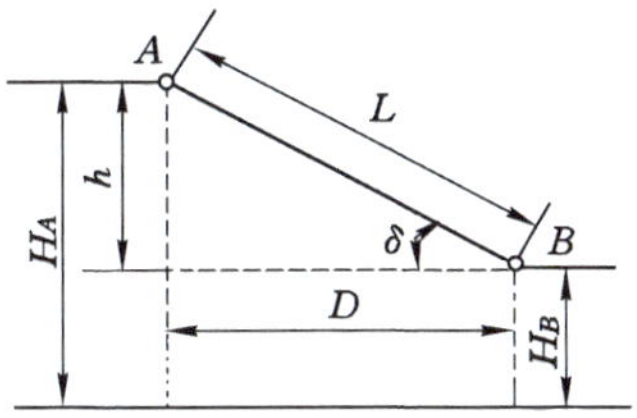

图 1-59　直线各要素的关系

$$h_{BA} = H_A - H_B \tag{1-9}$$

$$L = \sqrt{D^2 + h^2} \tag{1-10}$$

$$i = \frac{h}{D} \tag{1-11}$$

$$\delta = \arctan \frac{h}{D} \tag{1-12}$$

根据上述关系，在直线标高投影图上，只要确定了一些要素，就能求出另外一些要素。

3. 直线投影的标高内插

在一倾斜直线的标高投影图上，根据直线两端点的高程求出直线上高程为整数的各点投影的位置，称为标高内插。在绘制、识读和应用矿图时，经常进行标高内插。常用的方法有解析法、剖面法和平行线法等。

如图 1-60(a)所示，直线 AB 的标高投影为 $a_{63}b_{26}$，两端点高程分别为 63 m 与 26 m，水平长度为 90 m，分别用解析法、剖面法和平行线法确定直线标高投影图上高程为 10 m 整倍数的各投影点的位置。

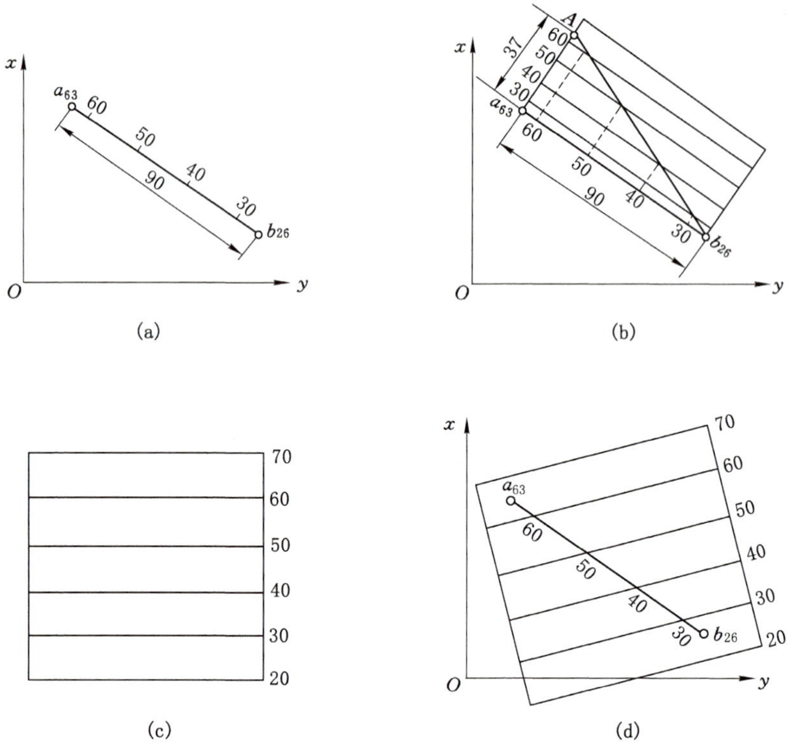

图 1-60　直线投影的标高内插

(1) 解析法

① 首先求出每米高差的平距 d_1。

$$d_1=\frac{D}{h}=\frac{90}{63-26}=2.43$$

② 找出第一个整倍数点的位置。

显然，投影图上第一个最大整倍数点的高程应为 60 m，这个投影点距 a 点的水平长度应为：

$$(63-60)\times d_1=3\times 2.43\approx 7.3\ (\mathrm{m})$$

在直线投影图上自点 a 沿 ab 方向按比例量取 7.3 m 所得到的点，即标高为 60 m 的投影点。

③ 求其他各整倍数点的位置。

高差 10 m 对应的水平长度为：

$$10\times d_1=10\times 2.43\approx 24.3\ (\mathrm{m})$$

从 60 m 的投影点开始，按比例依次量取 24.3 m，所得节点即高程为 50 m、40 m、30 m 的各投影点的位置，如图 1-60(a)所示。

(2) 剖面法

如图 1-60(b)所示,用剖面法找出高程为 10 m 整倍数的各投影点的位置。

① 在投影图过 a_{63} 作直线 Aa_{63} 垂直于 $a_{63}b_{26}$,设 Aa_{63} 的长度为 63 m－26 m＝37 m。

② 在直线 Aa_{63} 上,按比例找出高程为 30 m、40 m、50 m、60 m 和 63 m 的各节点,其中高程为 63 m 的点即 A 点。

③ 过 Aa_{63} 线上各节点作直线与 $a_{63}b_{26}$ 平行,连接 A、b_{26} 两点。

④ 将 Ab_{26} 线与各平行线的交点分别投影到 $a_{63}b_{26}$ 线上,即得到高程为 30 m、40 m、50 m、60 m 的各投影点的位置。

(3) 平行线法

如图 1-60(c)、(d)所示,用平行线法找出高程为 10 m 整倍数的各投影点的位置。

① 首先在一张透明纸上作间隔相等的一组平行线,注明各线的高程,如图 1-60(c)所示。

② 将透明纸蒙在投影线 $a_{63}b_{26}$ 上,旋转透明纸使 a_{63} 与 b_{26} 两点位于高程相等的相应高程线上,则平行线和投影线的各交点即为所求各投影点的位置,如图 1-60(d)所示。

4. 空间两直线的相互关系

井下任意两条巷道之间的相互关系,都可以看作空间两直线的相互位置关系。空间两直线的相互关系有平行、相交和交错三种。

(1) 两直线平行

若空间两直线的投影平行、倾斜方向一致且倾角相等,则空间两直线平行,如图 1-61(a)所示。

图 1-61(b)所示为空间两直线的标高投影,两直线投影平行,倾向一致,投影长度相等,直线两端点的高差相等,即倾角相等,可见两直线在空间是平行的。

图 1-61(c)为局部巷道平面图,两条上山之间、上平巷和下平巷之间都是平行关系。

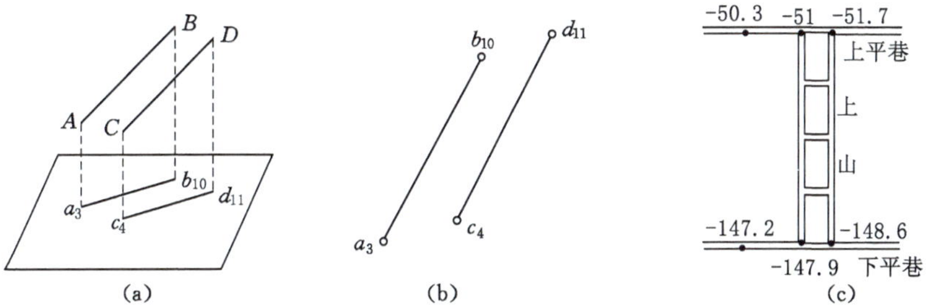

图 1-61　空间两直线的平行关系

(2) 两直线相交

若空间两直线的投影相交,且交点只有一个高程值,则空间两直线相交,如图 1-62(a)所示。

图 1-62(b)所示为空间两直线的标高投影,两直线的投影相交于 k,作直线的标高内插,求得 k 点的高程在两直线上均为 6 m,可见两直线在空间是相交的。

图 1-62(c)为局部巷道平面图,两巷道交点的高程都是－109.5 m,可见两巷道是相交的。

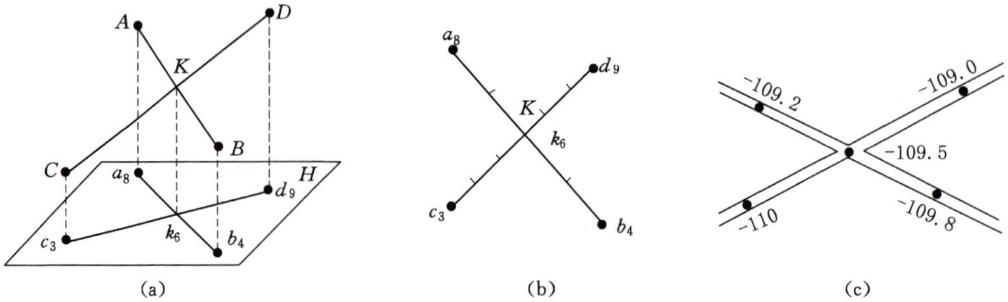

图 1-62　空间两直线的相交关系

(3) 两直线交错

若空间两直线的投影相交，且交点处的高程不等，则空间两直线交错，如图 1-63(a)所示。

图 1-63(b)所示为空间两直线的标高投影，两直线的投影相交于 k，通过标高内插，求得 k 的高程在 a_6b_9 直线上为 6 m，在 $c_{10}d_{17}$ 直线上为 14 m，可见两直线在空间是交错的。

此外，若两直线的投影平行，但倾向相反，如图 1-63(c)所示，或两直线的投影平行、倾向相同，但倾角不等，如图 1-63(d)所示，则两直线在空间也是交错的。

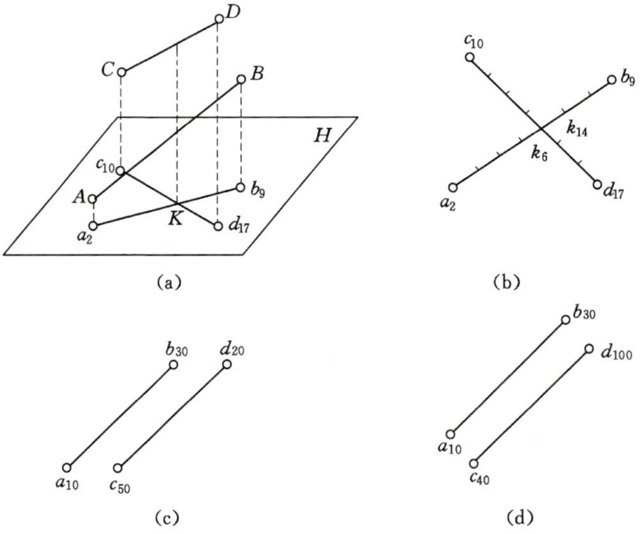

图 1-63　空间两直线的交错关系

图 1-64 为局部巷道平面图，两斜井与 ab 巷道是交错关系。

(三) 平面的标高投影

1. 表示方法

平面的标高投影是指空间倾斜平面在水平面上的投影，一般是用空间倾斜平面等高线的投影来表示。斜面上高程相等的各相邻点所连成的线，称为等高线。

图 1-65(a)为平面的标高投影示意图，0—0、10—10、20—20 为倾斜平面 P 上的三条等高线。用正投影方法，将等高线投影到水平面 H 上，如图 1-65(b)所示，这组等高线的投影

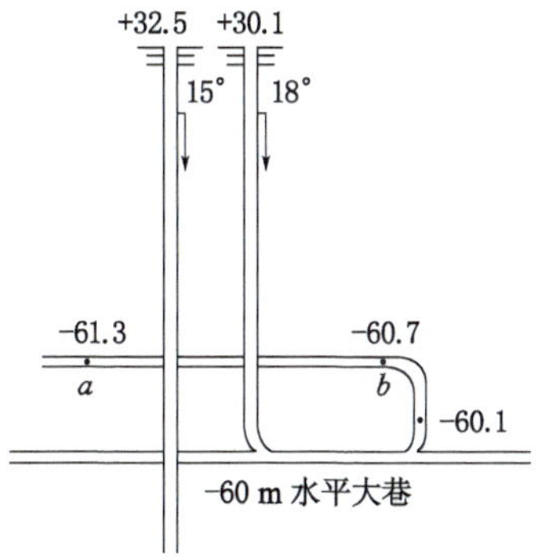

图 1-64　斜井与巷道交错关系

就代表了倾斜平面 P 在水平面 H 上的标高投影。

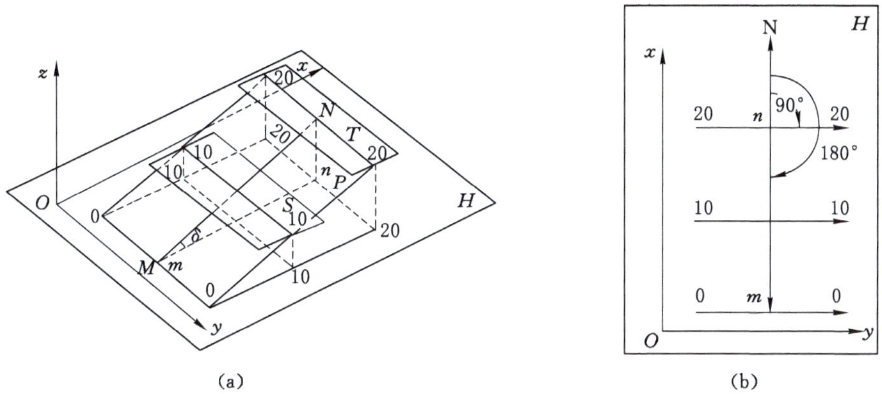

图 1-65　平面的标高投影

2. 平面三要素

倾斜平面的标高投影可以表示倾斜平面的空间状态。倾斜平面的空间状态用平面的走向、倾向和倾角来表示,这三项称为平面三要素。

等高线的方向称为倾斜平面的走向,如图 1-65(b)中箭头所指的方向,走向一般用方位角表示。倾斜平面内由高向低垂直于等高线的直线称为倾斜线,如图 1-65(a)中的 NM 线为平面 P 的倾斜线。倾斜线在水平面内的投影 nm 称为倾向线,倾向线上高程值由高到低的方向称为倾斜平面的倾向,如图 1-65(b)所示 nm 线的方向,一般也用方位角表示。在实际工作中,一般规定走向比倾向小 90°或大 270°。倾向线与倾斜线的夹角称为倾角 δ,如图 1-65(a)中的角。确定了平面的三要素,平面在空间的状态也就明确了。平面三要素均可从平面标高投影图中用图解法求得,图 1-66(a)所示为某倾斜平面的标高投影图,该平面走向为 135°,倾向为 225°,倾角按图 1-66(b)作图(下面叙述)用量角器量出。

在倾斜平面标高投影图中,相邻两条等高线在水平面内的垂直距离称为等高线平距,用 d 表示,可按比例从图中量取;相邻两条等高线的高程之差称为等高距,用 h 表示,可根据等高线的注记高程看出。

在识读和应用矿图时,有时需要在平面标高投影图上沿倾斜方向作剖面图,以表示平面的倾斜长度和倾角，其作图方法如图 1-66 所示。首先按一定比例绘一组相互平行的高程线，其间距等于相邻两条等高线的高差，然后按相同比例在 0—0 高程线上取 $ab=mn$，过 a 点按比例作直线 af 垂直于 ab（af 等于 m、n 两点的高差），连接 f、b，则 fb 即为平面的倾斜长，δ 为平面的倾角。也可直接在图 1-66(a)上作图求出平面的倾斜长和倾角，即在 20—20 高程线上按比例取 nc（nc 等于 m、n 两点的高差），连接 c、m，则 cm 即为平面的倾斜长，δ 为平面的倾角。

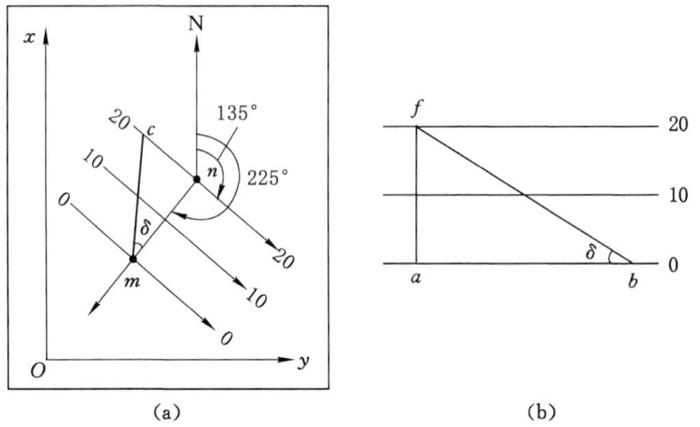

图 1-66　平面标高投影和剖面图

3. 作图方法

平面标高投影作图是指在水平面上作出该平面的等高线。作平面的标高投影时，通常有以下四种情况：已知不在同一直线上的三点；已知一直线和直线外一点；已知两相交直线；已知两平行直线。不论哪种情况，其作图均按下列步骤进行：

① 根据已知条件，按一定比例，把直线或点展绘于图上。

② 在已知直线或各点所连的直线上，按高程值的整倍数进行标高内插。

③ 连接高程相同的各点，即得平面等高线的投影，也就是该平面的标高投影。

【例 1-4】 已知三个点的坐标和高程 $A(9,2,80)$、$B(6,11,40)$、$C(2,1,60)$（括号内的三个数为平面坐标 x、y 及高程值），试绘该三点所定平面的标高投影图。

首先将此三点的平面位置及高程按标高投影的方法绘于图上，得如图 1-67 所示的 a_{80}、b_{40}、c_{60}，连接这三个点，并对各连线按高程为 10 m 的整倍数进行标高内插；将高程相同的 50 m、60 m、70 m 各点相连接，得到平面等高线的投影，即该三点所定平面的标高投影图（图 1-67）。

4. 空间两平面的关系

空间两平面的相互关系有两种情况：两平面平行和两平面相交。矿区内局部范围煤层层面间的关系、煤层层面与断层面间的关系等，都属于空间平面的相互关系问题。

(1) 两平面平行

在平面标高投影图上，若两个平面的等高线平行、倾向相同、平距相等，则空间两平面平行。

图 1-68 所示为空间两个平面 P_1、P_2 的标高投影图。从图中可以看出，平面 P_1、P_2 的等高线彼此平行，平距 $d_1=d_2$，倾向方位角 $\alpha_1=\alpha_2$，即倾向相同，因此可以判定这两个平面

的空间关系是平行的。

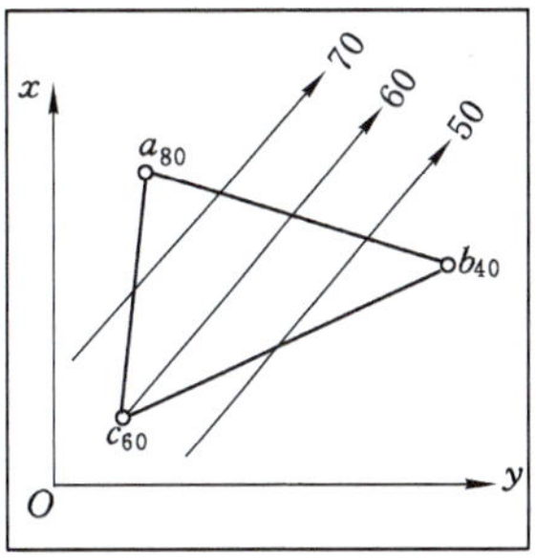

图 1-67　平面标高投影作图

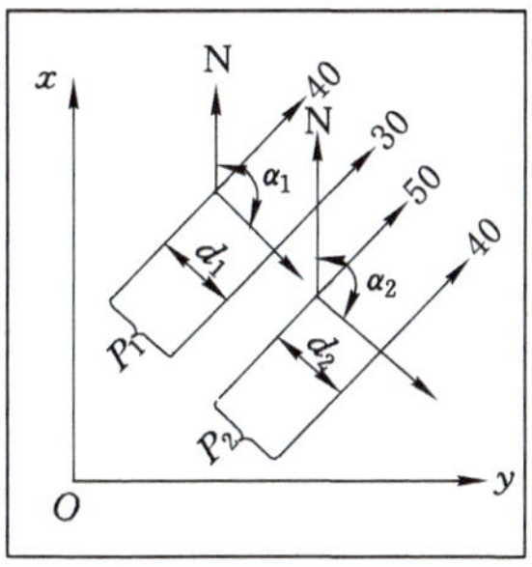

图 1-68　两平面平行

(2) 两平面相交

空间两平面相交有以下三种情况：

① 在平面标高投影图上，若两个平面的等高线平行、倾向相反，则空间两平面相交。如图 1-69(a)所示，两个平面的等高线平行，但倾向方位角相差 180°，即倾向相反，因此可以判定这两个平面的空间关系是相交的。

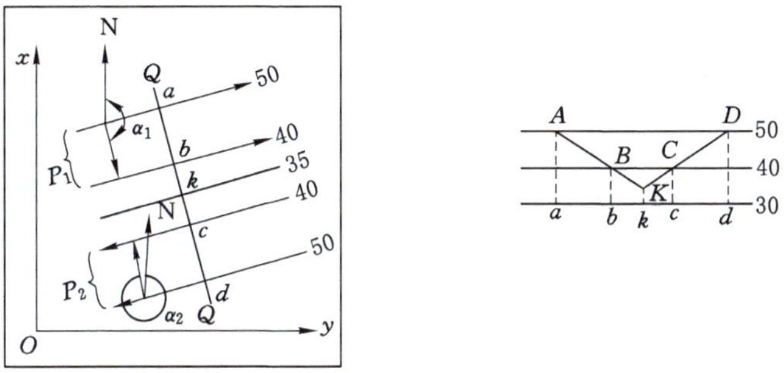

(a)　(b)

图 1-69　两平面相交(一)

因为两个平面的等高线平行，故它们的交线必与等高线平行。为了确定两平面交线的位置，按图 1-69(b)所示方法作图，即过 $Q—Q$ 作剖面图，如图 1-69(b)所示。AB、DC 为两平面的倾斜线，将两倾斜线延长交于 K 点，并将 K 点投到 30 m 水平线上，得 k 点。由图上量得 K 的高程为 35 m。在剖面图上量取 bk，并将此线段展绘到平面标高投影图[图 1-69(a)]上，即得到 $Q—Q$ 剖面上两平面交点的标高投影 k，过 k 作等高线的平行线，即 35 m 等高线，此线就是两平面交线的投影。

② 在平面标高投影图上，若两个平面的等高线平行、倾向相同，但倾角不等，则空间两平面相交。图 1-70(a)所示为等高线平行、倾向相同、倾角不等的两相交平面 P_1、P_2 的标高投影图，其交线的求法如图 1-70(b)所示。

③ 在平面标高投影图上，若两个平面的同名等高线相交，则空间两平面相交。图 1-71 所示为等高线相交的两个平面 P_1、P_2 的标高投影图。同名等高线交点的连线 ab 为两平面交线的投影。

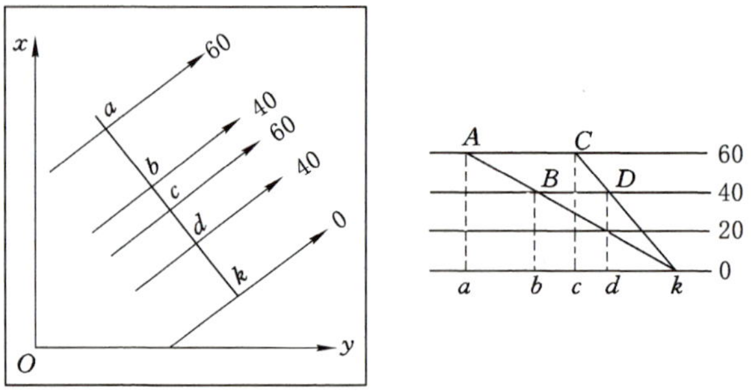

(a) (b)

图 1-70 两平面相交(二)

5. 空间直线与平面的相互关系

空间直线与平面的相互位置关系有三种情况:直线位于平面内、直线与平面平行、直线与平面相交。巷道与煤层、巷道与断层的位置关系,即属于空间直线和平面的相互位置问题。

(1) 直线位于平面内

若直线有两点位于平面内,则该直线位于平面内。

图 1-72 所示为一空间直线 AB 和一平面 P 的标高投影图。直线两端点的投影 a_{20}、b_{50} 均在同高程的平面等高线的投影上。由此可知,空间直线 AB 位于空间平面 P 内。

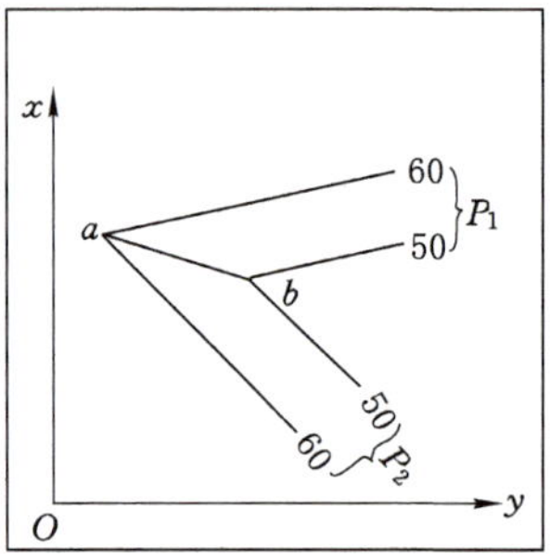

图 1-71 两平面相交(三)

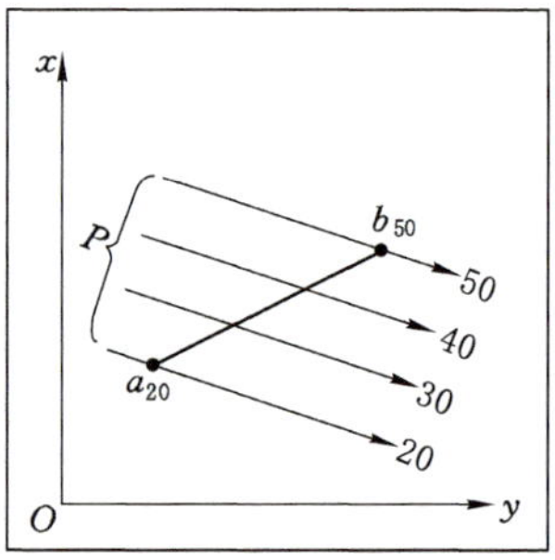

图 1-72 直线位于平面内

(2) 直线与平面平行

若空间某直线不在平面内,但与平面内的某直线平行,则该直线与平面平行。

如图 1-73 所示,$c_{60}d_{30}$ 为空间平面 P 内直线 CD 的投影,$a_{80}b_{50}$ 为空间某直线 AB 的投影,$a_{80}b_{50}$ 平行于 $c_{60}d_{30}$。由图可知,A、B 两端点高程都高于平面 P 内相应平面点位的高程,因而直线 AB 不在平面 P 内,但 $a_{80}b_{50}$ 与 $c_{60}d_{30}$ 平行,倾向相同,倾角也相等,所以直线 AB 与平面 P 平行。

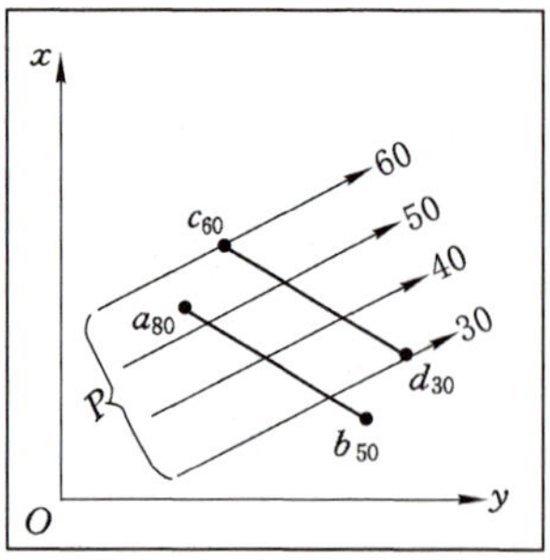

图 1-73 直线与平面平行

(3) 直线与平面相交

若直线既不在平面内,又不与平面平行,则此直线与平面相交。

如图 1-74(a)所示,直线 CD 的标高投影高程值与平面等高线相应点的高程值不一致,所以直线 CD 不在平面 P 内,而且直线 CD 的倾向与平面的倾向相反,所以直线 CD 不与平面平行。由此可知,直线 CD 与平面 P 相交。

为了求得直线 CD 与平面 P 的交点,过直线 CD 作剖面图,如图 1-74(b)所示。直线 CD 与平面内的直线 AB 相交于 K 点,K 点就是直线 CD 与平面 P 的交点。将 K 点投影于水平线上,并转绘至平面标高投影图 1-74(a)上,则得直线 CD 与平面 P 交点的投影 k_{34}。

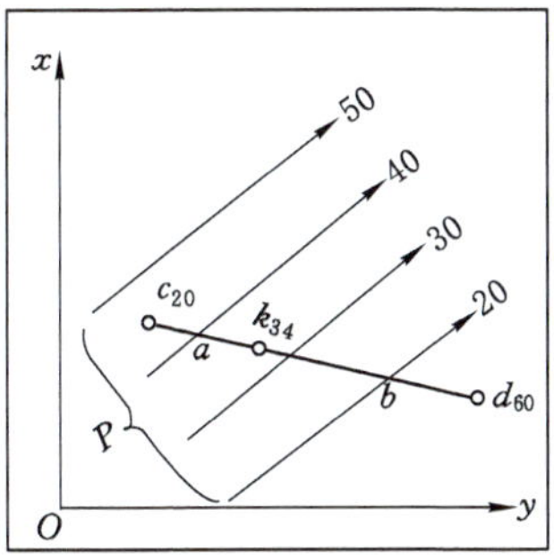

(a)

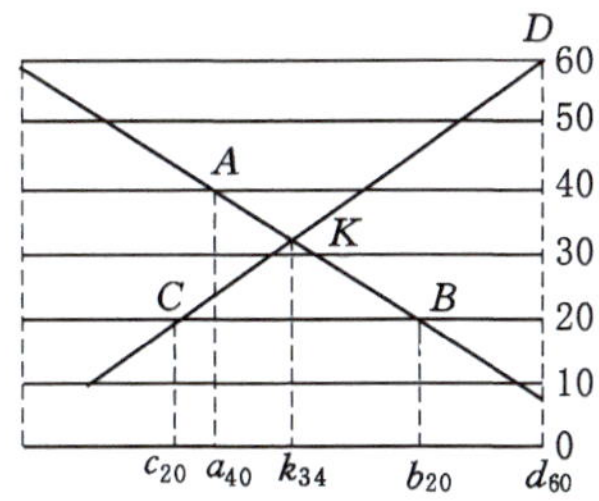

(b)

图 1-74　直线与平面相交

(四) 曲面的标高投影

曲面的标高投影同样采用曲面上等高线的投影来表示。

如图 1-75 所示,图的上部为山丘立体示意图,山丘与高程为 10 m 的静止水平面的交线为一闭合曲线。若水面升到 12 m、14 m、16 m,同样可以形成三条闭合曲线。每条曲线上各点的高程均等于该曲线的高程,如高程为 10 m 的曲线上,各点的高程均为 10 m。将各曲线投影到水平面 H 上,并按比例缩小绘制成图,这些曲线的标高投影即为该山丘表面的标高投影,其表示了该山丘的地貌。

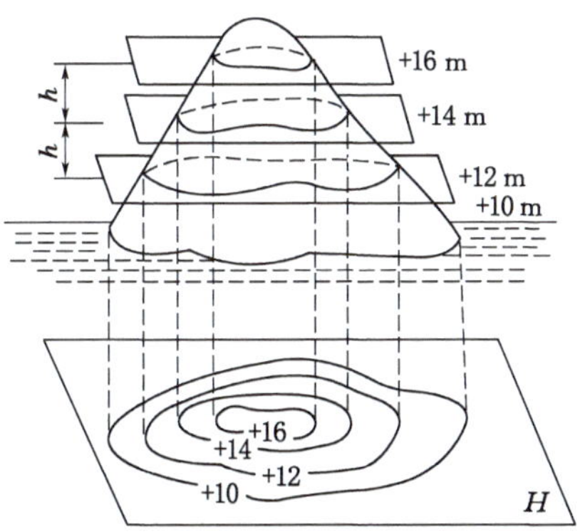

图 1-75　曲面的标高投影

地面的地貌、煤层的产状等都是用曲面的标高投影表示的。

三、轴测投影

正投影的每一个视图,只能表达物体一个方面的尺度和形状,且缺乏立体感。用平行投影的方法,将物体连同它的坐标轴一道向一个投影面进行投影,利用三个坐标轴确定物体的三个尺度,就能在一个投影面中得到反映物体长、宽、高三个方面的形状和尺度的图形。这种投影方法称为轴测投影法。用轴测投影法所得到的图形称为轴测投影图，简称轴测图或立体图。图 1-76 为空间立方体的轴测投影图。从图中可以看出，立方体的三个尺度全都反映出来了。

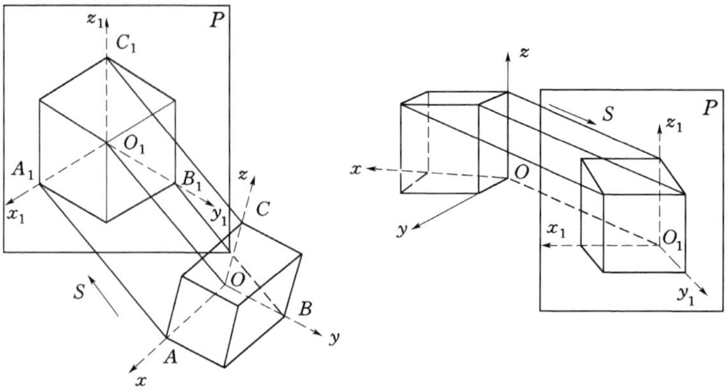

(a)　　　　(b)

图 1-76　立方体的轴测投影图

图 1-76 中 P 为轴测投影面，S 为投影线方向，O_x、O_y、O_z 为物体空间直角坐标系的三个坐标轴，O_{1x_1}、O_{1y_1}、O_{1z_1} 为空间相应三个坐标轴在轴测投影面上的投影。

轴测投影图的优点是比较直观和立体感强，能较清楚地表达物体的形象，其缺点是度量性较差，作图麻烦。但随着计算机制图在采矿中的应用，轴测图的绘制已变得简单。矿图中有时用轴测图作为辅助图，以表达巷道的位置及空间关系。

1. 轴测轴和轴测角

空间直角坐标轴 O_x、O_y、O_z 在轴测投影图上的投影 O_{1x_1}、O_{1y_1}、O_{1z_1} 称为轴测投影轴，简称轴测轴。每两根轴测轴之间的夹角$\angle x_1O_1y_1$、$\angle x_1O_1z_1$、$\angle z_1O_1y_1$ 称为轴间角。

2. 轴向变形系数

空间某线段沿某轴测轴的投影长与其沿相应空间坐标轴的实际长度之比，称为该轴的轴向变形系数，如图 1-76(a)所示，具体如下：

① $\dfrac{O_1A_1}{OA}=p$，p 为 x 轴的轴向变形系数。

② $\dfrac{O_1B_1}{OB}=q$，q 为 y 轴的轴向变形系数。

③ $\dfrac{O_1C_1}{OC}=r$，r 为 z 轴的轴向变形系数。

3. 轴测投影的特性

由于轴测投影是用平行投影方法进行投影的，因此，轴测投影具有平行投影的特性：

① 空间直线，其轴测投影仍为直线。

② 空间相互平行的直线，其轴测投影仍然相互平行。

③ 空间平行于坐标轴 O_x、O_y、O_z 的线段，即轴向线段，其轴测投影也必然与相应的轴

测轴平行，并且所有同轴的轴向线段，其变形系数相同。

上述投影特性，是绘制轴测图的重要依据。

4. 轴测投影的种类

根据投影线方向和投影面的关系，轴测投影分为正轴测投影（也称直角轴测投影）和斜轴测投影（也称斜角轴测投影）两种。投影线与轴测投影面垂直的称为正轴测投影，如图 1-76(a)所示；投影线与轴测投影面斜交的称为斜轴测投影，如图 1-76(b)所示。

根据轴向变形系数的不同，上述每种轴测投影又可分为如下三种：

① 若 $p=q=r$，称为正（或斜）等测投影。

② 若 $p=q\neq r$ 或 $p\neq q=r$ 或 $p\neq r=q$，称为正（或斜）二测投影。

③ 若 $p\neq q\neq r$，称为正（或斜）三测投影。

四、轴测图的画法

工程上常用的是正等测图和斜二测图。

1. 正等测图的画法

正等测图是用正轴测投影的方法，并使其三个轴向变形系数相等作出的轴测投影图。

绘制正等测图，首先作三根互成 120°的轴测轴 O_{1x_1}、O_{1y_1}、O_{1z_1}，一般使 O_{1z_1} 与水平线成直角，O_{1x_1}、O_{1y_1} 与水平线成 30°角，如图 1-77 所示。三个轴间角相等，即均为 120°，三个轴向变形系数 p、q、r 相等，即均为 0.816，为了绘图方便，一般把三个轴向变形系数均取为 1。

现举例说明点、直线、平面的正等测图的画法。

【例 1-5】 已知空间点 A(10 m，15 m，20 m)，试作其正等测图。

作图步骤如下：

① 作轴测轴 O_1x_0、O_1y_1、O_1z_1 互成 120°角，矿图一般以 O_1x_0 的相反方向（O_1x_1）为正，如图 1-78 所示。

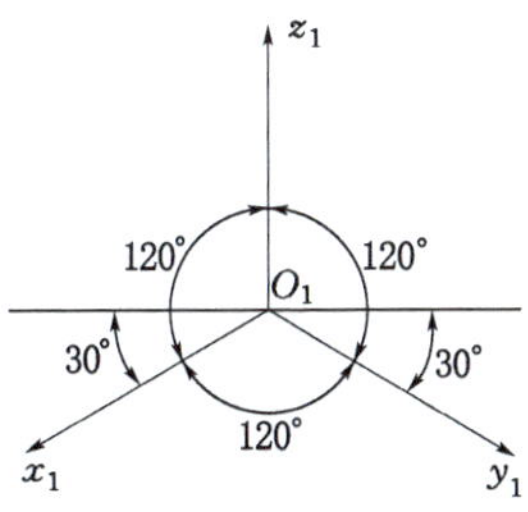

图 1-77　正等测轴的画法

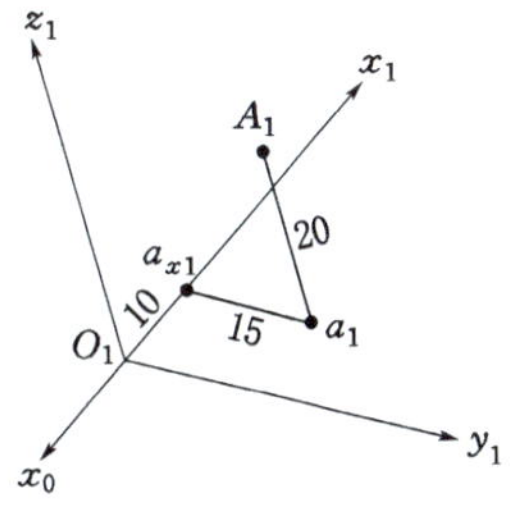

图 1-78　点的正等测图的画法

② 在 O_1x_1 轴上按比例量取 $O_1a_{x_1}=10$ m，过 a_{x_1} 作 O_1y_1 轴的平行线，并在此平行线上量取 $a_{x_1}a_1=15$ m，得 a_1。

③ 过 a_1 作 O_1z_1 轴的平行线，并取 $a_1A_1=20$ m，得点 A_1，即为空间点 A 的正等测图。

直线的轴测投影图是该直线两端点轴测投影的连线；平面的轴测投影图是该平面内三个点（或一直线和一个点）轴测投影的连线；平面立方体的轴测投影图是其各特征点轴测投

影的连线。因此,掌握了点的正等测投影图的画法,便可作出直线、平面和平面立方体的正等测图,其示例如图 1-79 所示。

	点	直线	平面
已知条件	$A(x_a, y_a, z_a)$	$A(x_a, y_a, z_a)$ $B(x_b, y_b, z_b)$	$A(x_a, y_a, z_a)$ $B(x_b, y_b, z_b)$ $C(x_0, y_0, z_0)$
正等测图	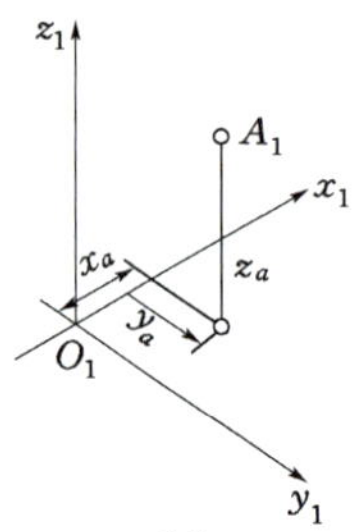 (a)	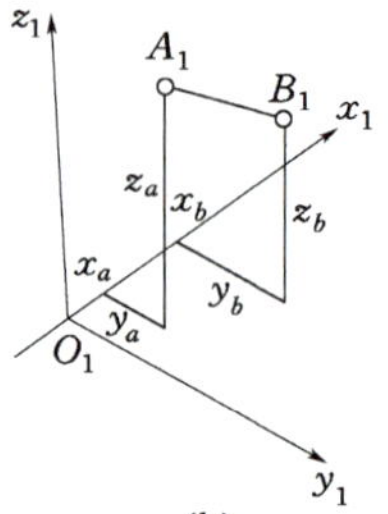 (b)	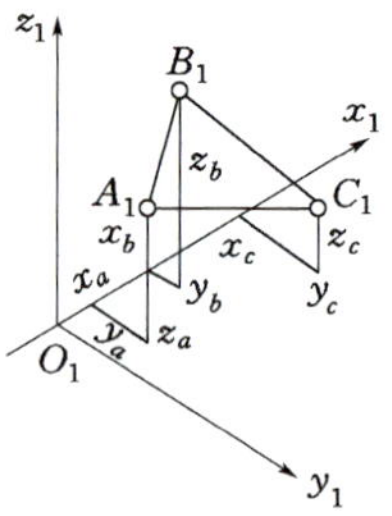 (c)

图 1-79 正等测图的画法示例

2. 斜二测图的画法

斜二测图是用斜测投影的方法,并使其两个轴向变形系数相等作出的轴向投影图。为了作图方便和作出的轴测图立体感强,一般采用 $p=r=1, q=0.5$,x_1 轴和 z_1 轴的轴间角 $\angle x_1O_1z_1=90°$,$\angle z_1O_1y_1=135°$,y_1 轴与水平线成 45°;或 $q=r=1, p=0.5$,$\angle z_1O_1y_1=90°$,x_1 轴与水平线成 45°,如图 1-80 所示。

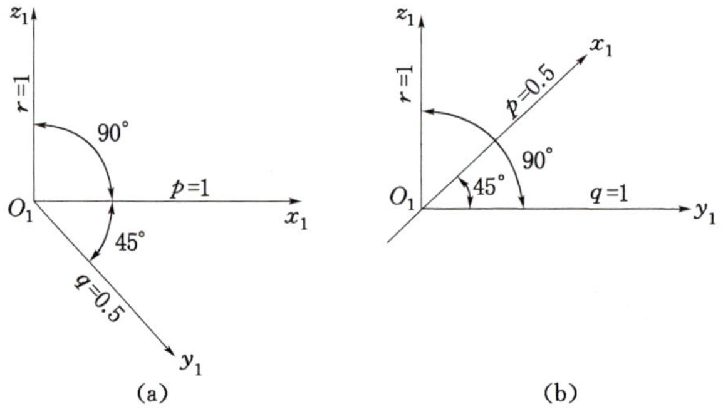

(a) (b)

图 1-80 斜二测图轴测轴画法

现举例说明斜二测图的画法和步骤。

【例 1-6】 图 1-81(a)为 M 点的标高投影图,试作该点的斜二测图。

如图 1-81(b)所示,作图方法和步骤如下:

① 先作 x_1、y_1、z_1 三个轴测轴,使 z_1 与 x_1、x_1 与 y_1 轴间的夹角为 45°。

② 选定变形系数 $q=r=1, p=0.5$,则 M 的轴测轴与直角坐标轴间的关系为:

$$x_1=0.5x, y_1=y, z_1=z$$

③ 在轴测投影图上取 $\Delta x_1=0.5\Delta x$，$\Delta y_1=\Delta y$，定出 m 点，过 m 点作竖直线，在此竖直线上按比例截取 $\Delta z_1=\Delta z$（此处标高为 19 m），得 M'点，即为点 M 的斜二测图。

直线、平面和平面立方体的斜二测图的画法与正等测图相似，只是作图时应将变形系数为 0.5 的轴测轴的轴向长度取为物体沿相应直角坐标轴长度的一半。

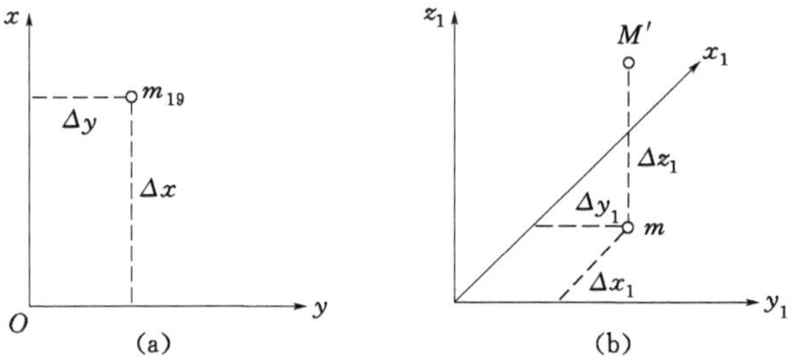

图 1-81　点的斜二测图画法

矿图中绘制井巷轴测图时，通常不用各点的实际坐标，而是用标高投影中选定的假定坐标。

【例 1-7】 图 1-82(a)为某矿井两个水平的巷道平面图（标高投影），试作其斜二测图。

作图步骤如下：

① 如图 1-82(a)所示，选定井筒中心（或附近某一测点）作为假定坐标原点 O，平行于主要巷道的方向作为假定 x 轴的方向，垂直于主要巷道的方向作为假定 y 轴的方向，以此绘制平面直角坐标网格。

② 选定轴测投影图的类型，确定轴间角和变形系数。如图 1-82(b)所示，令 $q=r=1$，$p=0.5$，$\angle z_1O_1y_1=90°$，$\angle x_1O_1z_1=45°$。

在图 1-82(c)中，令 $p=r=1$，$q=0.5$，$\angle x_1O_1z_1=90°$，$\angle x_1O_1y_1=45°$。

③ 根据各水平的巷道平面图，作各水平巷道的斜二测图。假如先作 −30 m 水平的巷道斜二测图，在绘图纸上部作轴测轴 x_1、y_1、z_1，如图 1-82(b)、(c)所示。根据平面图的网格和轴测轴的变形系数，按比例绘出轴测投影坐标网格；再根据平面图中巷道特征点的坐标 x、y，在轴测投影坐标网格内作各特征点的投影，用双线画出巷道轮廓。

④ 画完 −30 m 水平后，将 z_1 轴向下延长，在延长线上按比例截取一段长度等于 $(230-30)\times1=200$ (m)，过截点作平行于上水平的 x_1、y_1 轴，再按步骤③作出 −230 m 水平的巷道轴测投影。作图时要注意：在图 1-82(b)中，x_1 方向的轴向尺寸等于相应空间轴向实长的一半；在图 1-82(c)中，y_1 方向的轴向尺寸等于相应空间轴向实长的一半。

⑤ 用双线连上下水平间的井巷。用阴影将各巷道加以修饰，即得该地区的井巷斜二测图。

由图 1-82(b)、(c)可以看出，由于所取的轴间角和轴向变形系数不同，绘出的两个斜二测图的图形也不同。

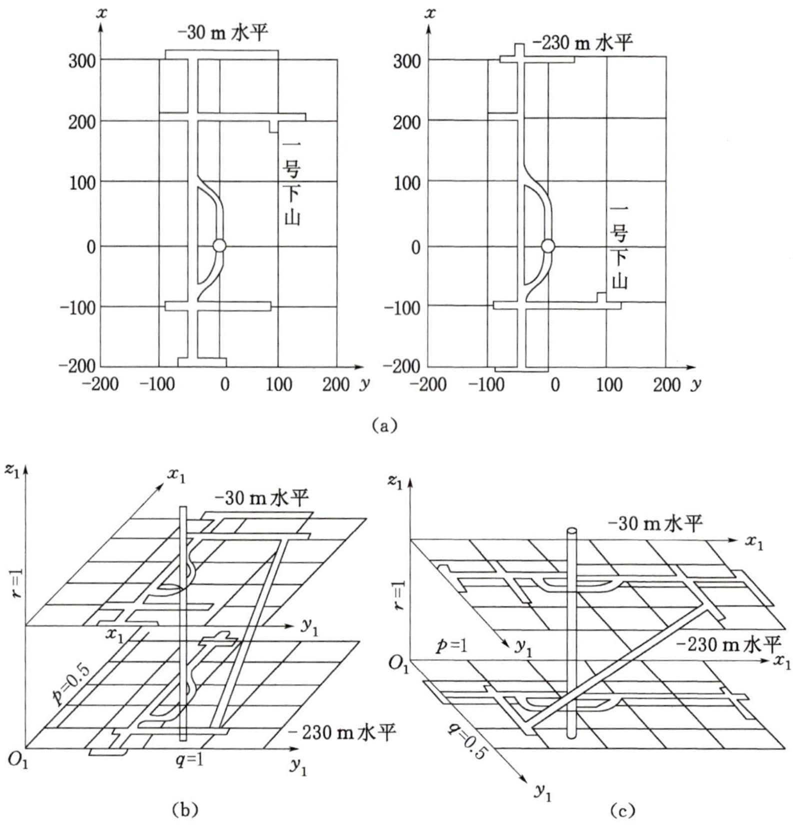

图 1-82　巷道的斜二测图画法

复习思考题

1. 什么叫矿图？矿图有哪几种？

2. 什么叫比例尺？什么叫比例尺精度？比例尺精度的作用是什么？

3. 地面上某线段的水平距离为 115.6 m，把它绘在比例尺为 1∶500、1∶1 000、1∶2 000、1∶5 000 的图纸上，应绘制的长度分别是多少？

4. 在比例尺为 1∶2 000 的平面图上，量得某线段长为 27.6 mm，该线段实际水平长度是多少？

5. 某倾斜巷道长 85.6 m，倾角为 20°，求该巷道绘在比例尺为 1∶2 000 平面图上的长度。

6. 什么叫坐标方位角？什么叫象限角？

7. 正反方位角有何关系？象限角与坐标方位角有何关系？举例说明。

8. 试述投影的概念及分类。

9. 什么叫标高投影？什么叫标高内插？标高内插的方法有几种？

10. 图 1-83 为空间三条直线的标高投影图，试标出各直线投影图上标高为 10 m 整倍数投影点的位置。

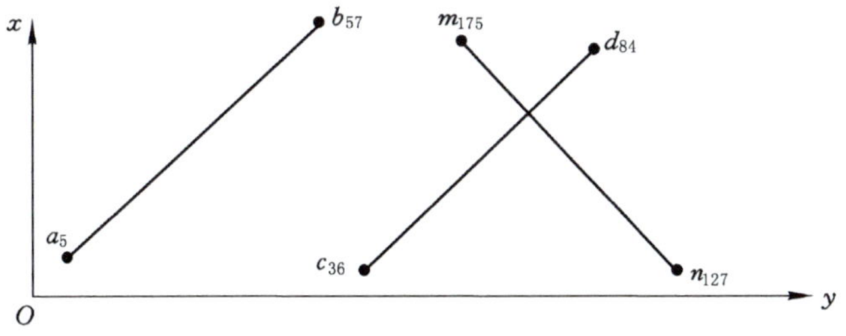

图 1-83　直线的标高投影图

11. 图 1-84 为三组直线的标高投影图，比例为 1∶5 000，试判断图中各直线的关系。

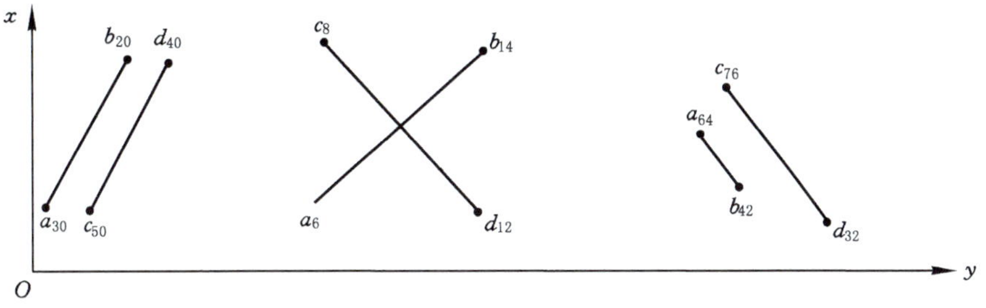

图 1-84　直线标高投影图

12. 图 1-85 为三组平面的标高投影图，比例为 1∶2 000，试判断图中各组两平面的相互位置关系。

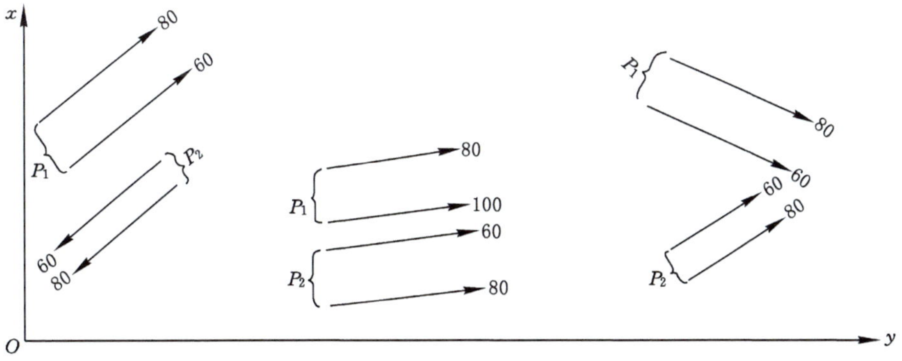

图 1-85　平面标高投影图

13. 试求图 1-85 中三个 P_1 平面的走向方位角、倾向方位角和倾角。

14. 图 1-86 为平面 P 和直线 AB、CD 的标高投影图，比例为 1∶2 000，试判断各直线和平面 P 的位置关系，并求出直线和平面的交点。

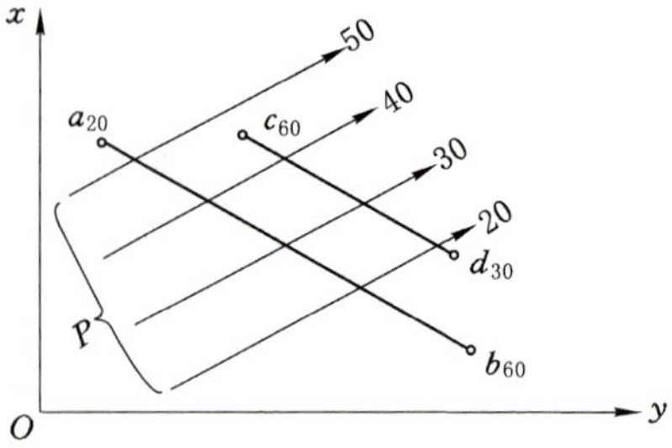

图 1-86　平面和直线标高投影图

项目二　矿图常用图例

【学习目标】

1. 熟悉矿图常用的图例。

2. 理解各矿图图例的意义以及在不同比例尺图上的差异。

3. 掌握矿井常用图例符号的绘制，为后续读图、绘图打下良好的基础。

【思政目标】

通过学习矿图符号的内容，学生应了解工作认真负责的重要性。联系矿井生产案例，让学生更加重视生命安全，更加热爱自己的工作，提升学生的个人成就感和自信心。

任务一　井巷工程符号

思政元素

一、井筒（表 2-1）

表 2-1　井筒常用符号

名称		比例尺			说明
		1∶500 和 1∶1 000	1∶2 000	1∶5 000	
竖井	圆形	按实际比例参照 1∶2 000 的符号绘制	一号井 156.36 15.73 3 提升 4	一号井 156.36 15.73 2 提升 3	一般红色箭头表示进风，蓝色箭头表示出风，符号右边注明用途，如提升、通风等。符号左上方为井口高程，左下方为井底高程
	矩形		一号井 124.17 -60.20 3 通风 4	124.17 -60.20 2 通风 3	
暗竖井	圆形		五号井 -45.37 -130.24 3 提升 4	-45.37 -130.24 2 提升 3	
	矩形		五号井 107.15 39.46 3 提升 4	107.15 39.46 2 提升 3	

表 2-1(续)

名称		比例尺			说明
		1∶500 和 1∶1 000	1∶2 000	1∶5 000	
暗小竖井	圆形	按实际比例参照 1∶2 000 的符号绘制	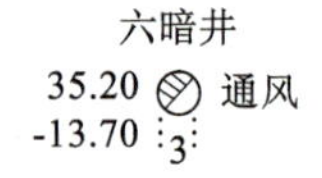 六暗井 35.20 通风 -13.70 3	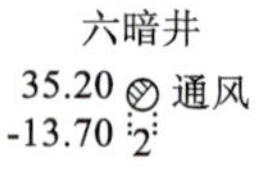 六暗井 35.20 通风 -13.70 2	井下溜煤、通风、储煤仓等小竖井均按此符号绘制，右边注明用途，左上是井口高程，左下是井底高程
	矩形		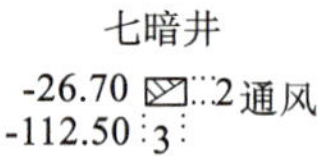 七暗井 -26.70 2 通风 -112.50 3	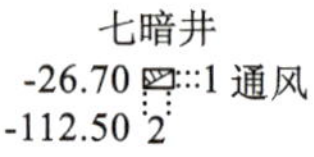 七暗井 -26.70 1 通风 -112.50 2	
斜井			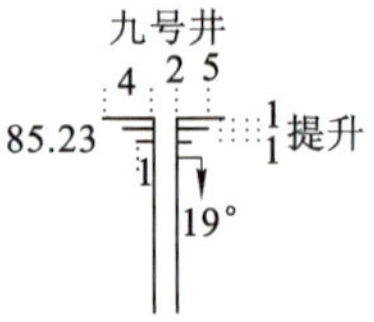 九号井 4 2 5 85.23 1 1 提升 19°	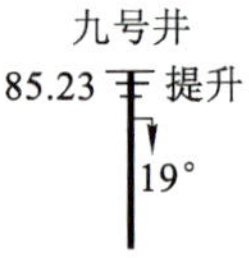 九号井 85.23 提升 19°	左侧注井口高程，右侧注用途
			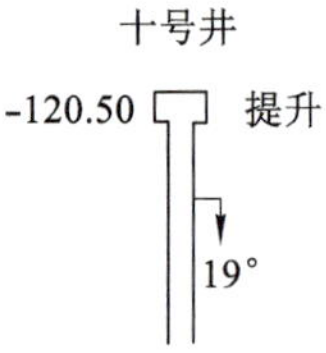 十号井 -120.50 提升 19°	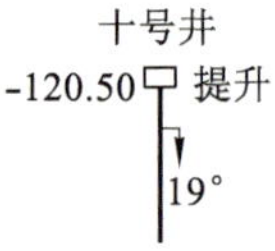 十号井 -120.50 提升 19°	暗斜井绞车硐室依实测绘制
斜煤仓	圆形		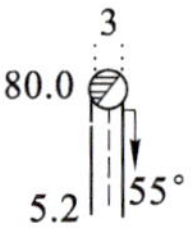 3 80.0 55° 5.2	不表示	左上注仓口高程，左下注仓底高程，虚线表示有人行道
	矩形		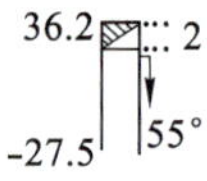 36.2 2 55° -27.5	不表示	
平硐			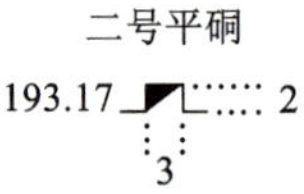 二号平硐 193.17 2 3	 二号平硐 193.17 1.2 2	
报废井筒				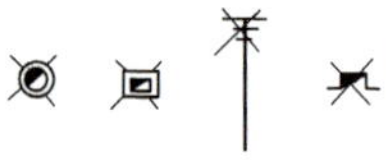	包括古井
生产小窑			 2.5	 1.5	
废弃小窑			 2.5	 1.5	

二、巷道(表 2-2)

表 2-2　巷道常用符号

<table>
<tr><th rowspan="2">名称</th><th colspan="3">比例尺</th><th rowspan="2">说明</th></tr>
<tr><th>1∶500 和 1∶1 000</th><th>1∶2 000</th><th>1∶5 000</th></tr>
<tr><td>岩巷</td><td>按实际宽度绘制</td><td></td><td></td><td>当巷道宽度>4 m 时按实际宽度绘制，半煤岩巷按煤巷绘制。若岩石超过断面的 4/5，按岩巷绘制</td></tr>
<tr><td>煤巷</td><td></td><td></td><td></td><td>若煤层倾角<45°，应加绘立面投影图，此时在平面上井巷工程可视情况用单线绘制</td></tr>
<tr><td>倾斜巷道</td><td></td><td>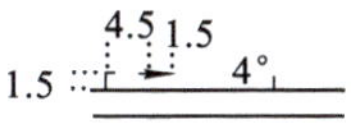</td><td>不表示</td><td>采煤工作面煤层倾角的箭头符号用此规格</td></tr>
<tr><td>厚煤层人工分层</td><td>按实际宽度绘制</td><td></td><td>不表示</td><td>一分层
二分层
三分层
可选择不同颜色用实线表示分层注记颜色亦同</td></tr>
<tr><td>水仓</td><td>按实际宽度绘制</td><td></td><td>不表示</td><td>内涂浅绿色</td></tr>
<tr><td>水闸门</td><td>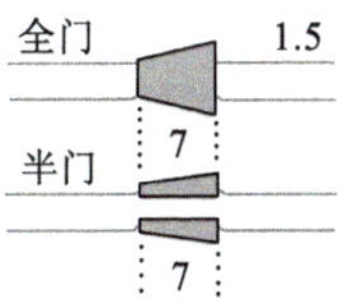</td><td>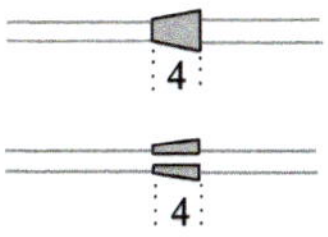</td><td>不表示</td><td>符号由宽到窄为水流方向，内涂绿色</td></tr>
<tr><td>水闸墙</td><td>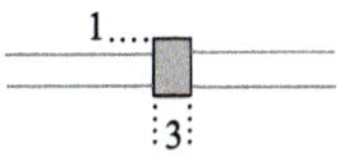</td><td>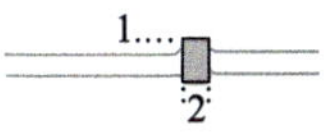</td><td>不表示</td><td>符号内涂绿色</td></tr>
</table>

表 2-2(续)

<table>
<tr><th rowspan="2">名称</th><th colspan="3">比例尺</th><th rowspan="2">说明</th></tr>
<tr><th>1∶500 和 1∶1 000</th><th>1∶2 000</th><th>1∶5 000</th></tr>
<tr><td>井底车场、水仓、硐室</td><td>按实际比例参照 1∶2 000 的符号绘制</td><td>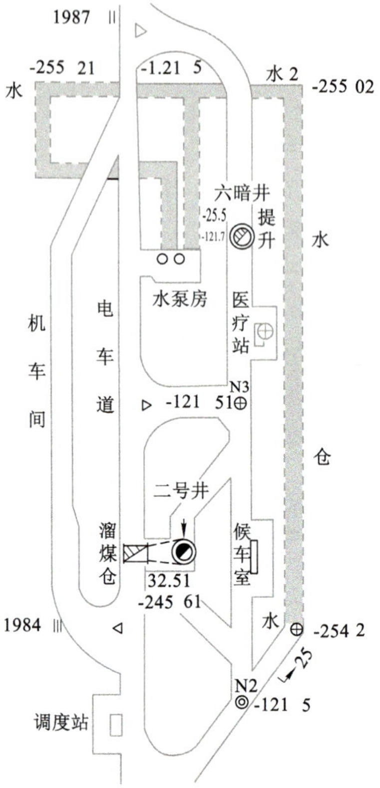
</td><td>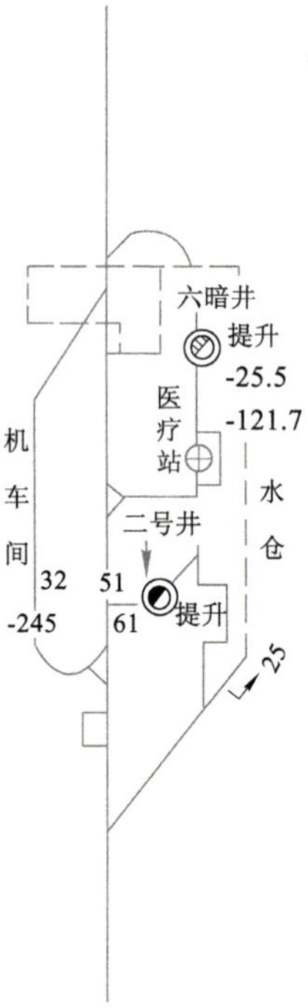
</td><td></td></tr>
</table>

任务二　井下测量控制点

井下测量控制点常用符号见表 2-3。

表 2-3　井下测量控制点常用符号

<table>
<tr><th colspan="2" rowspan="2">名称</th><th colspan="3">比例尺</th><th rowspan="2">说明</th></tr>
<tr><th>1∶500 和 1∶1 000</th><th>1∶2 000</th><th>1∶5 000</th></tr>
<tr><td rowspan="2">经纬仪导线点</td><td>永久</td><td>同右</td><td>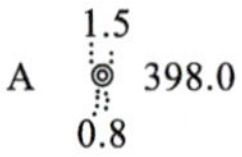
</td><td>不表示</td><td>点号注在巷道内，底板高程(有轨道的以轨面为准)原则上注在点的右边，陀螺导线点用颜色表示</td></tr>
<tr><td>临时</td><td></td><td>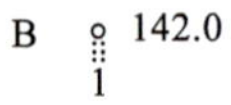
</td><td></td><td></td></tr>
</table>

表 2-3(续)

名称	比例尺			说明
	1∶500 和 1∶1 000	1∶2 000	1∶5 000	
罗盘导线点		380.0 0.3		
巷道底板高程		256.1 0.5		指两个控制点间加测的特征点,变坡点底板高程
水准基点		C ⊕170.690⊥ 1.5		“ㄒ、ㅗ、ㅏ”符号分别表示在“顶、底、帮”的位置

任务三 地质勘探符号

一、钻探工程符号(表 2-4)

表 2-4 钻探工程常用符号

名称	比例尺			说明
	1∶500 和 1∶1 000	1∶2 000		
		地面	井下	
设计钻孔		32.64/180.50 18 3.5	2.5	钻孔上方为孔号,左上方为孔口高程,左下方为设计孔深
见煤钻孔	3 4.5	3.5 2	2	在地形图上左边只注孔口高程。在煤层底板等高线图、储量计算图、采掘工程图上,左上为孔口高程,右下为底板高程,右边为煤层可采厚度、钻孔质量级别(采掘工程图可不注)
未见煤钻孔	3 4.5	3.5 2	2	左边为孔口高程,水平切面图采用此符号,但不注记高程。孔位指直孔或斜孔穿过本水平的位置
见煤斜孔	3 4.5 2	3.5 2 1.5	2	黑圆点为钻孔见煤点的投影位置,在地形地质图上钻孔涂黑;井下钻孔的虚线表示孔口至孔底的投影长度
未见煤斜孔	3 4.5 2	3.5 2 1.5	2	用于底板等高线及储量计算图,左边为孔口高程,小圆圈或黑点为本煤层的投影位置
报废孔	3 4.5	3.5 2	2	
测井基准孔	3 4.5	3.5		用于测井专用图

表 2-4(续)

名称	比例尺			说明
	1∶500 和 1∶1 000	1∶2 000		
		地面	井下	
地震测井孔				用于测井专用图
一孔多用钻孔	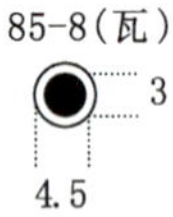	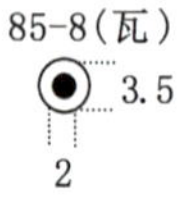	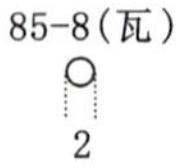	用于地质与其他兼用孔，如瓦斯采样孔，在孔号右边加注“瓦”
专用工程孔	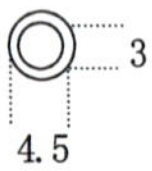	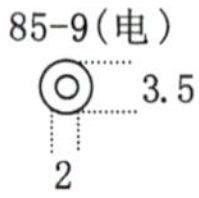	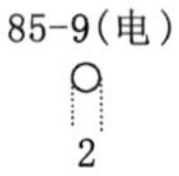	孔号右边加注“电”“风”“排”“灭”等字，分别表示输电、通风、排水、灭火等钻孔
“三带”观测孔	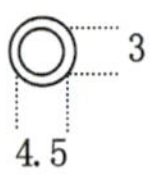	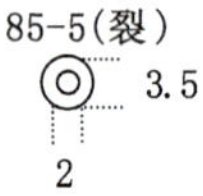	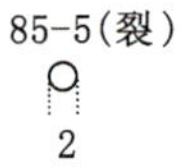	
设计钻孔		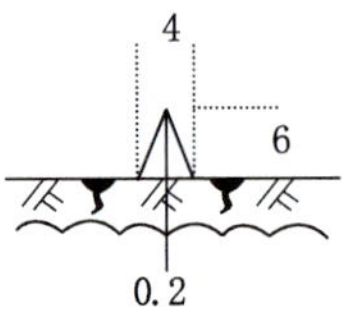		用于剖面图
钻孔		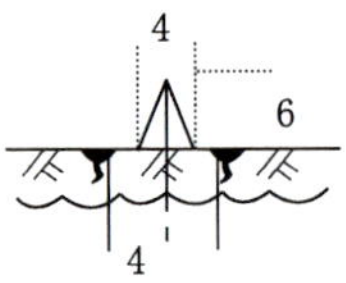		用于剖面图
投影钻孔		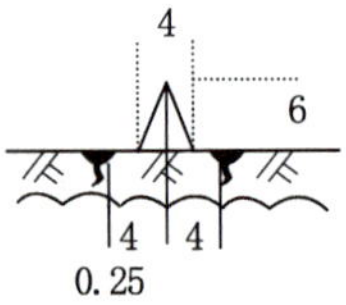		用于剖面图
剖面钻孔注记		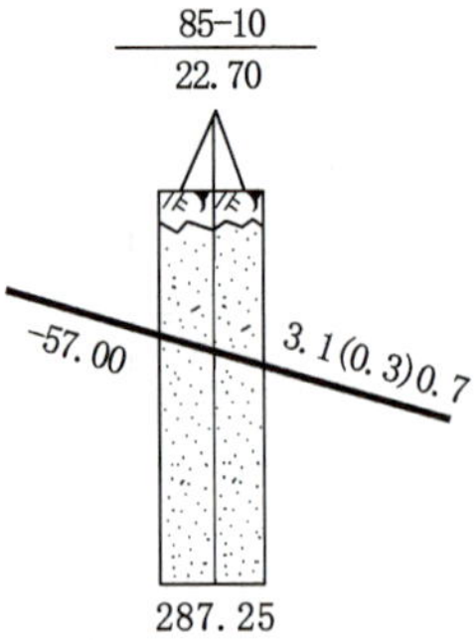		上方分子为孔号，分母为孔口高程，左边为煤层底板高程，右边为煤层及夹石层厚度(真厚)，下方为终孔深度

二、巷探工程符号(表 2-5)

表 2-5　巷探工程符号

名称	比例尺 1∶2 000	说明
石门		用于剖面图
平巷		用于剖面图
探井	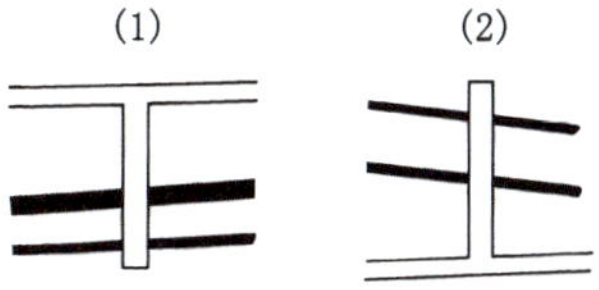	(1) 下探井； (2) 上探井
斜探井	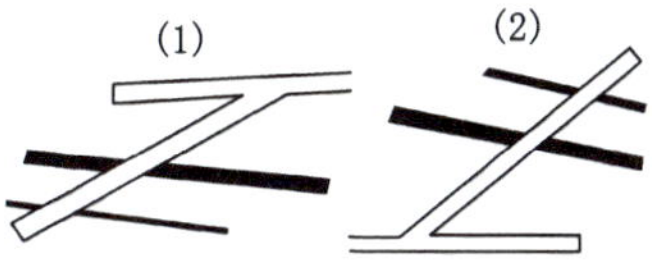	(1) 下山； (2) 上山

三、水文地质勘探工程符号(表 2-6)

表 2-6　水文地质常用探工程符号

名称	符号	说明
设计水文孔	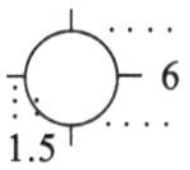	上方注记孔号,左侧注记:$\frac{\text{孔口高程(m)}}{\text{孔深(m)}}$
水文孔	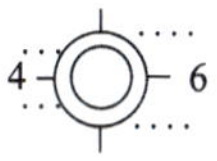	上方、左侧注记同上; 右侧注记:$\frac{\text{含水层位、水位高程(m)、水柱高度(m)}}{\text{单位涌水量[L/(s·m)]、渗透系数(m/d)}}$
漏水孔	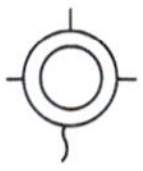	上方、左侧注记同上; 右侧注记:$\frac{\text{含水层位、水位高程(m)、水柱高度(m)}}{\text{漏失深度(m)、漏失量(L/min)}}$
抽水孔	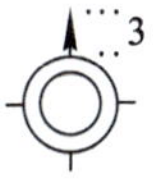	第四系松散层和基岩含水层抽水试验同在一个钻孔进行时,可用此符号
群孔抽水主孔	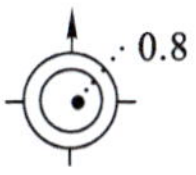	

表 2-6(续)

名称	符号	说明
群孔抽水观测孔	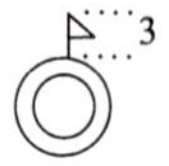	
疏水孔	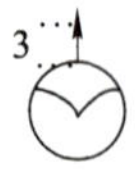	
长期观测孔	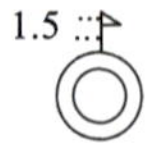	右侧注记主要含水层水位(m)
涌水孔		
注水孔	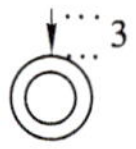	
设计基岩水文孔	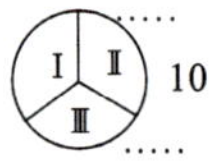	指抽水试验的水文孔，罗马数字为钻孔中抽水试验层(段)编号，每一个编号代表一个抽水层(段)，内涂观测层段地层的代表颜色
基岩水文孔		左侧注记：$\frac{\text{孔号}}{\text{孔口高程(m)}}$； 右侧注记：$\frac{\text{含水层位、水位高程(m)、含水层厚度(m)}}{\text{单位涌水量[L/(s·m)]、渗透系数(m/d)、水温(℃)}}$
施工中的基岩水文孔		上方、左侧、右侧注记同前
基岩群孔	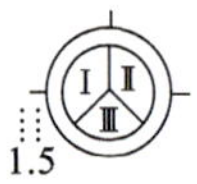	同上
设计基岩群孔	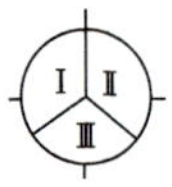	同上
水源生产勘探孔		同上
见岩溶钻孔		右侧注记：$\frac{\text{岩溶高程(m)}}{\text{岩溶层位}}$
井下疏放钻孔	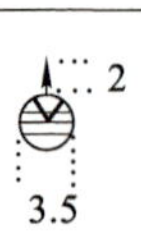	右侧注记：$\frac{\text{放水量}(m^3/min)}{\text{水位降深(m)}}$

表 2-6(续)

名称	符号	说明
水文物探钻孔	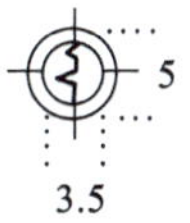	
流量测井孔		
地面注浆孔	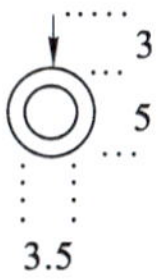	左侧注记：$\frac{\text{孔口高程(m)}}{\text{孔深(m)}}$； 右侧注记：$\frac{\text{含水层位、深度(m)、厚度(m)}}{\text{注浆前(后)涌水量(m}^3\text{/h)、注浆量(t)}}$
井下注浆孔		同上
漏水钻孔	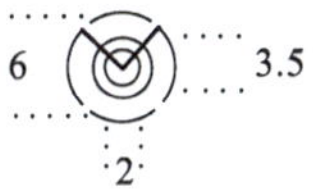	里圈为地质孔符号。未封孔成封孔不良钻孔，去掉“∨”符号
井下涌水钻孔		
井下探放水孔	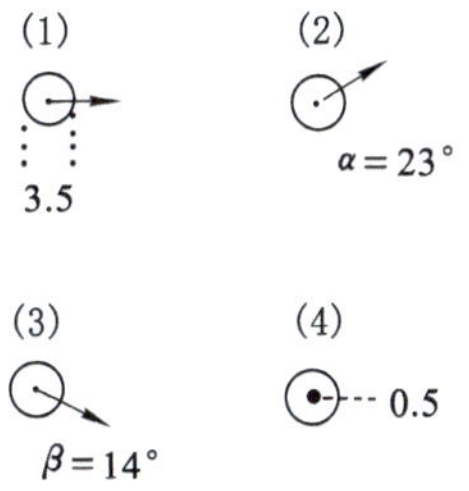	(1) 水平钻孔；(2) 上斜钻孔； (3) 下斜钻孔；(4) 直孔 α 为上斜角；β 为下斜角

任务四　地质构造符号

褶皱的基本概念

一、褶皱构造(表 2-7)

表 2-7　褶皱构造符号

名称	符号	说明
实测向斜轴	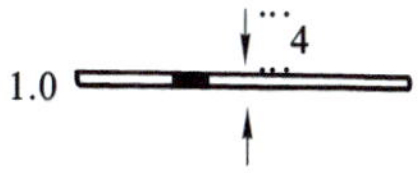	箭头表示岩层的倾斜方向，实测褶皱每 100 mm 为一组，组与组间距 10 mm

表 2-7(续)

名称	符号	说明
推测向斜轴	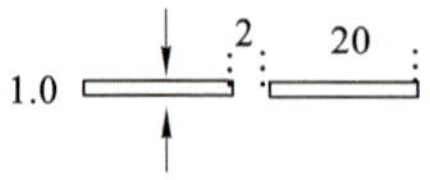	推断褶皱每隔 5 节(1 节 20 mm)绘一组,组与组间距 10 mm
实测背斜轴	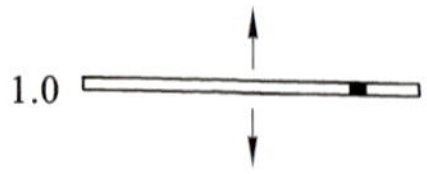	
推测背斜轴	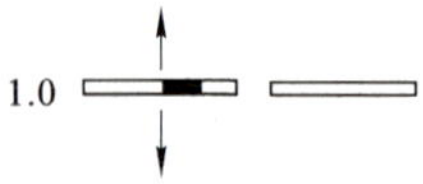	
复式背斜	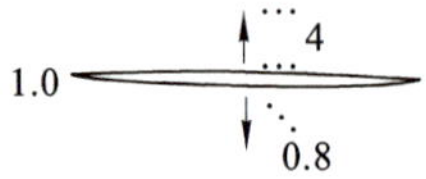	中间线粗 1 mm,两端尖灭
复式向斜	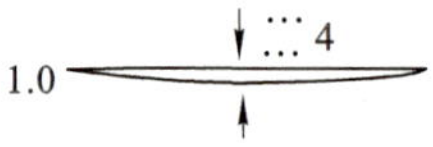	
线状背斜	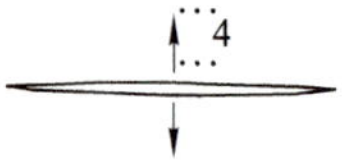	
梳状背斜	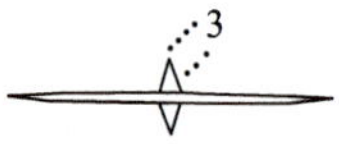	
箱状背斜	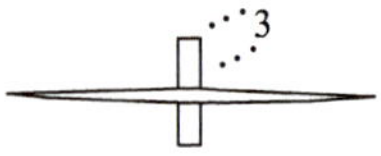	
实测倾没向斜轴	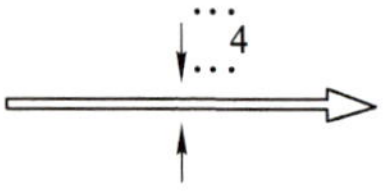	轴线箭头表示向斜的倾没方向
推测倾没向斜轴	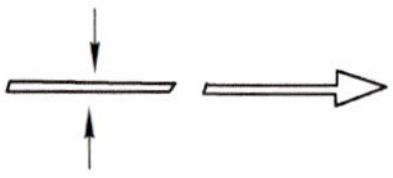	同上
实测倾没背斜轴	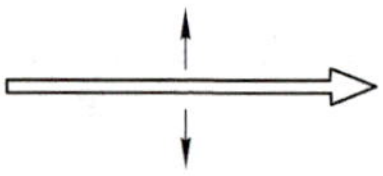	同上
推断倾没背斜轴	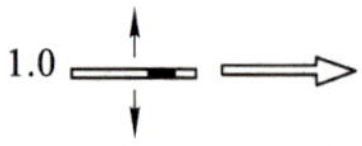	

表 2-7(续)

名称	符号	说明
实测倒转向斜轴	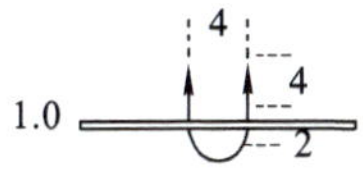	
推断倒转背斜轴	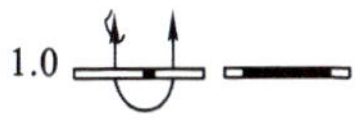	
实测倒转向斜轴	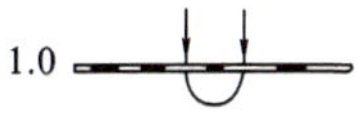	
推断倒转向斜轴		
穹窿		
坳陷	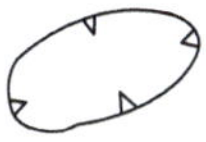	
轴线	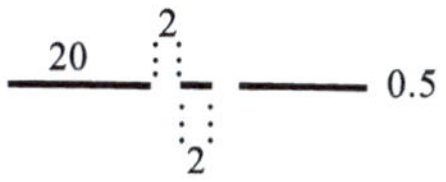	

二、断裂构造(表 2-8)

表 2-8　断裂构造符号

名称	符号	说明
实测正断层	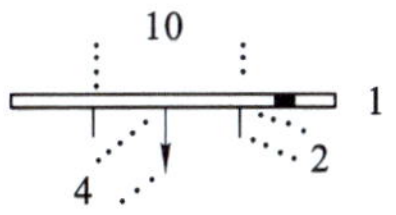	箭头表示断层面倾斜方向,短线指示地层下降的一侧,实测断层每隔 100 mm 为一组,组与组间距 10 mm;推断断层每 5 节(1 节 20 mm)绘一组,组与组间距 10 mm
推断正断层	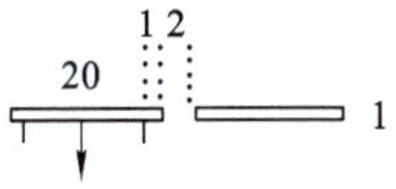	同上
实测逆断层	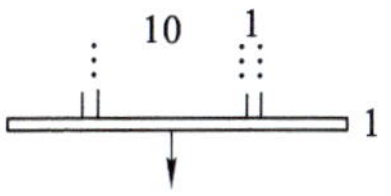	同上

表 2-8(续)

名称	符号	说明
推断逆断层	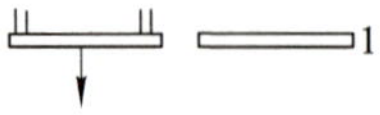	同上
实测逆掩断层	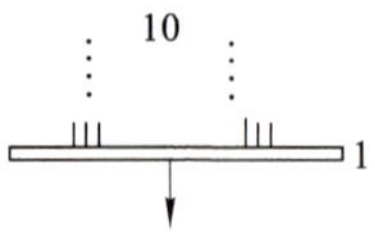	同上
推断逆掩断层	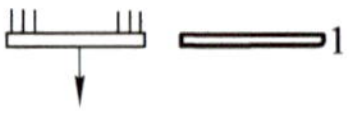	同上
实测平移断层	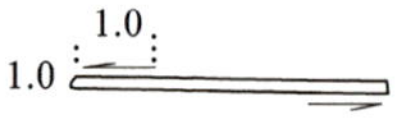	箭头表示两盘位移的方向
推断平移断层	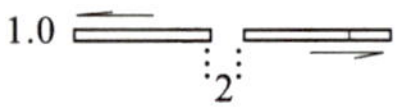	同上
实测旋转断层	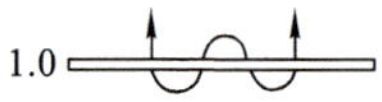	“∩”符号表示旋转断层，箭头表示倾斜方向
推断旋转断层	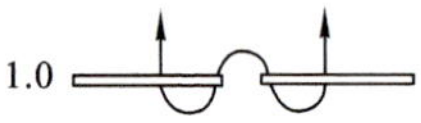	同上
性质不明断层	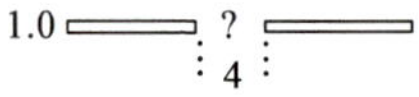	表示断层性质还未探清
环状陷落	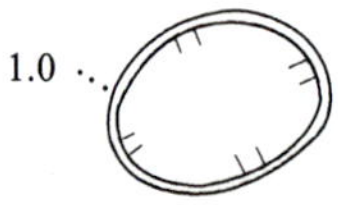	双短线表示岩层陷落方向
线性构造		用于图像解释
隐伏断裂	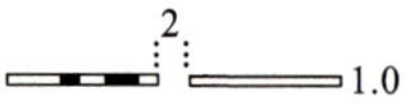	

表 2-8(续)

名称	符号	说明
断层编号及注记	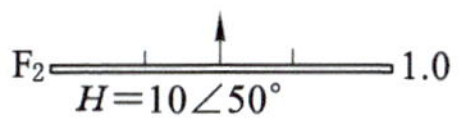	注记断层名称、倾角、落差(m)
断层上、下盘	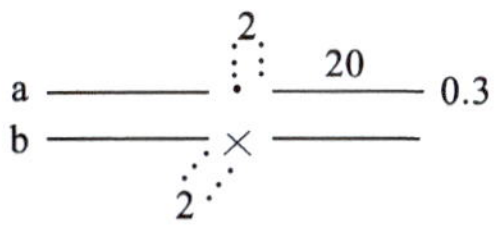	a 为上盘,b 为下盘
断层裂隙带	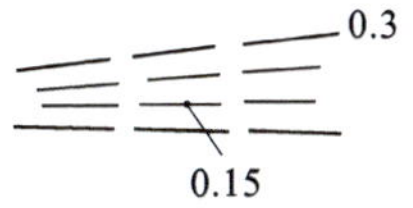	中间表示裂隙地带
断层破碎带	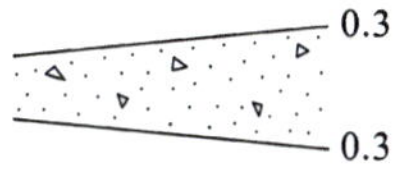	中间表示破碎地表
断层	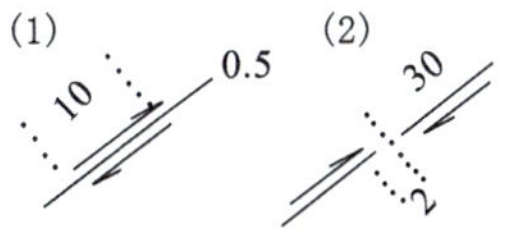	用于剖面:(1) 实测;(2) 推断
井巷实测断层	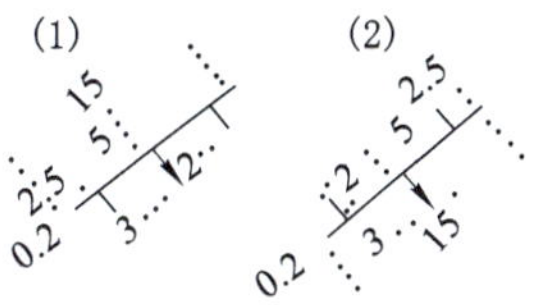	(1) 正断层;(2) 逆断层。用于采掘工程平面图,在矿井水平地质切面图上,走向粗 0.5 mm
滑动构造		
推断滑动构造		
层间滑动构造	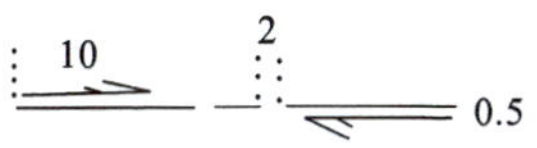	用于剖面图

三、其他构造(表 2-9)

表 2-9　其他构造符号

名称	符号	说明
实测陷落柱	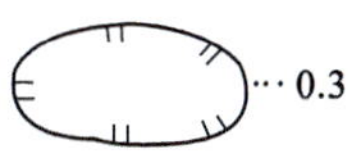	范围按实测填绘,蓝图可不着色,在剖面图按实测范围表示充填物

表 2-9(续)

名称	符号	说明
推断陷落柱	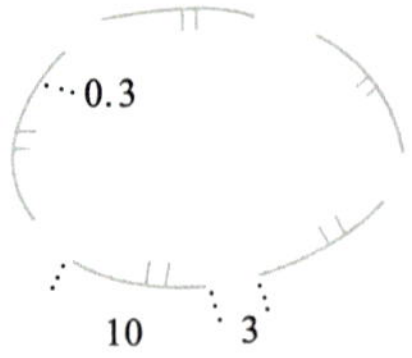	同上
底鼓	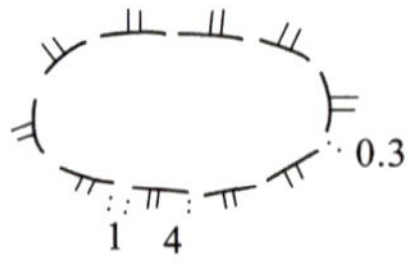	沉积基底不平，煤层缺失区亦用此符号
古河床冲刷	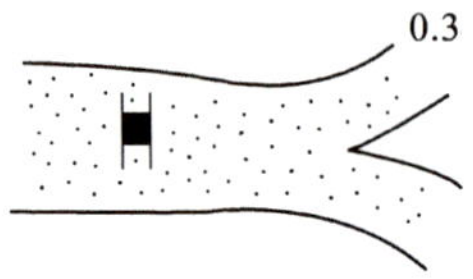	按实际范围填绘岩石符号
岩浆岩侵入体及天然焦界线	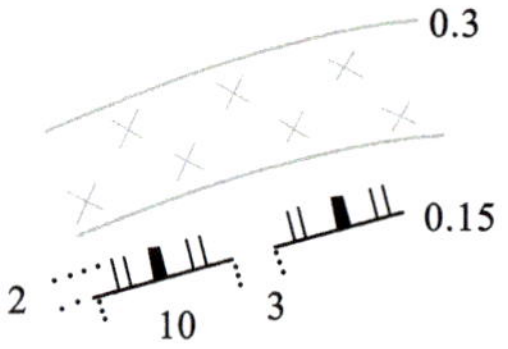	侵入范围用红实线圈画，如沿断层侵入可画断层符号，内画侵入岩石符号。短线指向变质带一侧。凡煤层全部变质成焦或剩余煤层厚度不足可采厚度时，均可画天然焦界线符号
包裹体	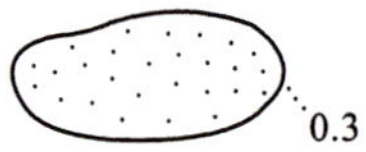	包裹体内画实际岩性符号

任务五 矿井地面符号

一、地物、地貌符号(表 2-10)

表 2-10 地物、地貌符号

序号	名称	符号	说明
1	一般房屋	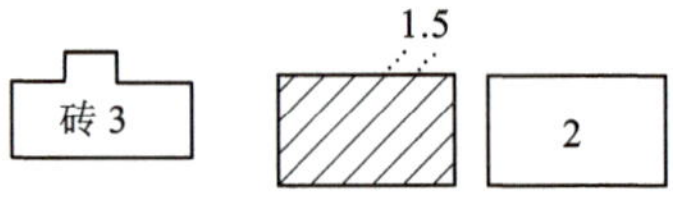 (a) (b)	钢筋混凝土、砖(石)木结构 (a) 1∶500～1∶1 000; (b) 1∶2 000
2	简单房屋	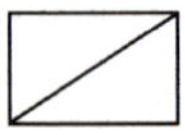	以竹、木、土坯、秸秆为材料的简易房屋

表 2-10(续)

序号	名称	符号	说明
3	特种房屋	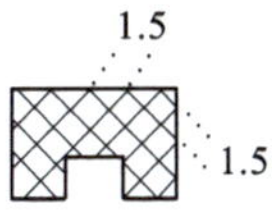	有纪念意义需永久保留，加注说明或专有名称
4	棚房	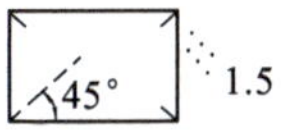	临时性不表示
5	窑洞	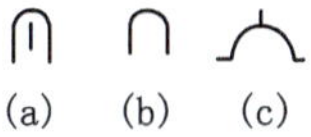	(a) 住人的； (b) 不住人的； (c) 砖瓦房
6	温室	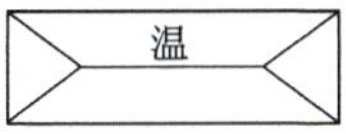	加注类别说明
7	建筑说明符号	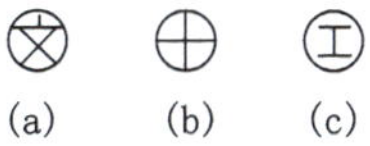	(a) 学校； (b) 医院； (c) 工厂
8	水塔、烟囱、变电所	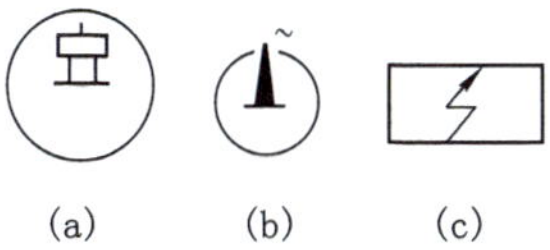	(a) 水塔； (b) 烟囱； (c) 变电所
9	旗杆、消火栓、抽水泵站	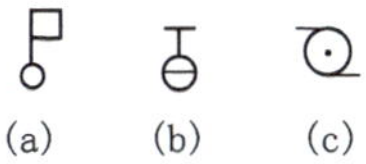	(a) 旗杆； (b) 消火栓； (c) 抽水泵站
10	石油井、天然气井、盐井	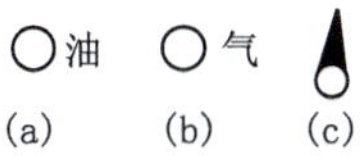	(a) 石油井； (b) 天然气井； (c) 盐井
11	三角点	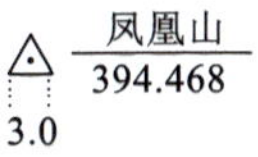	分子为点名，分母为高程
12	图根点、水准点	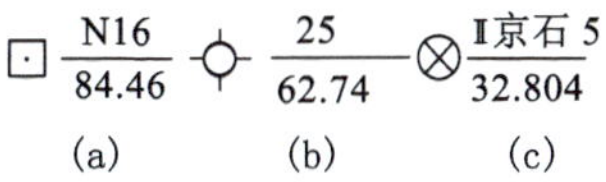	(a) 埋石的； (b) 不埋石的； (c) 水准点，分子为等级、点名

表 2-10(续)

序号	名称	符号	说明
13	露天采掘场	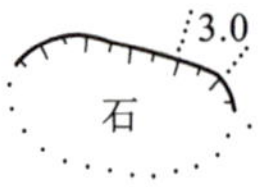	加注产品名，如“石”“沙”等
14	乱掘地		无规则地挖掘沙、石、土的场地
15	矿渣堆	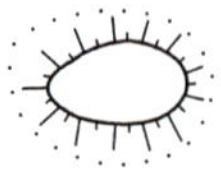	斜坡线画至坡脚，堆体较大时范围线(点线)实测表示
16	篱笆、铁丝网		(a) 篱笆(竹、木等材料编成)； (b) 铁丝网
17	电线	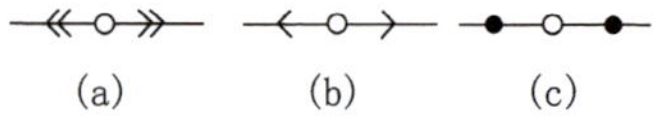	(a) 高压线； (b) 低压线； (c) 通信线
18	铁塔高压线		(a) 1∶500～1∶1 000； (b) 1∶2 000
19	管线	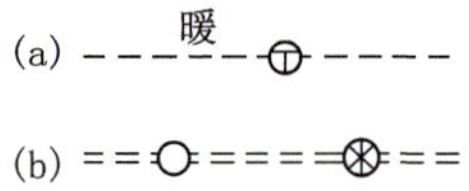	(a) 暖气管及检修井； (b) 地下自来水管
20	管线	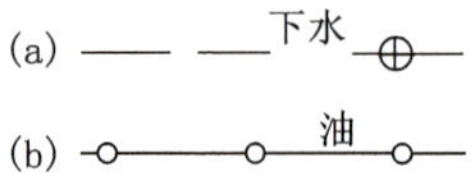	(a) 下水管道及检修井； (b) 地面管线，注明输送物质
21	架空管线	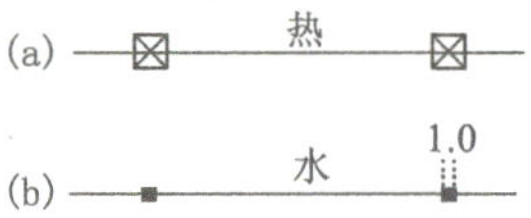	(a) 依比例； (b) 不依比例
22	栅栏、栏杆		用于各种类型
23	活树篱笆	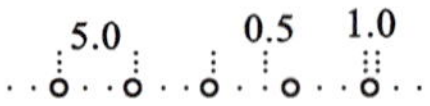	由灌木、荆棘等形成的规整篱笆

表 2-10(续)

序号	名称	符号	说明
24	省、自治区界	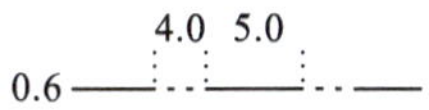	境界以线状地物为界的可沿地物两侧每隔 3～5 cm 交错绘出 3～4 节符号
25	县、自治县界	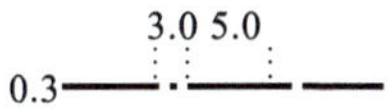	
26	铁路	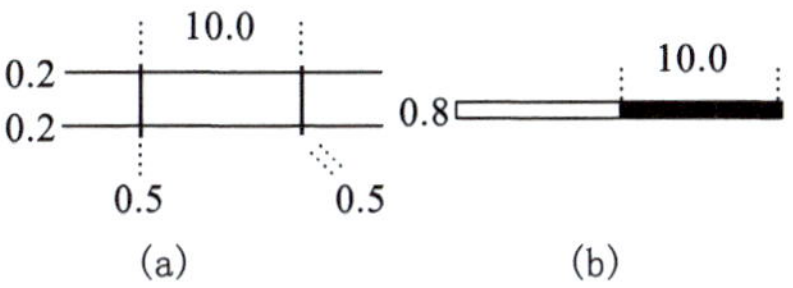	(a) 1∶500～1∶1 000； (b) 1∶2 000
27	电气化铁路	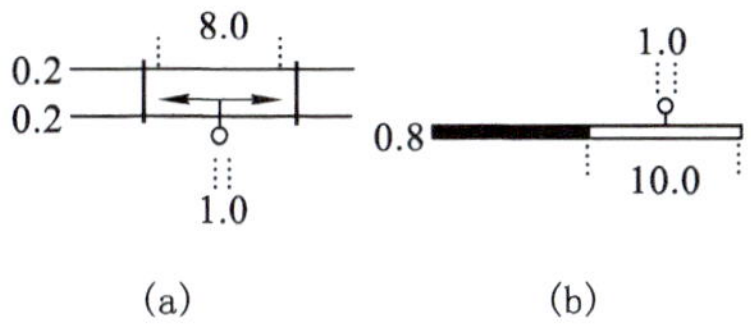	电杆位置实测。 (a) 1∶500～1∶1 000； (b) 1∶2 000
28	公路	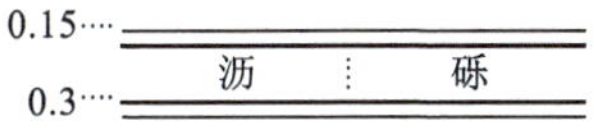	注明路面材料，分界线用点线
29	简易公路		路面为碎石、矿渣等
30	大车路	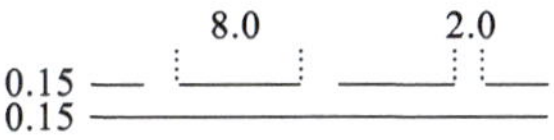	虚线绘在上方或左方
31	小路	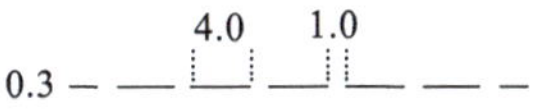	供单人行走的道路
32	内部道路	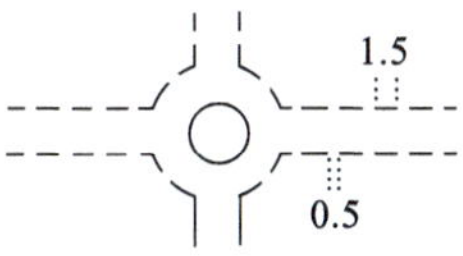	指公园、工矿、机关、学校等内部有铺装材料的主要道路
33	阶梯路	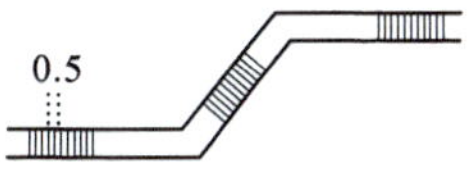	指用水泥、石块、砖砌成阶梯式的人行路
34	路堑、路堤	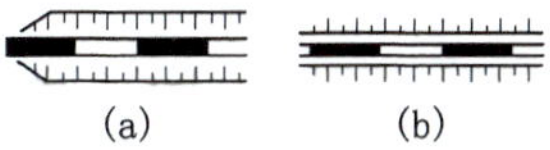	(a) 路堑； (b) 路堤

表 2-10(续)

序号	名称	符号	说明
35	独立树	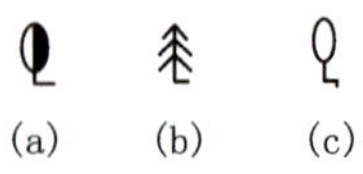	(a) 阔叶; (b) 针叶; (c) 果树
36	纪念碑	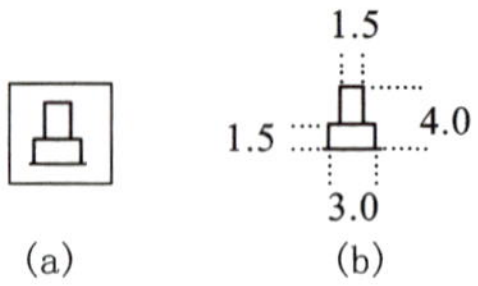	加注专有名称。 (a) 1∶500～1∶1 000; (b) 1∶2 000
37	塑像	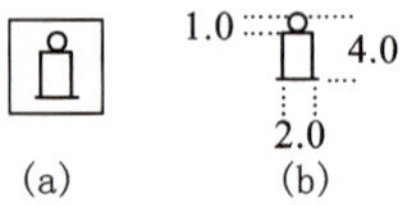	艺术塑像及古代遗留下来的石雕等。 (a) 1∶500～1∶1 000; (b) 1∶2 000
38	牌坊、牌楼	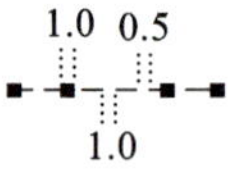	两端支柱实测,临时性不表示
39	亭	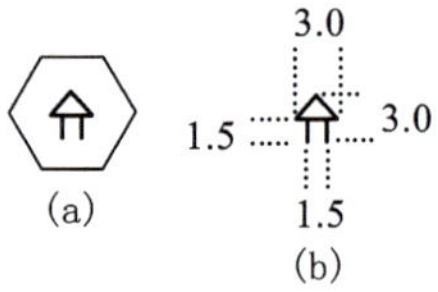	指公园、陵园、路旁等处的亭状建筑物。 (a) 1∶400～1∶1 000; (b) 1∶2 000
40	庙宇	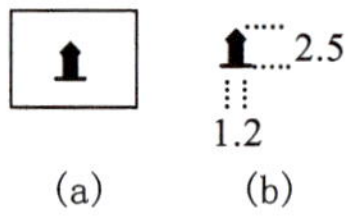	佛教、道教、孔庙、神庙及各种庵、寺、院等宗教建筑物,加注专有名称。 (a) 1∶500～1∶1 000; (b) 1∶2 000
41	教堂	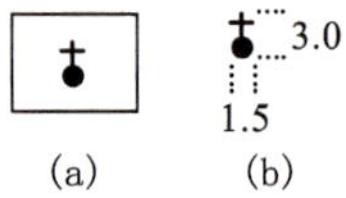	天主教、耶稣教等传教的场所。 (a) 1∶500～1∶1 000; (b) 1∶2 000
42	清真寺	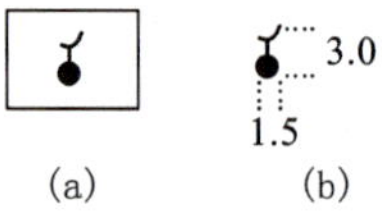	依比例表示时,符号绘在主要建筑物上。 (a) 1∶500～1∶1 000; (b) 1∶2 000
43	独立坟	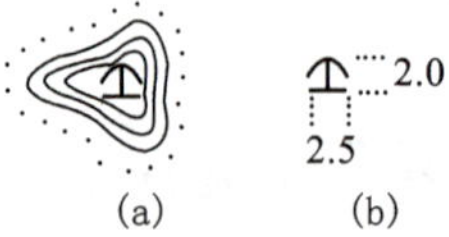	指有明显方位意义、形体比较高大的单个坟墓。 (a) 1∶500～1∶1 000; (b) 1∶2 000

表 2-10(续)

序号	名称	符号	说明
44	坟地	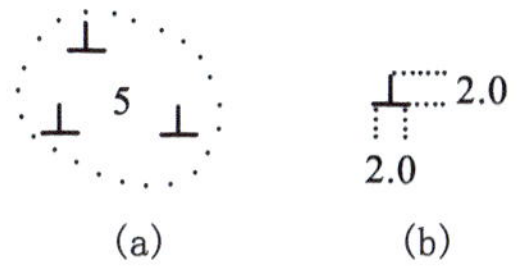	(a) 坟群; (b) 散坟
45	无线电杆、塔	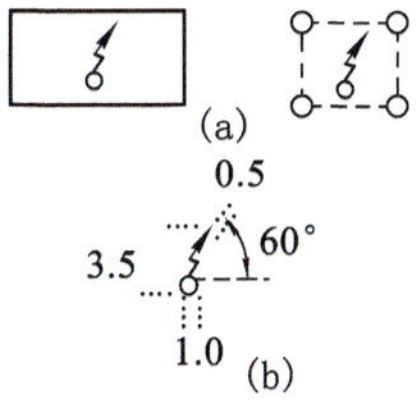	(a) 依比例; (b) 不依比例
46	地下建筑物的出入口	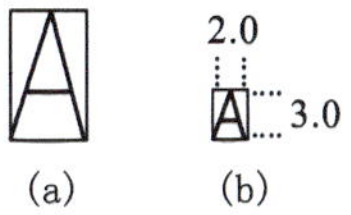	(a) 依比例; (b) 不依比例
47	电线杆上的变压器	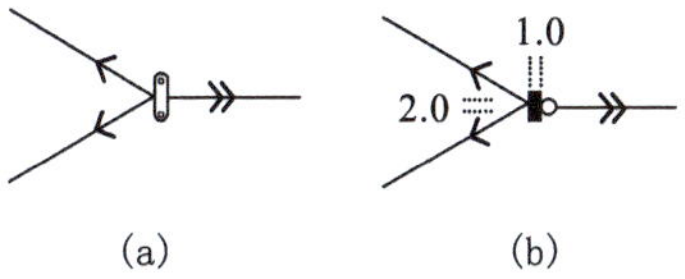	(a) 1∶500～1∶1 000; (b) 1∶2 000
48	电线杆	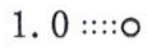	不区分建造材料、断面形状,位置为实测
49	围墙	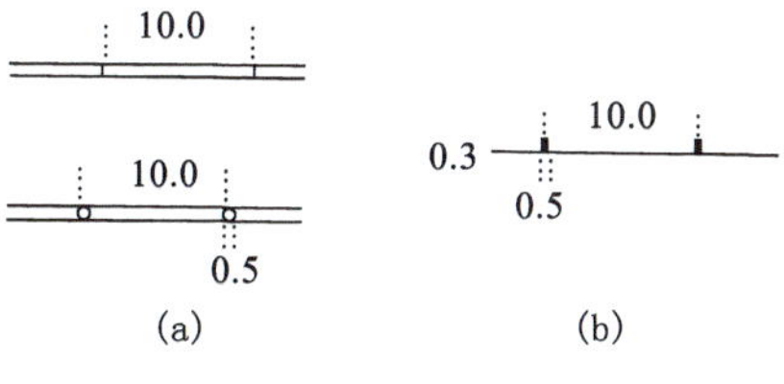	(a) 依比例; (b) 不依比例
50	河流	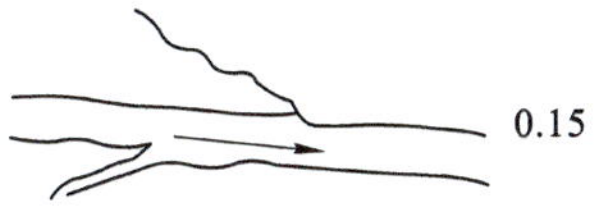	箭头表示流向,图上河面宽度小于 0.5 mm 时用单线表示
51	时令河	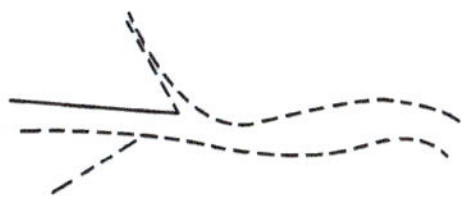	旱季一般无水或断续有水的季节性河流,积水部分为实线

表 2-10(续)

序号	名称	符号	说明
52	沟渠	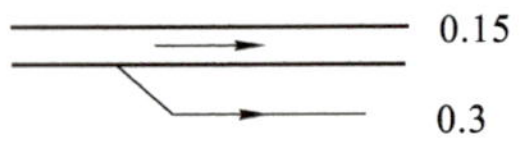	宽度在图上大于 1 mm(1∶2 000 图上大于 0.5 mm)的用双线表示,小于 1 mm(1∶2 000 图上小于 0.5 mm)的用单线表示
53	斜坡	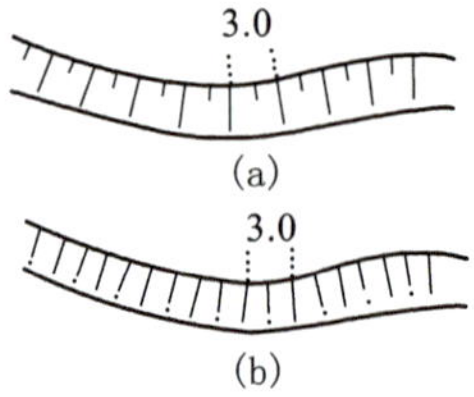	(a) 未加固 (b) 已加固
54	水井	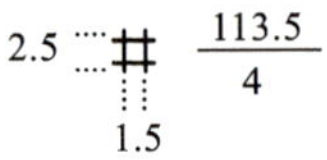	113.5 为水面高程注记; 4 为地面至水面深度注记
55	泉		79.3 为泉口水面高程注记
56	陡坎	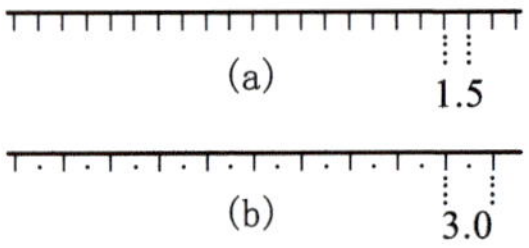	(a) 未加固; (b) 已加固
57	陡崖	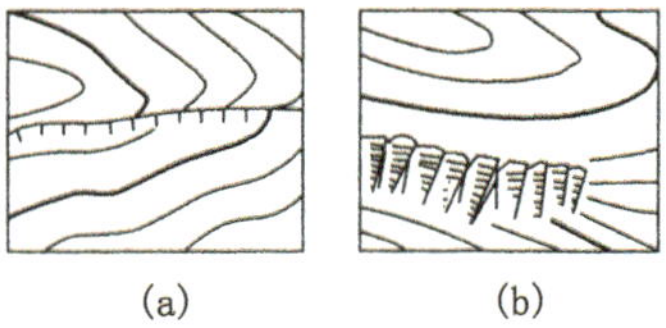	(a) 土质; (b) 石质
58	冲沟	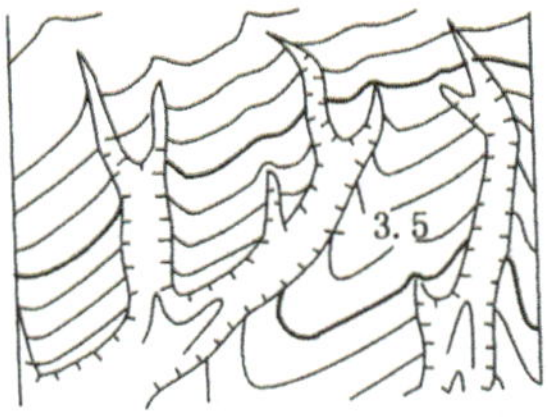	3.5 为深度注记
59	疏林	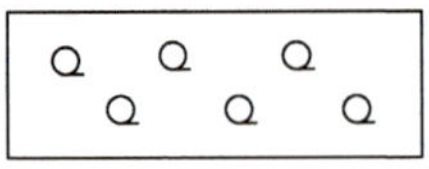	天然或人工林地
60	灌木林	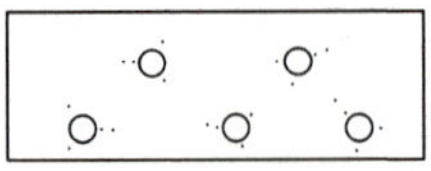	覆盖度在 0.4 以上的灌木林地

表 2-10(续)

序号	名称	符号	说明
61	经济林	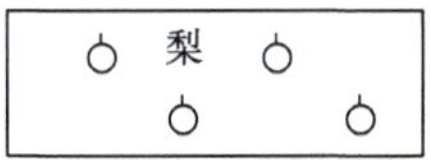	注明树种名称
62	旱地	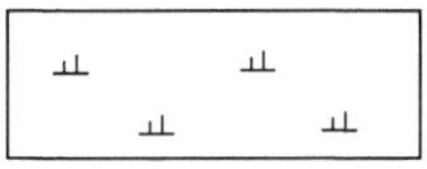	水稻田以外的农作物耕地
63	水生植物地	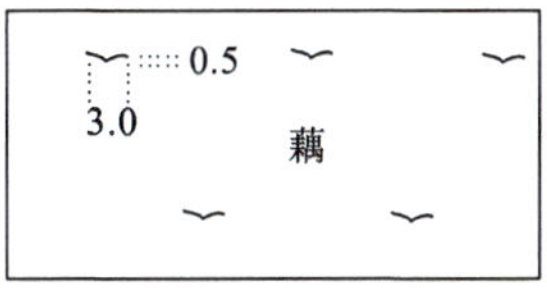	比较固定的水生经济作物，如藕、茭白、菱角等
64	稻田	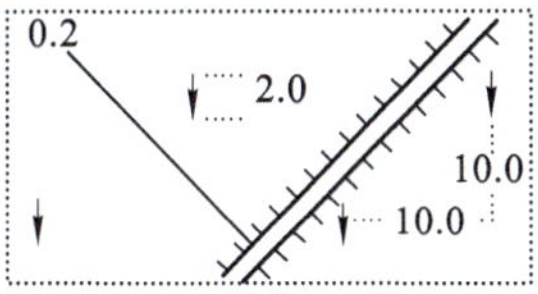	不分常年积水或季节性积水
65	等高线	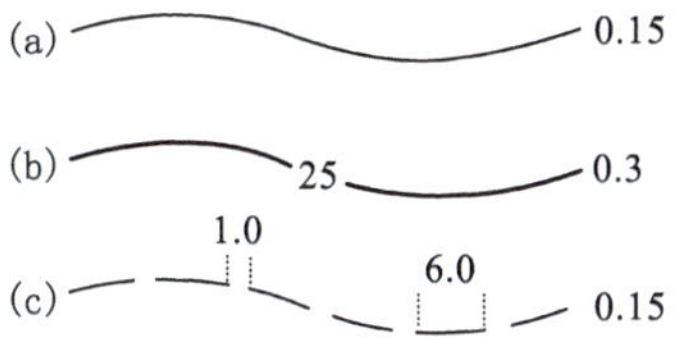	(a) 基本等高线(首曲线)； (b) 加粗等高线(计曲线)； (c) 半距等高线(间曲线)

二、露天矿专用符号(表 2-11)

表 2-11　露天矿专用符号

名称	比例尺			说明
	1∶500 和 1∶1 000	1∶2 000	1∶5 000	
电气化铁路	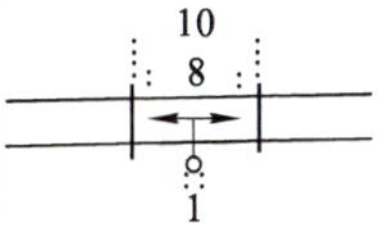	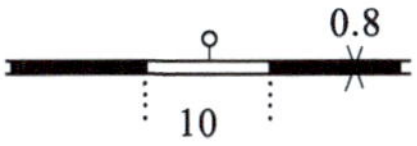		非电气化铁路除无架线标志外，其他表示相同。移动的按 1∶5 000 符号去掉架线标志绘制
铁路检修沟(灰坑)	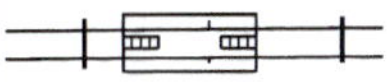			
铁路立体交叉	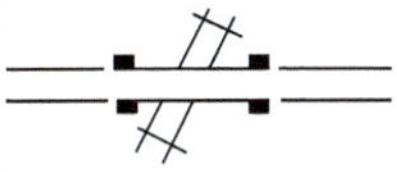			

表 2-11(续)

名称	比例尺			说明
	1∶500 和 1∶1 000	1∶2 000	1∶5 000	
铁路道岔				
井下轻便铁轨	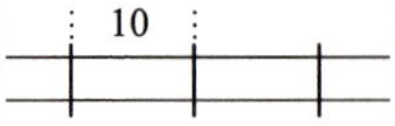		不表示	
利用废巷储水的储水仓	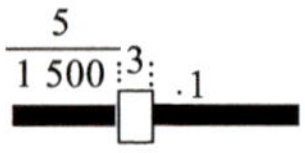		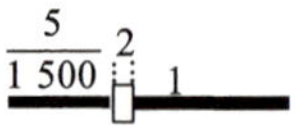	储水仓编号 储水仓容量
露天滑坡在断面上的表示			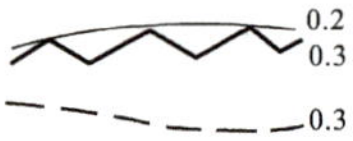	虚线表示滑落面
排水场的盲沟	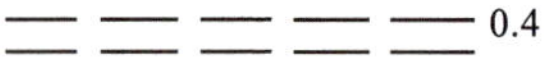			
疏干巷道	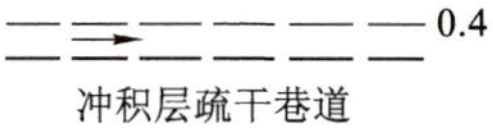		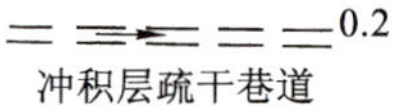	注明巷道疏干岩层的名称，箭头表示流水方向
采剥阶段	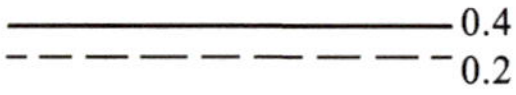			用规定颜色按月填绘
到界台阶	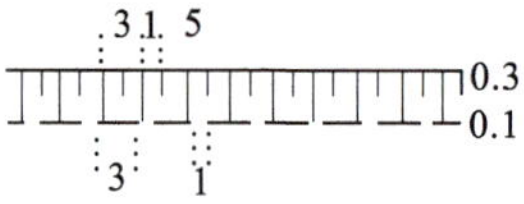		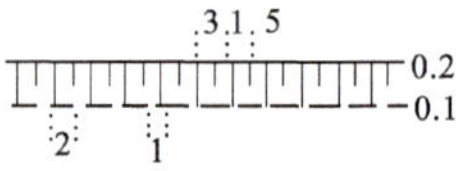	短线为长线的一半
排水干渠	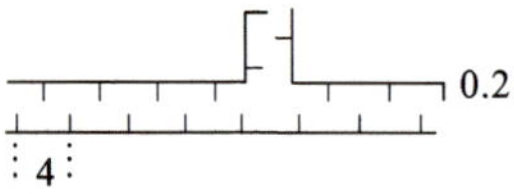		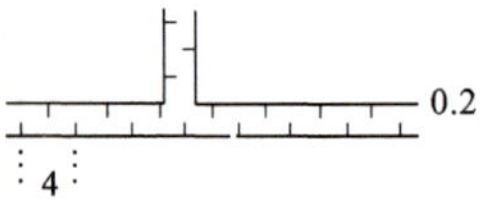	按实际宽度绘制
滑坡区	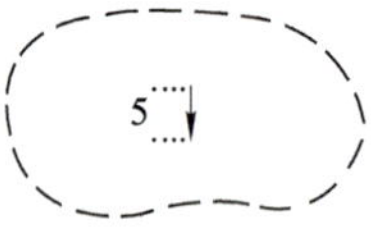			
积水区	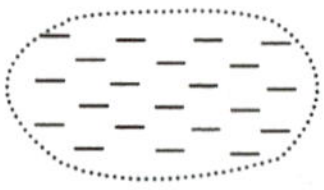			

表 2-11(续)

名称	比例尺			说明
	1∶500 和 1∶1 000	1∶2 000	1∶5 000	
采剥机械位置编号	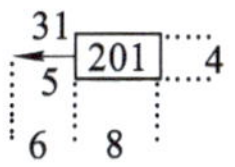			箭头表示推进方向，左上为日，左下为月，框内为机械编号
露天馈电线路	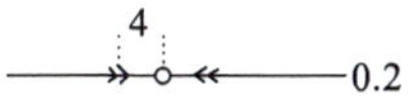			
钻孔				上：$\frac{\text{孔号}}{\text{孔口高程(m)}}$； 左：煤层底板高程(m)； 右：$\frac{\text{煤层厚度(m)}}{\text{岩层厚度(m)}}$或见煤钻孔的采剥比
顶板柱状	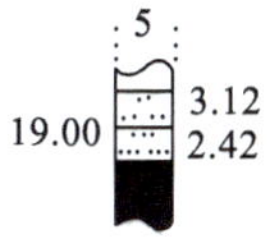			左：煤层顶板高程(m)； 右：煤层顶板岩层厚度(m)
底板柱状	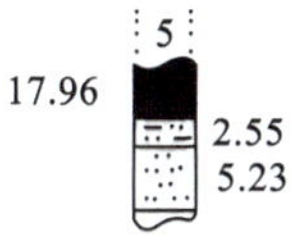			左：煤层底板高程(m)； 右：煤层底板厚度(m)
计算块段	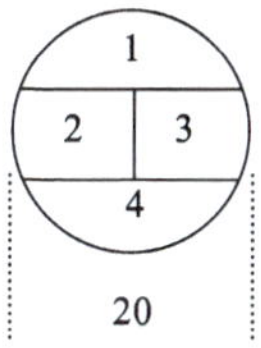			1—块段号；2—岩层剥离量（万 m^3）；3—煤层储量（万 t）；4—剥采比
煤厚等于 1 m 边界				
剥采比等值线				
第四系等厚线				
上覆地层等厚线				

任务六　矿井其他符号

一、矿井储量符号(表 2-12)

表 2-12　矿井储量符号

名称	符号	说明
实测煤层露头		煤层厚度<1.3 m 时线粗 0.5 mm,1.3～3.5 m 时线粗 1.0 mm;厚度>3.5 m 时,按实际投影宽度绘制
推测煤层露头		
煤层露头及风化氧化带	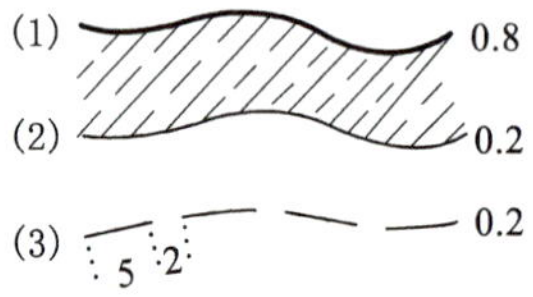	(1) 煤层露头; (2) 风化带; (3) 氧化带
煤层底板等高线	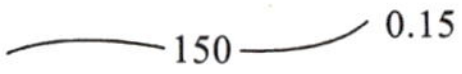	
煤层分叉合并线		角尖指向合并区
煤种界线	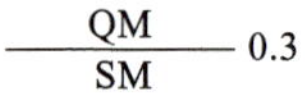	
储量块段界线	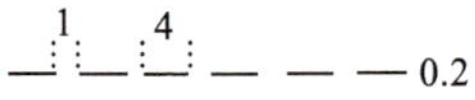	
储量块段	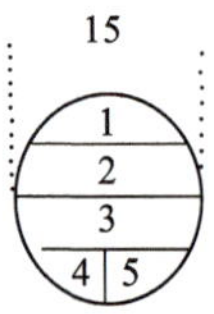	根据比例尺的大小,储量块段符号直径可取 20 mm。1—块段号和储量级别;2—储量块段面积(m^2);3—储量(万 t);4—储量计算利用厚度(m);5—煤层倾角(°)
煤层小柱状	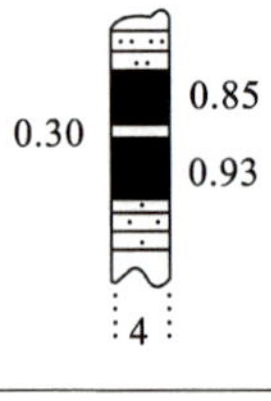	为储量计算图上的钻孔或井巷实测柱状,左边为夹石层厚度,右边为煤层厚度。采掘工程图上的小柱状及钻孔一侧的小柱状宽可取 3 mm
煤层采样点		上为原煤灰分(%);中为黏结指数,如无 $G_{R.I}$ 值可注胶质层最大厚度 Y(mm);下为挥发分(%)

表 2-12(续)

名称	符号	说明
剖面线	2 ——(1)—— —— 2′ Ⅱ —— ——(2)—— Ⅱ′	(1) 勘探线剖面，矿井地质剖面，露天储量计算剖面线； (2) 走向剖面线
煤厚实测点及推定最低可采厚度点	●:: 1.5	在推测的最低可采厚度点右侧，注明最低可采厚度
剖面线方位	N25°E →	剖面线改变方位时，应加注方位
储量注销区	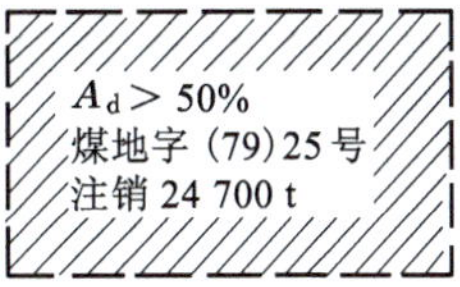 $A_d>50\%$ 煤地字（79）25 号 注销 24 700 t	边框用黑色虚线，斜线画 45°，内注批准文号、储量
报损区	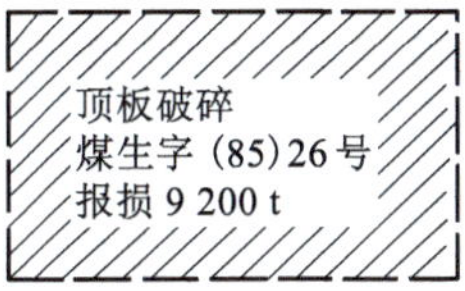 顶板破碎 煤生字（85）26 号 报损 9 200 t	同上
地质与水文地质损失区	 断层密集 煤地字（86）37 号 地损 9 300 t	同上
丢煤区	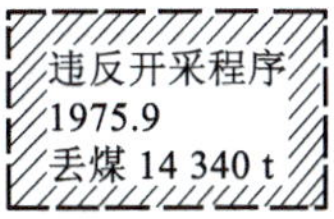 违反开采程序 1975.9 丢煤 14 340 t	边框用黑色虚线，斜线画 45°，内注造成丢煤的原因、时间、储量
井下各类煤柱	 煤地字（86）37 号 ×× 煤柱 1 430 t 1975.9	边框用黑色虚线，斜线画 45°，内注批准文号、日期、煤量

二、矿井边界符号(表 12-13)

表 2-13　矿井边界符号

名称	符号	说明
煤田边界	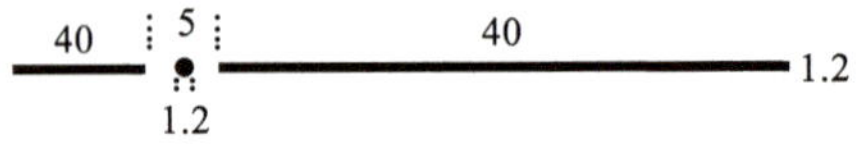	
矿区边界	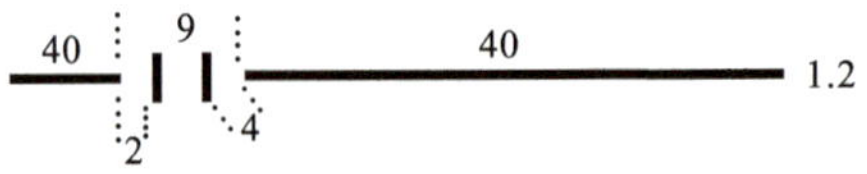	
勘探区边界		
井田边界	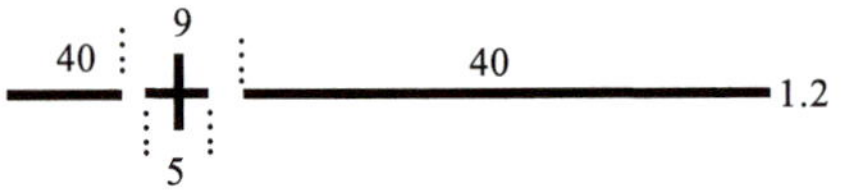	一矿多井或一矿一井和露天矿坑的人为边界
采区边界	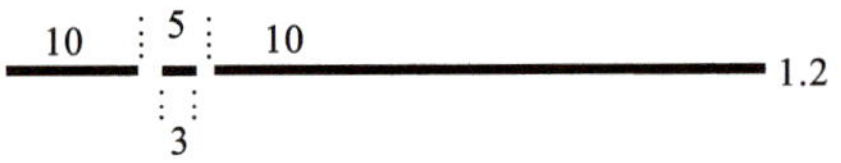	
可采边界	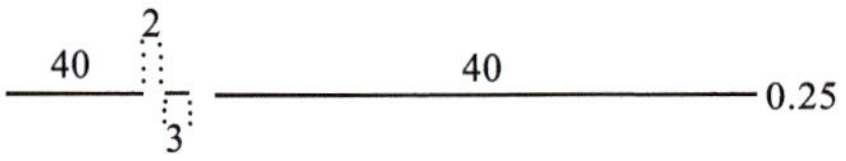	
煤厚为零点边界	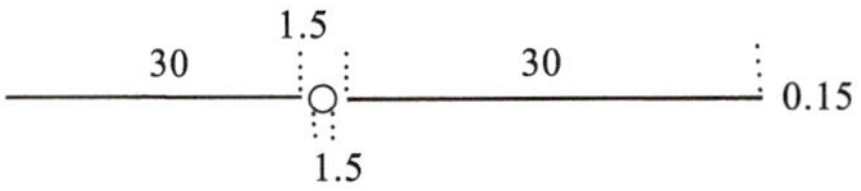	
平衡表外储量边界	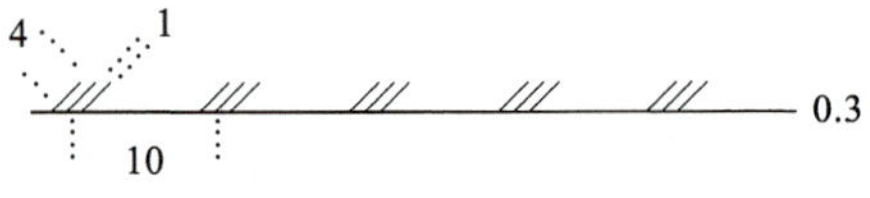	45°短斜线三条一组，画在表外储量区
煤矿占地边界		煤矿占地包括露天排土场
保安煤柱和地面受保护边界		注明煤柱名称、批准机关及文号

三、指北针符号(表 2-14)

表 2-14　指北针符号

指北针
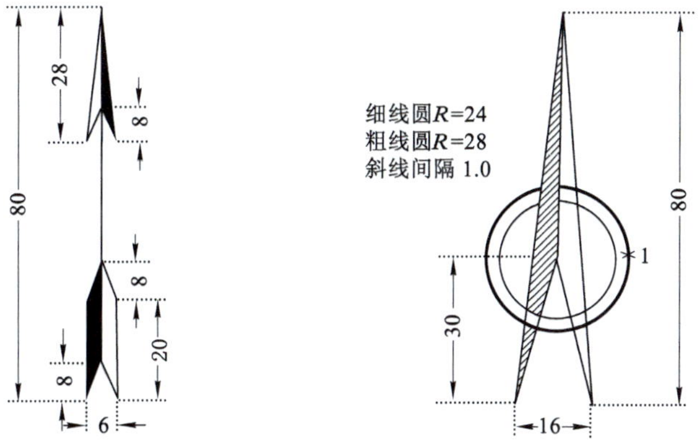
两种符号任选其一，但应尽量统一； 均以图纸幅面 500 mm×700 mm 制定，各单位根据实际图幅大小适当缩放

复习思考题

1. 常用的构造符号有哪些？
2. 矿井边界符号和采区边界符号分别怎么画？
3. 易混淆的立井井口符号和钻孔符号分别怎么画？两者的区别是什么？

项目三　矿井地面图

【学习目标】

1. 熟悉矿井地面图件包括哪些内容及作用。

2. 理解矿井地面图在煤矿生产过程中的意义。

3. 掌握井田区域地形图及工业广场平面图的内容及读图方法。

【思政目标】

通过等高线等内容的讲解引导学生增强法律意识，在任何时候不能漠视法律，要以法律为准绳要求自己的言行，做一个知法守法的公民。

任务一　井田区域地形图

井田区域地形图是指某一井田范围内的地形图，是全面反映井田范围内地物和地貌情况的一种图纸。地物是指地面上各种固定性物体，如农田、草地、湖泊、河流、森林、果园、道路、桥面、房屋建筑和输电线路等。地貌则是指地面高低起伏的形态，如高山、盆地、山谷、山脊、悬崖、峭壁等。

井田区域地形图上各种地貌的特点

井田区域地形图是一种地面测量图，在进行煤矿的各种工程建设规划、工程设计、工程施工等工作中（如合理选择井口位置、考虑工业广场的布置、修筑运输线路和输电线路、解决矿山供排水问题等），需要用地形图来了解规划地区的地貌和地物的分布状况，以便做出合理的规划、设计和施工方案。因此，井田区域地形图是矿井建设和生产必须具备的矿图之一，每个矿井必须绘制比例尺为1∶2 000或1∶5 000的井田区域地形图。由于地面建设及井下采动的影响，地物、地貌经常变化，因此井田区域地形图需不断填绘和修改。

井田区域地形图反映的主要内容有：

① 图名、比例尺、指北方向、坐标网。

② 测量控制点（包括各级三角点、水准点和埋石图根点等）。

③ 居民点和重要建筑物外部轮廓。

④ 独立地物[包括各种塔、烟囱、高压输电杆（塔）、储气柜、井筒、井架等]。

⑤ 管线、交通运输线路及垣栅（包括输电线、通信线、煤气管道和围墙及栅栏等）。

⑥ 用等高线表示的各种地貌。

⑦ 河流、湖泊、水库、水塘、水闸、水坝、水井和桥梁等。

⑧ 土质和植被（包括重要资源、森林、经济作物地、菜田、耕地、沙地和沼泽等）。

一、地物和地貌

（一）地物符号

在地形图上，为了便于识读和应用，各种地物是用与其相似的几何图形或《国家基本比例尺地形图图式》中统一规定的符号来表示。

地形图上的地物符号分为非比例符号、比例符号、线状符号和填充符号。

1. 非比例符号

有些重要的地物轮廓较小，不能用比例符号表示，须采用统一规定的符号将其表示在图上，这类符号称为非比例符号。非比例符号能准确地表示地物几何中心或其他定位中心的位置和地物类别，但不表示地物的大小，如烟囱、测点、钻孔等。

2. 比例符号

地物的轮廓按绘图比例尺缩小绘于图上的相似图形，称为比例符号。比例符号表示了地物的位置、形状和大小，如运动场地、大型建筑等。

3. 线状符号

有些带状延伸地物的长度按比例表示，而宽度不按比例表示，这类符号称为线状符号，如栅栏、铁路、高压线等。

4. 填充符号

表示农业场地、森林等植被均匀填绘于地界轮廓内的符号，称为填充符号。其轮廓大小按比例绘制，而充填的符号既不表示物体的实际位置，也不表示物体的大小，故又称面积符号，如森林、旱地等。

（二）地貌符号

在地形图上表示地貌的方法很多，在大比例地形图中，通常用等高线表示地貌。

思政元素

1. 等高线的概念

由高程相等的相邻点所连成的光滑闭合曲线，称为等高线，也就是水平面与地面的交线。如图 3-1(a)所示，假如有一个小山头淹没在水中，水面 P_3 的高程为＋120 m，则水平面和山头表面的交线就是＋120 m 等高线；当水面下降 5 m 时，可得到水平面 P_2 与山头表面的交线，即＋115 m 等高线；如此继续下降，每下降一次便可得到一条等高线。如果把这些等高线都垂直投影到一个水平面 H 上，按一定比例绘制成图，注明等高线的标高，此图就是这个小山头的等高线图，如图 3-1(b)所示。

地形等高线投影图

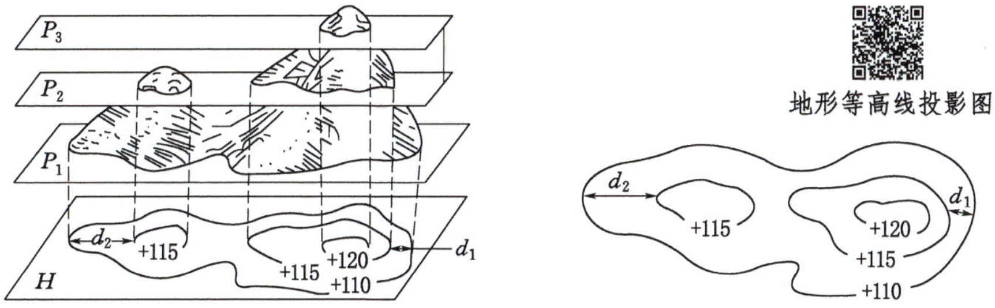

(a)　　(b)

图 3-1　地形等高线投影图

相邻两条等高线之间的高差，称为等高距，以 h 表示。在同一张图上，等高距相同，如图 3-1(b)中的等高距为 5 m。

等高距的大小与地形类别、比例尺的大小及对图纸的要求等因素有关。等高距越小，图纸上的等高线就越密。如果图纸上等高线数量过多且密集，虽能详细地表达地貌的细节，但这不仅增加了测绘的工作量，而且影响图面的清晰度。如果等高距过大，则表现的地貌太粗略。因此选择等高距时，必须统筹兼顾、全面考虑。现行的几种地形图的等高距见表 3-1。

表 3-1　几种地形图的等高距

比例尺	平原/m	丘陵/m	山地/m
1∶500	0.2	0.5	0.5
1∶1 000	0.5	1.0	2.0
1∶2 000	0.5	1.0	2.0
1∶5 000	0.5～1.0	2.0	5.0

在等高线图上，相邻两条等高线之间的最短水平距离，称为等高线平距，以 d 表示。因为同一地形图上的等高距相同，所以在平距小的地方，地形坡度大。如图 3-1(b)所示的山坡，左侧等高线平距较大，表示地形坡度较缓；右侧等高线平距较小，表示地形坡度较陡。

2. 等高线的种类

为了清晰、充分地表示地貌，在地形图中常采用下列四种等高线：

① 基本等高线。表 3-1 规定的等高距称为基本等高距，按基本等高距绘制的等高线，称为基本等高线，又称首曲线，如图 3-2 所示的＋100 m，＋102 m，＋104 m，…，＋116 m 等高线。

② 加粗等高线。为了便于查看高程，一般每隔四条基本等高线加粗描绘一条等高线，这条加粗的等高线称为加粗等高线。一般只在加粗等高线上注记标高，因此，加粗等高线又称计曲线，如图 3-2 所示的＋100 m、＋110 m 两条等高线。

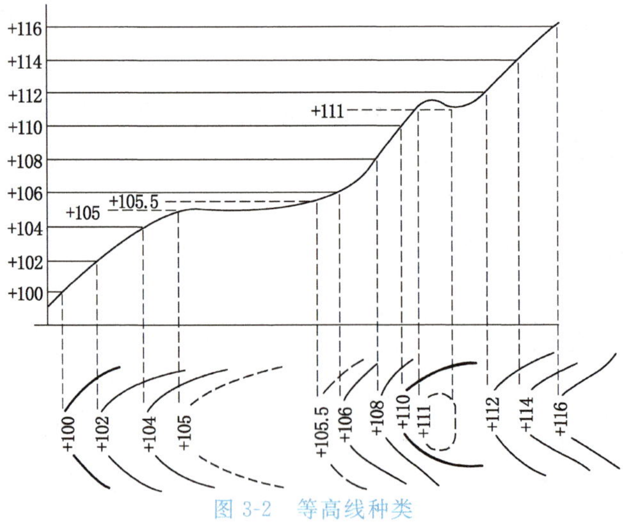

图 3-2　等高线种类

③ 半距等高线。当基本等高线不能显示一些重要地貌时，在两条基本等高线之间按1/2 等高距再描绘一条等高线，这条等高线称为半距等高线，又称间曲线，如图 3-2 所示的＋105 m、＋111 m 两条等高线（短虚线）。

④ 辅助等高线。如果加绘了半距等高线后仍不能充分显示局部地貌的特征，则在基本等高线和半距等高线之间，按 1/4 基本等高距再描绘一条等高线，这条等高线称为辅助等高线，又称助曲线，如图 3-2 所示的＋105.5 m 等高线（长虚线）。

3. 各种基本地貌及其等高线特点

地貌的自然形态虽然很复杂，但通常是由平地（坡度一般在 6°～15°）和山地（坡度一般在 15°以上）组成。在丘陵地和山地地貌中，山顶、盆地、山脊、山谷、鞍部等为其基本形态。熟悉了这些基本地貌的等高线特点，就不难识读各种复杂的地貌了。

井田区域地形图上各种地貌的特点

① 山顶。山地的最高部分称为山顶，山顶的等高线为一组闭合曲线，高程值由外向内依次增大，如图 3-3 所示。

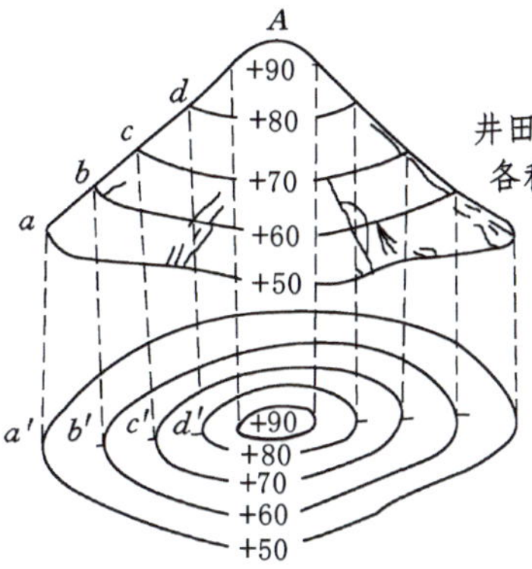

图 3-3　山顶等高线

山顶的形状有尖山顶、圆山顶和平山顶等，各种形状的山顶的等高线也不一样，如图 3-4 所示。尖山顶在山顶附近坡度比较一致，其等高线平距大体相等，如图 3-4(a)所示；圆山顶的顶部坡度较缓，因而越到山顶其等高线平距越大，顶部平距最大，如图 3-4(b)所示；平山顶的顶部平坦，越过一定范围时坡度突然变大，因而其等高线平距在山坡部分较小，到山顶部分突然增大，如图3-4(c)所示。

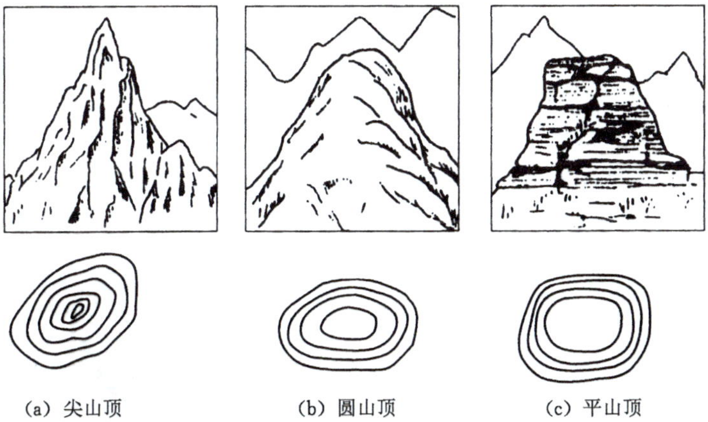

图 3-4　不同山顶形态及其等高线图

② 盆地。低于四周的洼地称为盆地，盆地的等高线也是一组闭合曲线，高程值由外向内依次减小，如图 3-5 所示。

有时为了区别山地与盆地两种地形，在等高线斜坡下降方向绘一短线，这种短线称为示坡线。示坡线只表示坡度的方向。

③ 山脊。由山顶延伸到山脚的凸棱部分称为山脊。山脊两侧倾向相反，两侧面所交的棱线是雨水分流的界线，称为山脊线或分水线，如图 3-6(a)所示。山脊的等高线为一组凸向低处的曲线，且与山脊线正交，如图 3-6(b)所示。

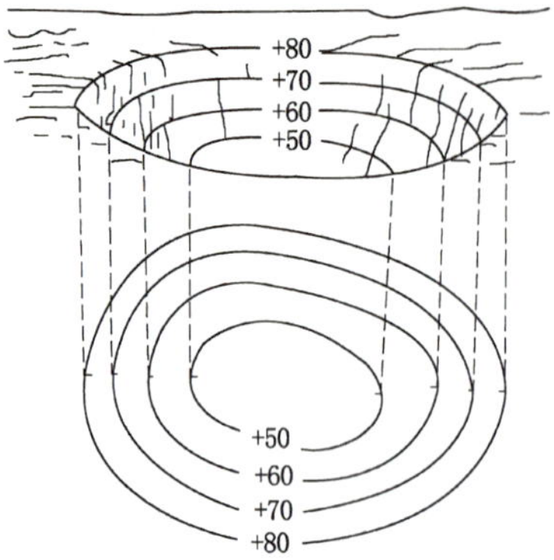

图 3-5　盆地等高线图

(a) 山脊　　(b) 山脊的等高线

图 3-6　山脊及其等高线图

山脊有尖山脊、圆山脊、台阶状山脊等各种各样的形态，如图 3-7 所示。尖山脊的等高线呈尖角状，圆山脊的等高线呈弧状，台阶状山脊的等高线则呈疏密不同的方框形状。

(a) 尖山脊　　(b) 圆山脊　　(c) 台阶状山脊

图 3-7　不同山脊形态的等高线图

④ 山谷。两山脊之间的凹地称为山谷。山谷中最低点连线是雨水汇流之处，因而称为山谷线或集水线，如图 3-8(a)所示。山谷的等高线为一组凸向高处的曲线，且与山谷线正交，如图 3-8(b)所示。山谷有尖底山谷、圆底山谷、平底山谷等形态，如图 3-9 所示。

(a) 山谷　　(b) 山谷的等高线

图 3-8　山谷及其等高线图

⑤ 鞍部。相邻两个山顶之间形似马鞍状的低凹部分称为鞍部，如图 3-10 所示。鞍部的等高线是由两组山顶等高线和两组山谷等高线组成的，鞍部的中心位于两组等高线的中心线上。

图 3-9　不同山谷形态的等高线图

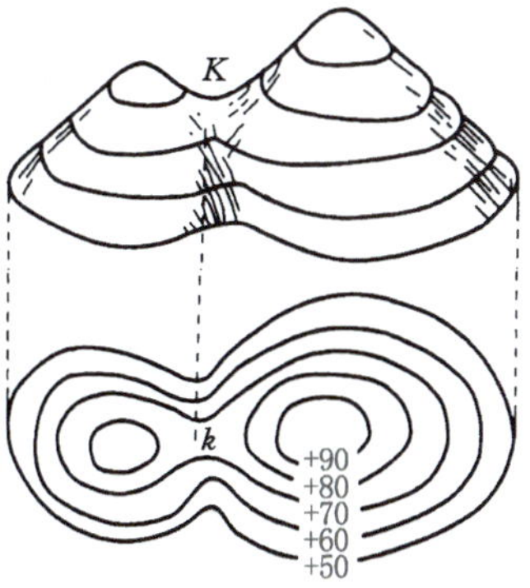

图 3-10 鞍部的等高线图

⑥ 绝壁（陡崖、峭壁、陡坎）。坡度很大的陡峭岩壁称为绝壁，又称陡崖、峭壁。土质的陡坡，称为土陡坎。绝壁的坡度一般在 70°以上。如图 3-11(a)所示，河流右岸为一岩石峭壁，左岸为一陡坎。用等高线和专用符号表示这种地貌，如图 3-11(b)所示。

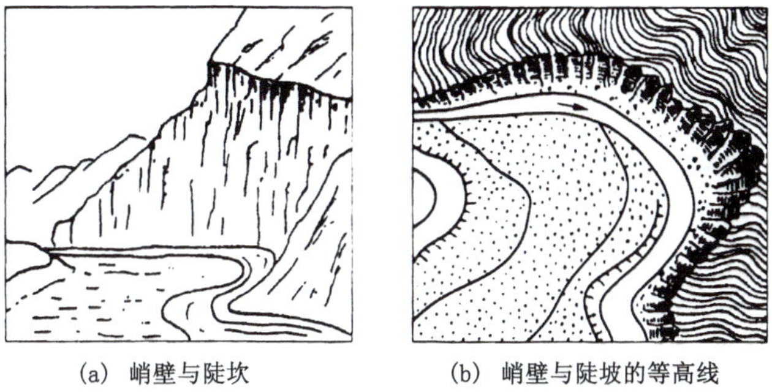

图 3-11　峭壁、陡坎及其等高线图

⑦ 悬崖。峭壁上部凸出的地方称为悬崖，如图 3-12 所示。从图 3-12 中可以看出，在悬崖处不同高度的等高线是相交的，交点成双，高程高的等高线遮盖高程低的等高线，等高线被遮盖的部分用虚线表示。

思政元素

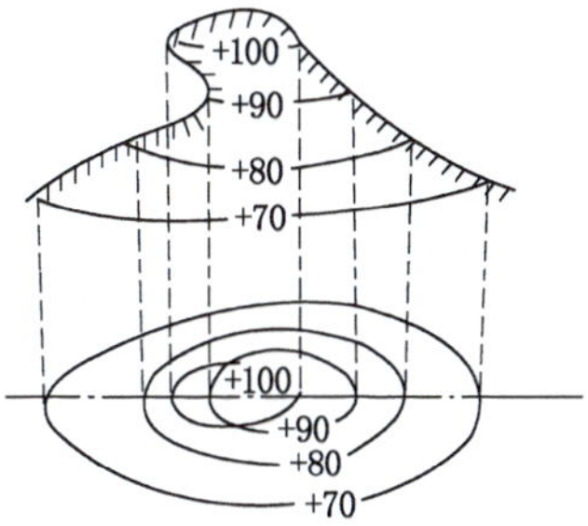

图 3-12　悬崖的等高线彼此相交

⑧ 峡谷。两岸为峭壁的狭窄岩石山谷为峡谷，如图 3-13(a)所示。峡谷用专用符号表示，在地形图上，等高线遇峡谷符号时应断开，如图 3-13(b)所示。

(a) 峡谷　　(b) 峡谷的等高线

图 3-13　峡谷及其等高线图

⑨ 冲沟。地面受雨水冲蚀而形成的大小沟壑称为冲沟，如图 3-14(a)所示。冲沟用特殊的符号表示，在地形图上，等高线遇冲沟符号时应断开，如图 3-14(b)所示。

(a) 冲沟　　(b) 冲沟的等高线

图 3-14　冲沟及其等高线图

⑩ 梯田。在山坡或谷地由人工修筑的台阶状地块称为梯田，如图 3-15(a)所示。梯田一般用专用符号、等高线和标高注记表示，如图 3-15(b)所示。

(a) 梯田　　(b) 梯田的等高线

图 3-15　梯田及其等高线图

综上所述，地貌的形态虽千差万别，但一个地区的地貌却是由一些基本地貌和特殊地貌组合而成的，因此都可以用等高线和统一规定的符号表示，如图 3-16 所示。图 3-16(a)是各种基本地形的综合示意图，图 3-16(b)是与图 3-16(a)中所示的地貌相对应的等高线图。

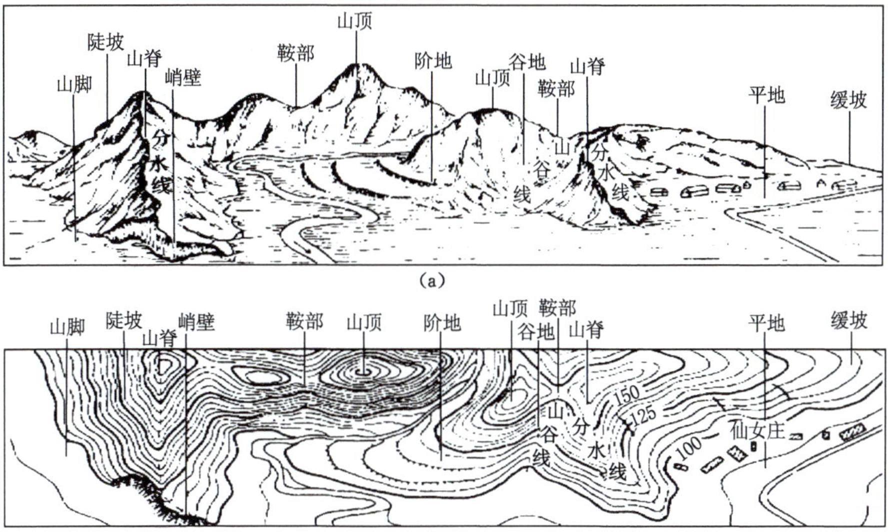

图 3-16　基本地形的综合示意图及其等高线图

二、井田区域地形图的识读

识读井田区域地形图，应从整体开始，先看轮廓，后看细部，逐渐深入。

井田区域地形图的识读

1. 看图名

矿图的图名说明了测绘的地区、内容和图纸的种类，因此看图时，首先应先看清图名。

2. 看图的比例

地形图的比例，通常用数字比例尺表示。数字比例尺一般写在图名附近或图的右下角的图签中。知道了图的比例尺，就能了解该图范围的大小和有关尺寸。若图中没有注明比例尺，则可根据图纸坐标方格网的坐标值确定图的比例。

矿图的坐标方格网一般都是比例尺不同，每个方格网所表示的实际坐标间隔也不同，见表 3-2。根据图中坐标方格网的间隔，可以判断出比例的大小。如图 3-17 所示坐标方格网的间隔为 100 m，由表 3-2 可知此图的比例尺为 1∶1 000。

表 3-2　不同比例尺坐标方格网的实际间隔

比例尺	1∶5 000	1∶2 000	1∶1 000	1∶500
坐标方格网的实际间隔/m	500	200	100	50

3. 识别图的方向

在图中一般都用箭头标出指北方向。有的图中没有标出指北方向，则可根据坐标值向北、向东逐渐增大的规律来识别出图中的指北方向。

如图 3-17 所示，图中没有指北线，先用箭头表示出坐标值增大的方向，再根据指东方向总是在指北方向右边的规律，即可确定图中的指北方向。

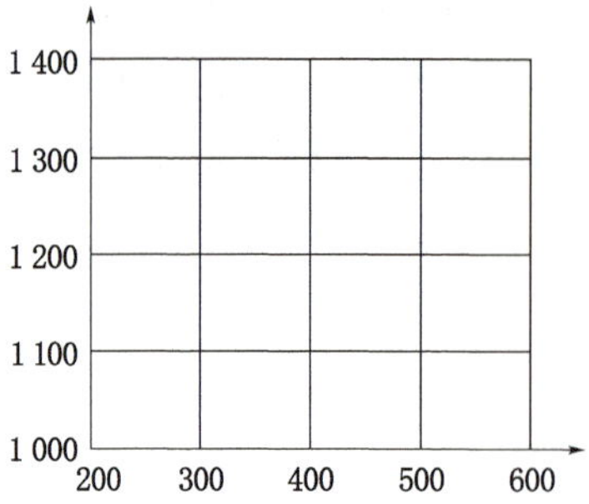

图 3-17　纵横坐标值向北东递增规律

4. 分析地貌

按先看轮廓，后看细部的步骤，并根据等高线的特征和各种符号，识别图上的各种地貌，了解该地区的地貌概况。

5. 识别地物

思政元素

根据地物符号和注记，识别地物，了解地物及其分布状况，确定重要地物的位置。图 3-18 所示为某矿井田区域地形图(局部)，比例尺为 1 ∶ 5 000，因而图上 1 mm 等于实际水平距离 5 m。图中没有标出指北方向和箭头，根据坐标向北、向东递增的规律可知该图的上方为北。

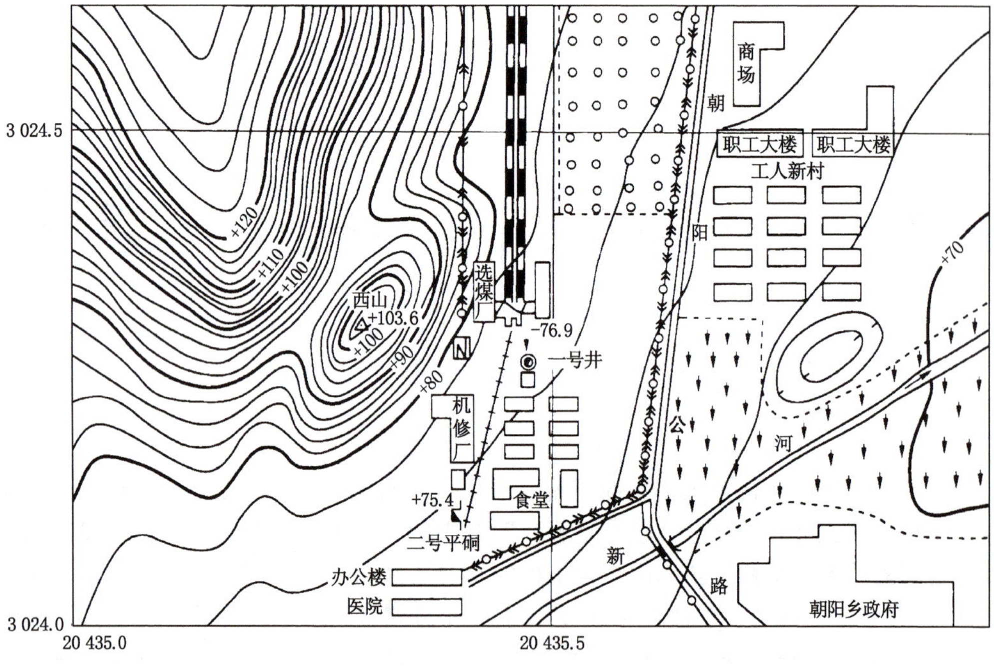

图 3-18　某矿井田区域地形图(局部)

该矿井采用立井和平硐开拓，井筒附近有办公楼、医院、食堂、变电所、选煤厂、机修厂等建筑。铁路和高压线从北部进入矿井，朝阳公路横穿南北，新河河水自西南流向东北。矿井东北部有工人新村、商场和职工大楼，工人新村南侧有一洼地。矿井东南部为朝阳乡政府，乡政府北部为菜地和农田。

井田的西北部有一山包，有山顶、山脊、山谷，地势较高，越往东南，等高线越稀少，因而地势也越平坦。

三、井田区域地形图的应用

井田区域地形图是矿井规划、设计和施工的主要依据，同时还可用来解决工程中遇到的许多问题。下面介绍应用井田区域地形图解决某些工程问题的方法。

井田区域地形图的应用

（一）确定图纸上任一点的高程

在井田区域地形图上，地面点的高程是根据等高线来确定的。

1. 点在等高线上

如果某点在等高线上，则等高线的标高即为该点的高程。如图 3-19(a)所示，A 点表示一个钻孔，它正好位于＋120 m 等高线上，则此钻孔孔口的高程就是＋120 m。

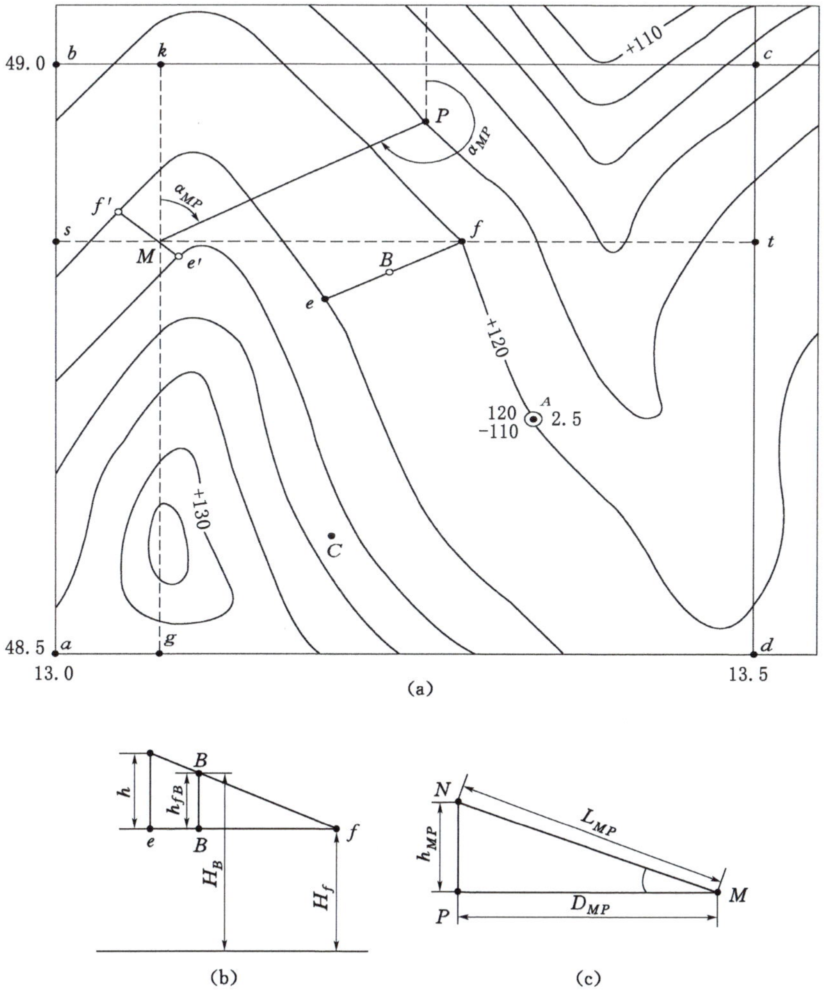

图 3-19　在井田区域地形图上求地面点的平面坐标、高程、线段

2. 点不在等高线上

如果某点不在等高线上，则需用比例内插法求出该点的高程。如图 3-19(a)所示，B 点位于＋120 m 和＋122 m 两等高线之间，用比例内插法求 B 点的高程。过 B 点作垂直于两相邻等高线的近似公垂线直线 ef，分别交于 e、f 两点。在图上量得 ef 和 fB 的距离，又已知等高距 h 为 2 m，则 B 点相对于＋120 m 等高线(即两等高线中高程较低的一条等高线)的高差 h_{fB} 可按下式计算：

$$h_{fB}=\frac{fB}{ef}\times h \tag{3-1}$$

式中　h_{fB}——B 点与 f 点的高差；

h——等高距。

则 B 点的高程 H_B 为：

$$H_B=H_f+h_{fB} \tag{3-2}$$

在图 3-19(a)中，$h=2$ m，量得 $fB=12$ mm，$ef=20$ mm，故可求得 B 点的高程为：

$$H_B=120+\frac{12}{20}\times 2=121.2\ (\text{m})$$

在实际工作中，因为等高线的绘制有一定误差，所以经常用目估法求两等高线之间任意点的大致高程。如图 3-19(a)中 C 点大致在＋124 m 与＋126 m 等高线的中间，因而其高程约为＋125 m。

(二) 确定某点的平面坐标

在井田区域地形图上进行规划和设计时，有时要确定井筒、钻孔等的平面位置。往往需要在图上用图解法求出其坐标。

如图 3-19(a)所示，求 M 点的平面坐标。图 3-19(a)的比例尺为 1∶5 000，从图中可以看出图的西南角点 a 的平面坐标为 x_a 和 y_a，过 M 点分别作平行于 x 轴和 y 轴的直线 gk 和 st，则 M 点的平面坐标为：

$$x_M=x_a+as \tag{3-3}$$

$$y_M=y_a+ag \tag{3-4}$$

从图中可知，$x_a=48\ 500$ m，$y_a=13\ 000$ m，按比例量得 $as=350$ m，$ag=75$ m，则 M 点的平面坐标值为：

$$x_M=48\ 500+350=48\ 850\ (\text{m})$$

$$y_M=13\ 000+75=13\ 075\ (\text{m})$$

为防止图纸的伸缩影响，应同时量出 sb 和 gd 作为校核。在图纸上量得的方格网边长不等于 100 mm 时，必须考虑图纸伸缩的影响，此时 M 点的平面坐标应按下式求算：

$$x_M=x_a+\frac{100}{sa+sb}\times as \tag{3-5}$$

$$y_M=y_a+\frac{100}{ag+gd}\times ag \tag{3-6}$$

(三) 确定直线的要素

以图 3-19(a)为例，从地形图上求算直线 MP 的各要素。

1. 求直线的水平距离

思政元素

① 图解法。在地形图上求某直线的水平距离，可用比例尺直接量出，也可用直尺先量出图上的距离，再按比例求得实际长度。图 3-19(a)的比例尺为 1∶5 000，从图上量得 MP 的距离为 43 mm，所以 MP 的实际水平距离 D_{MP} 为 $0.043\times5\ 000=215$ (m)。

② 解析法。利用前述方法，先确定 M、P 两点的坐标，然后再利用下式求出两点的水平距离 D_{MP}。

$$D_{MP}=\sqrt{(x_P-x_M)^2+(y_P-y_M)^2} \tag{3-7}$$

2. 求直线的坡度

① 图解法。如图 3-19(c)所示，将 M、P 两点连接起来，过 P 点作 MP 的垂线 PN，使其长度等于 MP 两点的高差(按比例计算)，连接 M、N，则$\angle NMP$ 为 MP 直线的坡度角。

② 解析法。在地形图上求某直线的坡度，可按式(3-2)计算。如图 3-19(a)所示，求直线 MP 的坡度时，首先按式(3-2)求出 M 点的高程，即：

$$H_M=H_f+\frac{fM}{f'e'}\times h=122+\frac{7.5}{11.58}\times2=123.3\ (\text{m})$$

然后求出 M、P 两点的高差 h_{MP}，即：

$$h_{MP}=123.3-118=5.3\ (\text{m})$$

则直线 MP 的坡度 i 为：

$$i=\frac{h_{MP}}{D_{MP}}=\frac{5.3}{215}=0.025=25‰$$

3. 求直线的斜长

① 图解法。如图 3-19(c)所示，在求直线 MP 的坡度时，所连 MN 的长度即为 MP 的斜长。

② 解析法。图 3-19(c)中，直线 MP 的斜长 L_{MP} 为：

$$L_{MP}=\sqrt{D_{NP}^2+h_{MP}^2}=\sqrt{215^2+5.3^2}=215.07\ (\text{m})$$

4. 求直线的方位角

① 图解法。如图 3-19(a)所示，求 MP 直线的方位角。首先过 M 点作平行于纵坐标的直线 Mk，然后用量角器量出 α_{MP} 的角值，即为直线 MP 的方位角。同理，也可求 PM 的方位角 α_{PM}，显然有：

$$\alpha_{PM}=\alpha_{MP}+180°$$

② 解析法。利用前述方法求出 M、P 点的坐标后，可用下式计算直线 MP 的方位角：

$$\alpha_{MP}=\arctan\frac{y_P-y_M}{x_P-x_M} \tag{3-8}$$

(四) 按设计在井田区域地形图上选定最短线路

如图 3-20(a)所示，欲从 A 处向山上 B 处选一条公路线。已知等高距 $h=1$ m，规定设计坡度 $i=5.0\%$，则线路通过相邻等高线间的最短水平距离 d 应为：

$$d=\frac{h}{i}=\frac{1}{0.05}=20\ (\mathrm{m})$$

设该图的比例尺为 1∶2 000，则 d 在图上的长度应为 10 mm。也就是说，所选择的线路经过两相邻等高线的水平长度在图上不得小于 10 mm，否则，其坡度将超过规定的要求。

思政元素

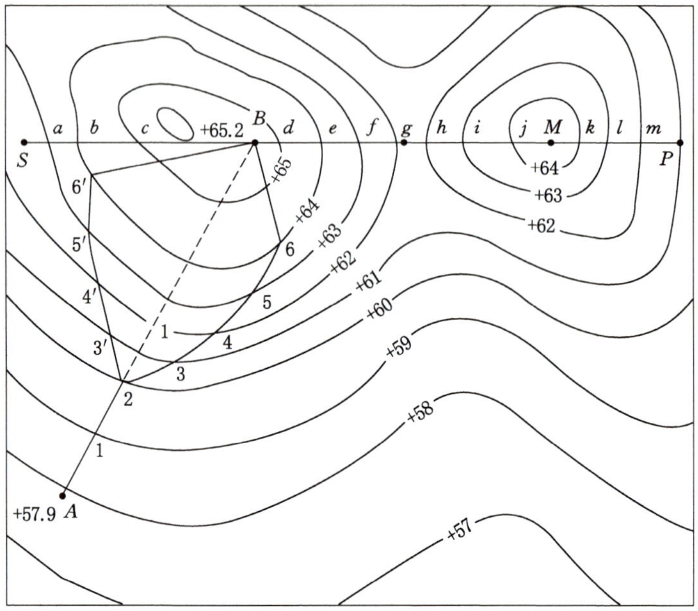

(a)

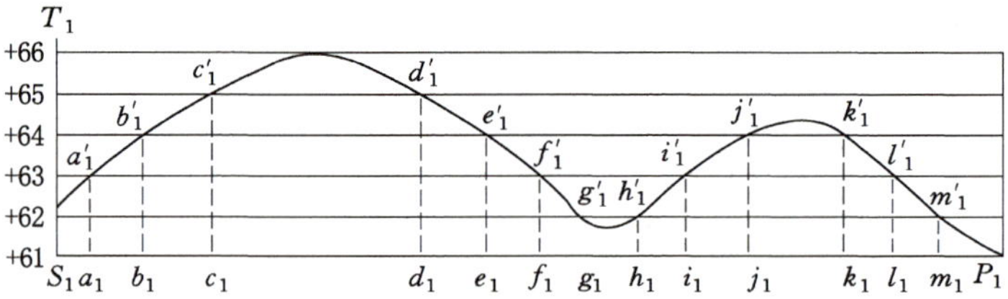

(b)

图 3-20　设计最短公路线与作剖面图方法

作图方法如下：

以 A 点为圆心，以 10 mm 为半径作圆弧，与＋59 m 等高线不相交，说明该段线路坡度小于规定要求。因此只要从 A 点开始，作一条与＋59 m 等高线近似垂直的直线，与 59 m 等高线交于点 1；再以 1 点为圆心，以 10 mm 为半径画弧，交＋60 m 等高线于 2 点；再以 2 点为圆心，以 10 mm 为半径画弧，与＋61 m 等高线交于 3 和 3′点；依次类推，可求得 4 和 4′点，5 和 5′点，6 和 6′点，一直到 B 点；最后连接各点，即得到符合规定坡度的线路。对两条线路进行比较，再综合考虑其他因素，选择其中的一条线路。

（五）沿已知方向作剖面图

在进行线路(如铁路、公路、渠道、管路等)设计时，往往需要了解某方向线上地面的起伏情况，这就需要沿此直线作剖面图。如图 3-20(a)所示，欲作 SP 方向的剖面图，其作图方法如下。

1. 确定剖面图的比例尺

剖面图的比例通常与平面图(等高线图)的比例相同。在剖面图中，横线 S_1P_1 表示水平长度，纵线 S_1T_1 表示高程。一般情况下纵横线比例一致，这样作出的剖面图能反映地表的真实起伏情况。有时为了突出地表起伏变化情况，也可以使纵线比例大于横线比例，但这样作出的剖面图，不能真实地反映地表面的起伏情况。

2. 绘制高程线

为使剖面图准确，按要求绘制高程线。S_1P_1 表示等高线图上沿 SP 剖面线的水平长度，S_1T_1 表示剖面图上的高程。各高程线与 S_1P_1 平行，与 S_1T_1 垂直，各高程线间距等于等高距。

3. 转绘剖面线与等高线的交点

将等高线图[图 3-20(a)]上的剖面线 SP 与各等高线的交点 $a,b,c,\cdots$ 转绘到剖面图[图 3-20(b)]中的 S_1P_1 水平线上，得 $a_1,b_1,c_1,\cdots$ 各点，过 $a_1,b_1,c_1,\cdots$ 各点作垂直线与各点高程值相同的高程线相交，得 $a_1',b_1',c_1',\cdots$ 各点。

4. 连接各点

用光滑的曲线将以上各交点连接起来，即得方向线 SP 的剖面图[图 3-20(b)]。

任务二 工业广场平面图

工业广场平面图

工业广场平面图属于井田区域地形图，它是矿井工业广场范围内进行规划、设计、改扩建的必备图纸，尤其是地下管道的建设，更需要这类图纸。

工业广场平面图的比例尺一般采用 1∶500 或 1∶1 000。

工业广场平面图应包括以下内容：

① 工业广场内所有永久和临时的房屋及建筑物，如机修厂、办公楼、宿舍。

② 工业广场内的三角点、导线点、水准点等，注明其高程。

③ 工业广场内所有线路和管道，如铁路、公路、电话线、高压线、低压线、自来水管、下水道、电缆沟等。

④ 工业广场内未经平整的地方，用等高距为 0.5 m 的等高线表示；已经平整的地方、重要建筑物及其特征点应注明高程，如井口标高、重要厂房室内的标高等。

图 3-21 所示为某矿工业广场平面图的主要部分。

工业广场平面图主要作为工业场地规划、设计、改建、扩建和留设工业场地保护煤柱的依据。此外，在检修和改建地上、下各种管道中，有着特别重要的作用。

工业广场平面图的识图步骤和方法与井田区域地形图相同，也是先整体后局部，先看总

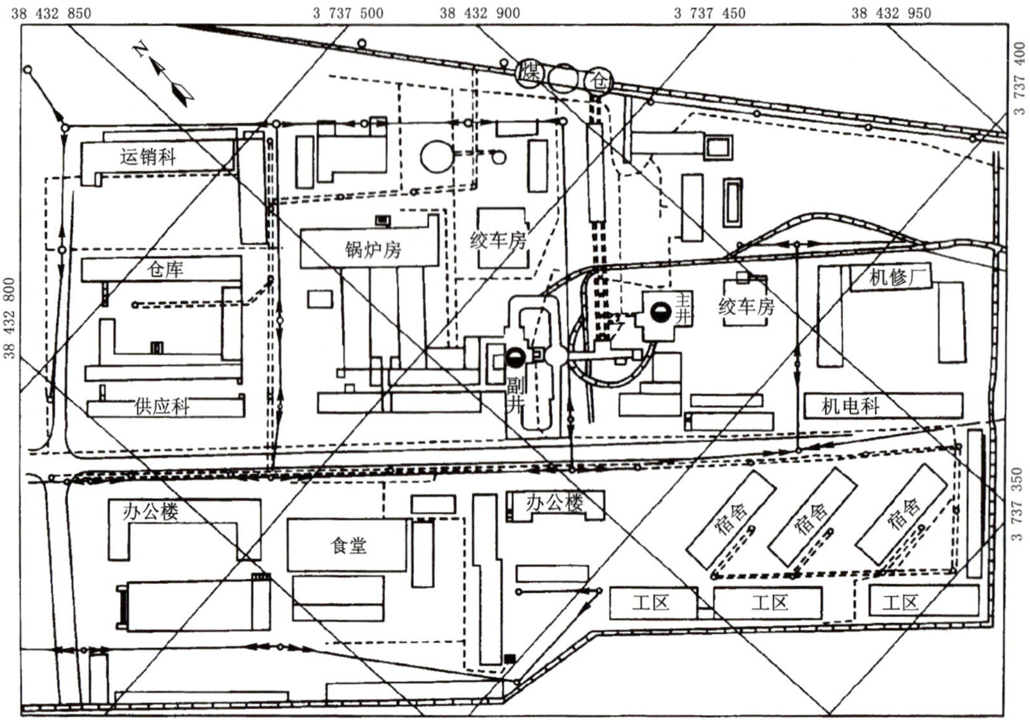

图 3-21　某矿工业广场平面图(主要部分)

的轮廓,再看细节部分,弄清各部分的关系。

复习思考题

1. 井田区域地形图的比例尺有哪些?

2. 什么是地形等高线?什么是等高距及平距?在同一张图上,平距的大小反映地形什么特点?

3. 等高线有哪几种?它们表现在图上各有什么不同?

4. 工业广场平面图应有哪些内容?

项目四　矿井地质图

【学习目标】

1. 熟悉矿井常用地质图的种类及内容。

2. 理解矿井地质图件在煤矿生产中的作用。

3. 掌握矿井常用地质图件的读图方法及绘制方法。

【思政目标】

通过相似地貌图的辨别引入要认真观察勤于思考、剖开现象看本质。对于矿井周边老窑、小窑情况的讲解，警示学生做事要眼光宽阔。

任务一　井田地形地质图

一、概述

井田地形地质图

井田地形地质图是勘查部门在提交的井田精查地质报告中的一份主要图件，也是矿产资源勘查、矿井开发设计及煤矿生产中最基本的综合图件。它是以地形图为底图，经过地质调查后填绘而成的。实际上，井田地形地质图是地形图和地质图重叠在一起绘制而成的。它主要反映井田范围内地层、地质构造和地物、地质等情况。

一般地形地质图采用的比例尺为 1∶10 000 或 1∶5 000，在地质构造复杂的小型井田可采用 1∶2 000 的比例尺。井田地形地质图图示的主要内容包括：

① 地形等高线、地面建筑物。

② 湖泊、河流、水库等水域。

③ 铁路、公路、桥梁、车站等交通线路。

④ 控制点、高压线、经纬坐标线、指北线等。

⑤ 钻孔、探槽、探井、废弃井巷、小窑等及其编号和标高。

⑥ 井田边界线、勘查线及其编号。

⑦ 地层分界线（系、统、组）和主要标志层界线及代号。

⑧ 地层产状、断层线、褶曲轴、岩浆岩分布范围等。

⑨ 煤层标志层及其他有益矿产的露头线、风氧化带界线。

⑩ 井田内如有生产矿井，应标明井口位置、标高及采掘范围。

⑪ 滑坡范围等。

⑫ 图例、标题栏及其他注记内容等。

井田地形地质图是矿井设计和生产管理的基本图件之一。设计部门主要用来确定井口、工业广场、建筑物、建筑石料场等工业和生活设施的位置，考虑农田保护、寻找水源、选择运输干线及供电线路等；生产部门主要用来编制井上、下对照图，分析地下开采对地表的影响，留设保护煤柱，防止建筑物布置在煤层的上部造成压煤现象，布置和实施地面打钻注浆灭火、抽采瓦斯等其他安全管理工程；地质部门用来编制、修改其他煤矿地质图件，布置生产勘查工程等。

二、井田地形地质图的编制方法

井田区域地形图是绘制井田地形地质图的基础，井田地形地质图地形部分的绘制方法请参照项目三的内容，地质部分的绘制步骤如下：

① 根据勘探工程数据，展绘钻孔位置，并连绘出勘探线。

② 根据勘探工程坐标、高程，利用标高内插的方法展绘等高线，并展绘各地层分界线点、煤层和标志层露头线点、断层点、褶曲轴线点、岩浆岩界面点等，连绘出地质界线、地层界线、断层线、褶曲轴等符号。

③ 必要时在图的空白处标出图例符号和相应的注记符号。

三、各种地质构造在地形地质图上的表现

1. 单斜在地形地质图上的表现

单斜构造在井田地形地质图上的出露特点符合 V 字形法则。

由于地表一般为起伏不平的曲面，倾斜岩层的地质分界线在地表的露头也就变成了与等高线相交的曲线，依据岩层倾斜与地面坡向、坡角的三种不同关系而呈现三种不同分布规律的 V 字形形态，这种规律称为 V 字形法则。其主要分为以下三种情况：

①“相反-相同”。如果岩层倾向与地面坡向相反，在地形地质图上岩层界线与地形等高线的弯曲方向一致，且弯曲幅度小于地形等高线。在山谷处表现为一个尖端指向上坡的 V 字形，在山脊处表现为一个尖端指向下坡的 V 字形(图 4-1)。

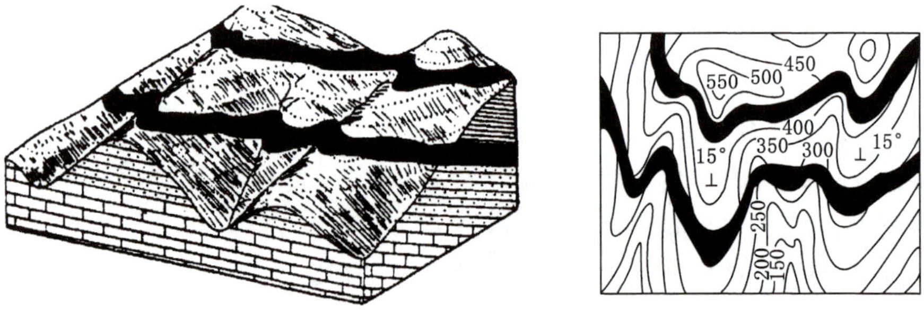

(a) 立体图　　(b) 地形地质图

图 4-1　岩层的倾向与坡度相反时的 V 字形规律

②“相同-相反”。如果岩层倾向与地面坡向相同，且岩层倾角大于地面坡角，则在地形地质图上岩层界线与地形等高线的弯曲方向相反。在山谷处表现为一个尖端指向下坡的 V 字形，在山脊处表现为一个尖端指向上坡的 V 字形(图 4-2)。

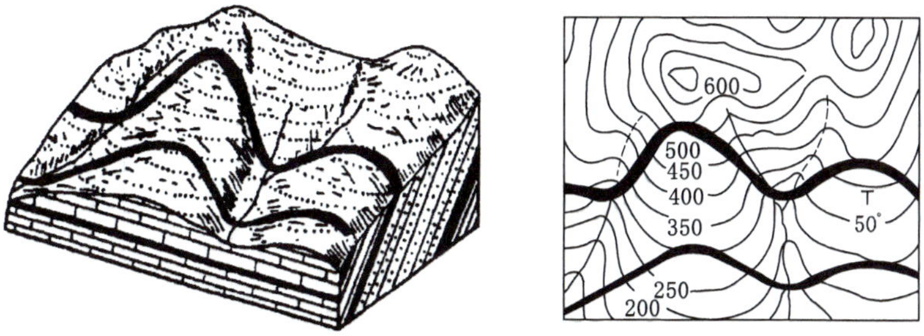

(a) 立体图　　(b) 地形地质图

图 4-2 岩层的倾向与坡向一致，且倾角大于坡角时的 V 字形规律

③“相同-相同”。如果岩层的倾向与地面的坡向相同，且岩层倾角小于地面坡角，则在地形地质图上岩层界线的弯曲方向与地形等高线的弯曲方向相同且弯曲幅度大于地形等高线（图 4-3）。

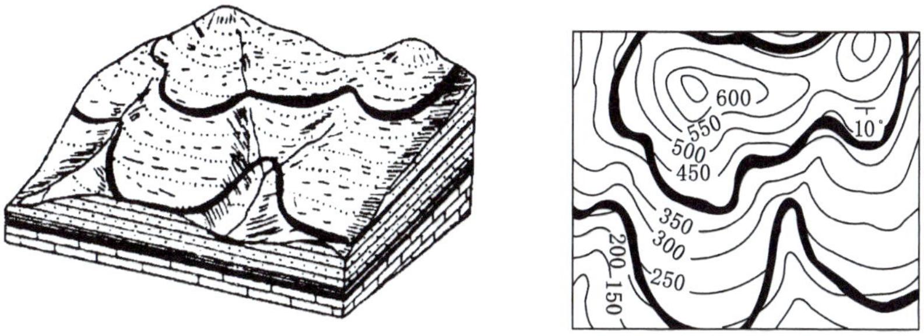

(a) 立体图　　(b) 地形地质图

图 4-3 岩层的倾向与坡向一致，且倾角小于坡角时的 V 字形规律

2. 褶曲在地形地质图上的表现

褶曲是指岩层受外力作用发生变形但仍保持连续的地层变化，褶曲在地形地质图上最明显的表现就是等高线的弯曲。褶曲可分为背斜和向斜两种，背斜为地层中一种上凸的褶曲构造，其核部由老地层组成，地层年代由核部向两翼由老到新排列。向斜则是与背斜相反地层中一种下凹的褶曲构造，其核部由新地层组成。地层年代由核部向两翼由新到老排列。

思政元素

背斜和向斜在地形地质图上的表现均为等高线弯曲，其不同在于背斜等高线的弯曲由中心向两侧标高值逐渐减小，而向斜等高线的弯曲由中心向两侧标高值逐渐升高（图 4-4）。

3. 断层在地形地质图上的表现

在地形地质图上断层表现为一条断层露头线，断层露头线就是断层面与地面的交线。断层按照其两盘移动的相对位置关系可分为正断层、逆断

断层的基本概念

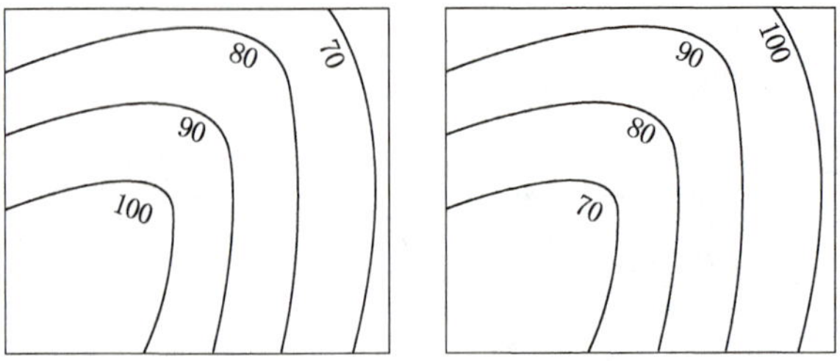

(a) 背斜　　(b) 向斜

图 4-4　背斜和向斜在地形地质图上的表现

层、平移断层三大类，断层在地形地质图上的表现符号如图 4-5 所示。

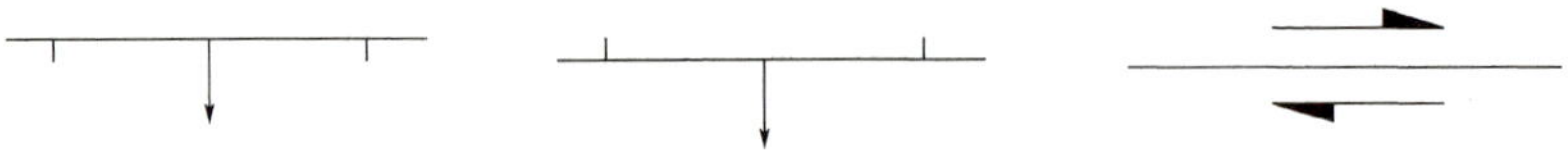

(a) 正断层　　(b) 逆断层　　(c) 平移断层

图 4-5　断层在地形地质图上的表现

四、井田地形地质图的识读

井田地形地质图主要由地貌、地物和地质内容组成，读图时顺序为由整体到局部，先看轮廓，后看细部。一般情况下，按以下步骤识读井田地形地质图：

① 读出图的比例尺、图签、图例。

② 根据坐标线、坐标值和指北方向识别图的方向，确定图的地理位置。

③ 读出全区等高线的特点，判断出褶曲构造的特点性质，判断断层的数量和性质。

④ 读出地物的类型和坐标及与构造之间的关系。

⑤ 在分析地质构造的基础上，了解煤系的位置和主要可采煤层的分布情况，为工业广场、交通线路和其他地面建筑位置的选择提供依据。

【例 4-1】 图 4-6 为三岔地区的地形地质图，图 4-6(a)为立体示意图，图 4-6(b)为地形地质图，图 4-6(c)为沿Ⅰ—Ⅰ线的剖面图。

从图 4-6 中可以看出，该区地形起伏不平，从东南到西北，三岔河谷贯穿全区。该区地层由古生界的寒武系(∈)、奥陶系(O)、石炭系(C)、二叠系(P)，中生界的侏罗系(J)、白垩系(K)，新生界的第四系(Q)所组成。岩浆活动分两次侵入整个地层，第一次侵入是在二叠系地层形成后发生的，第二次是在白垩系地层形成后发生的。根据岩层露头在地表的分布情况可以看出，在二叠系地层的两侧岩层对称出现，因而是褶曲构造；又由于中间岩层形成的时期比两侧岩层新，再远逐渐为老岩层，所以为向斜构造。三岔河谷两侧岩层错开，并从断层符号可以看出为一斜交正断层构造。

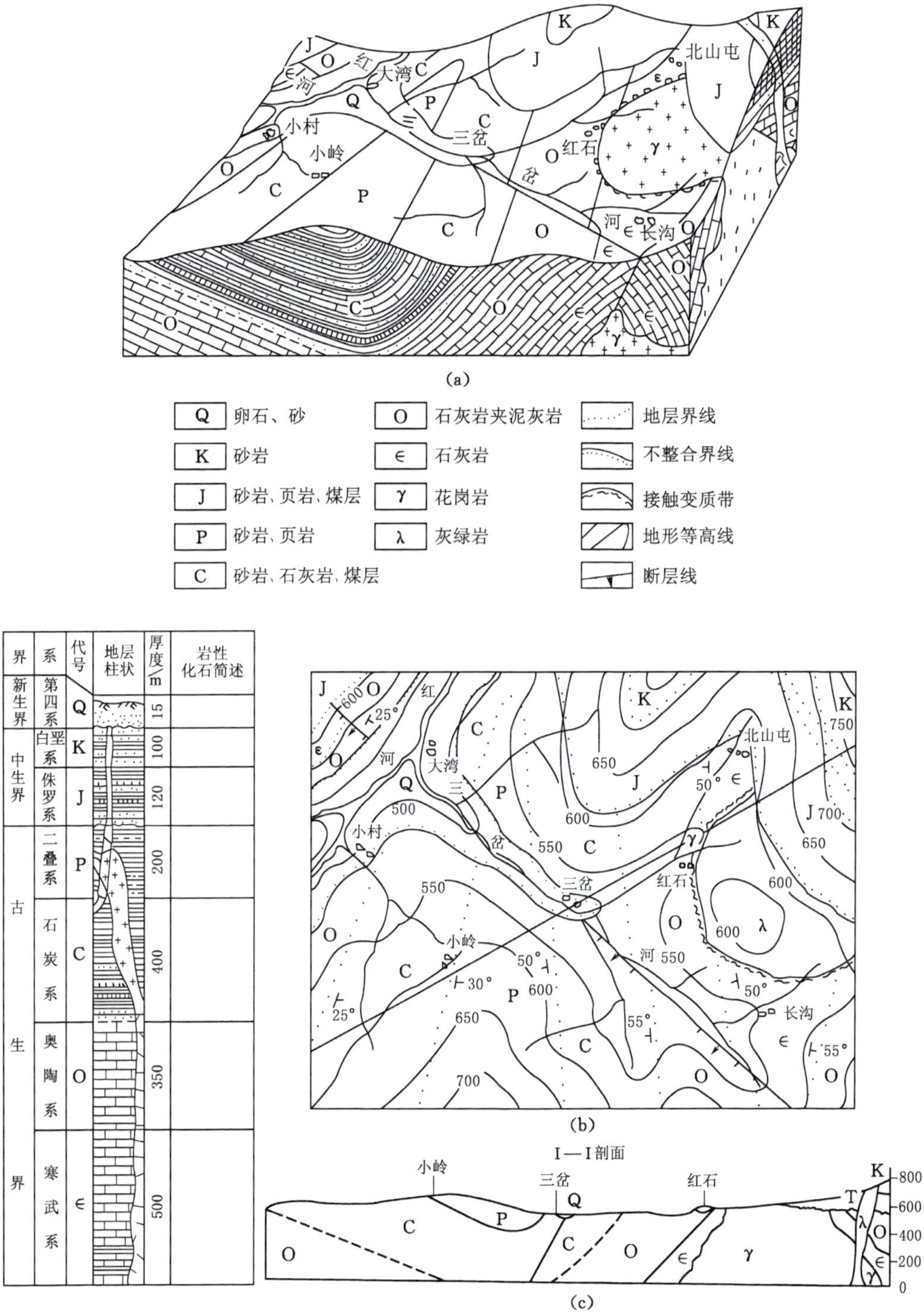

图 4-6　三岔地区地形地质图

任务二　煤层底板等高线图

一、概述

储量计算

煤层底板等高线

煤层底板等高线图是煤层底板面与各标高水平面的交线在平面上的投影图。它是根据煤层底板面的标高，采用水平投影的方法，利用等值线表示煤层构造形态特征的一种投影图件，也叫作煤层构造图。通过煤层底板等高线图可以了解煤层的产状变化和地质构造变化，为矿井、采区生产和设计提供重要的依据，它也是绘制采掘工程平面图、地质剖面图、储量计算图的基础性图件，是煤矿重要的图件之一。

煤层底板等高线图的主要内容包括：

① 经纬线、指北针、图签、图例、比例尺。

② 通过该煤层勘探工程的见煤点位置，包括钻孔数据、勘探线位置及编号、探井位置、生产小窑、老窑等。

③ 通过该煤层的煤层底板等高线及其标高值，断层的编号以及断层的两盘与等高线的交线，煤层的尖灭界线、岩浆岩侵入的界线。

④ 通过该煤层中所有的井巷工程，各见煤点以及井工测量的导线点的位置，煤层的厚度、产状、底板标高值等。

⑤ 矿井边界、采区边界线、煤层露头线、风氧化带界线、积水区范围等。

煤层底板等高线图常用的比例尺为 1∶2 000 和 1∶5 000。

图 4-7 是某矿煤层底板等高线图。

二、煤层底板等高线图的编制方法

二十大元素

1. 绘制步骤

煤层底板等高线图的具体编制步骤如下：

① 根据面积确定图幅和比例尺，选择相应的方格网类型，然后绘制图签和指北针。

② 填绘钻孔数据，根据钻孔数据见煤标高换算出煤层底板标高，利用内插的方法绘制煤层底板等高线。

③ 根据实测资料填绘测量导线点，连绘巷道，并根据实测导线点的标高修改等高线（这一项工作会随着工程的不断增加而不断进行）。

④ 根据物探资料和实测资料填绘断层位置和断层的要素并填绘煤层的产状要素，绘出风氧化带和煤层露头的位置。

⑤ 根据矿区周围的生产小窑和老窑与矿井之间的位置关系，绘制矿区周边 100 m 以内的生产小窑、老窑，若周边存在着报废矿井要标明报废时间及相应的采掘情况。

⑥ 填绘各种保护煤柱的位置和必要的文字说明。

2. 内插法

思政元素

内插法是绘制煤层底板等高线图的重要方法之一。内插法可分为标高内

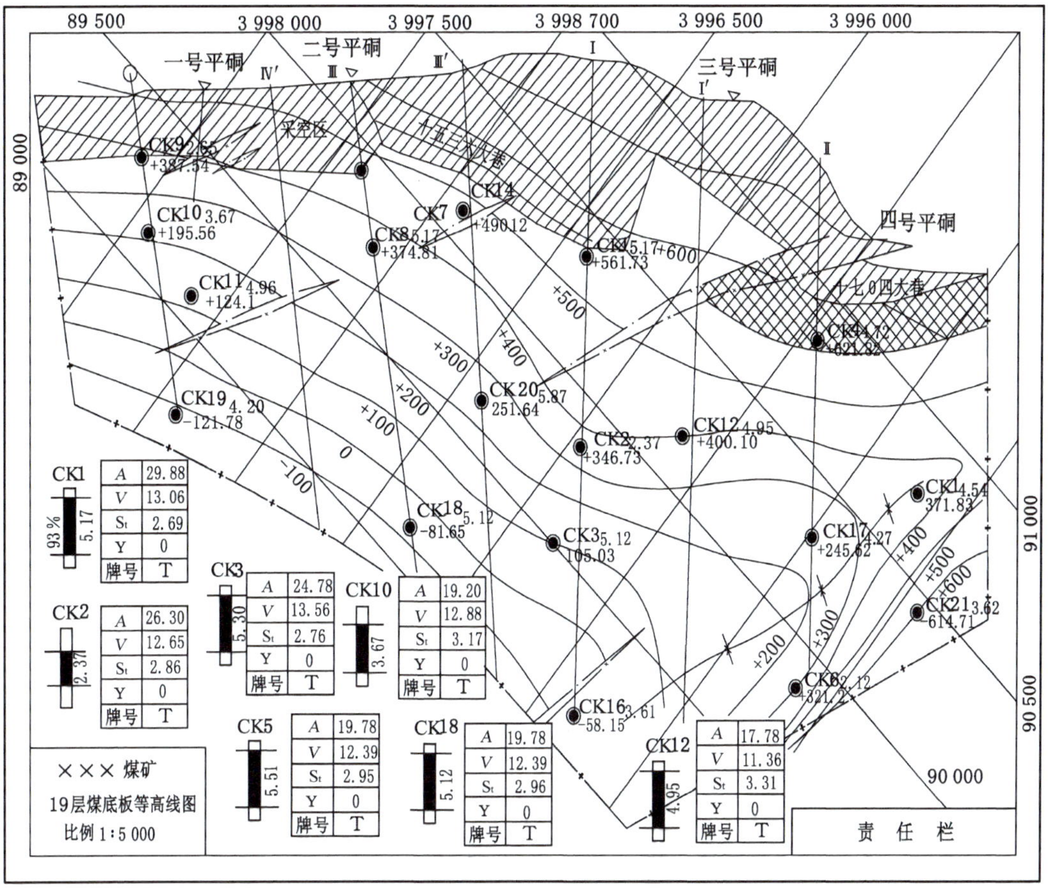

图 4-7 某矿煤层底板等高线图

插法和坐标内插法，这两种方法的主要过程是一样的，都是在已知的两点标高的基础上求第三点标高，或者是已知经纬度来求某一点的坐标。其具体做法如下：

(1) 标高内插

如图 4-8 所示两钻孔之间的水平距离为 18，两孔之间的高差为 8，A 点到 111 号孔的距离为 4.5，则 A 点到 111 号孔的高差为：

$$\frac{18}{8}=\frac{4.5}{h}$$

经计算 $h=2$，则 A 点高程为 $-32-2=-34$ (m)。

利用这种方法可以内插出等高线。

(2) 坐标内插

如图 4-9 所示标准的方格网边长 100 mm，则图的比例尺为 1∶2 000，B 点到方格网的距离分别为 32 和 64，则 B 点到 1 600 和 400 的坐标差为：

$$\frac{100}{1\,800-1\,600}=\frac{64}{\Delta x}$$

$$\Delta x = 128, x_B = 1\ 600 + 128 = 1\ 728\ (\text{m})$$

$$\frac{100}{600-400} = \frac{32}{\Delta y}$$

$$\Delta y = 64, y_B = 400 + 64 = 464\ (\text{m})$$

则 B 点的坐标 $B(1\ 728, 464)$。

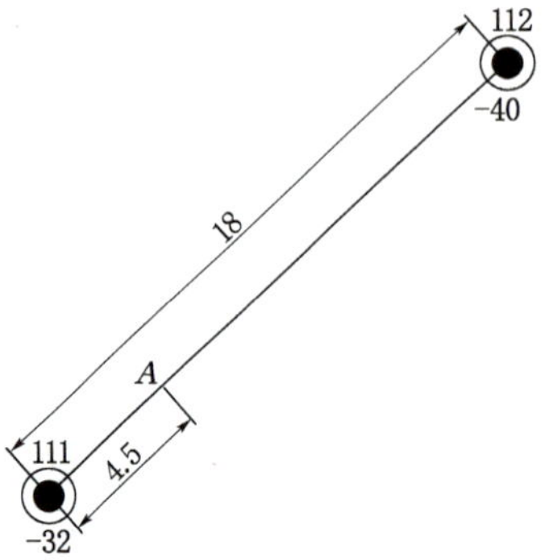

图 4-8　标高内插

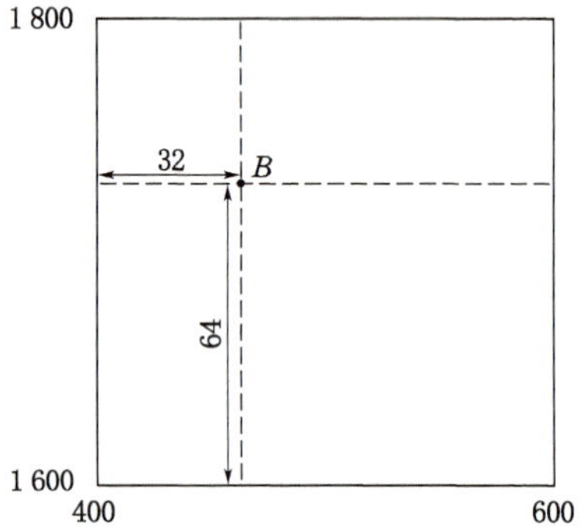

图 4-9　坐标内插

三、煤层构造形态在煤层底板等高线图上的表现

1. 单斜构造在煤层底板等高线图上的表现

单斜构造往往是断层的一盘或者是褶曲的一翼，单斜构造在煤层底板等高线图上的表现为：

① 煤层底板等高线的标高值沿着煤层倾向方向依次降低。

② 如果煤层走向和倾角变化不大，则等高线大致平行、平距大致相等。

③ 如果煤层的走向有变化，则等高线表现为一组曲线；如果倾角有变化，则表现为等高线平距不相等，且倾角越大，等高线越密集。

2. 褶曲在煤层底板等高线图上的表现

褶曲在煤层底板等高线图上的主要表现为等高线的变化，水平褶曲和倾伏褶曲两种等高线不同，水平褶曲主要表现为等高线大致平行，标高由中间向两侧逐渐变化，水平向斜等高线由中间向两侧标高逐渐变高，水平背斜标高由中间向两侧逐渐降低，如图 4-10 所示。倾伏褶曲的等高线表现为等高线的弯曲，倾伏褶曲又可分为倾伏向斜和倾伏背斜，如图 4-11 所示。

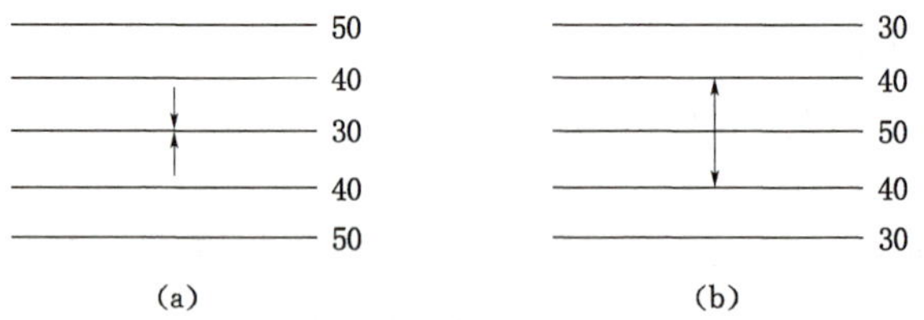

图 4-10　水平向斜和水平背斜

3. 断层在煤层底板等高线图上的表现

断层就是当岩层受力的作用后发生断裂且破裂面发生相对运动的岩层形变，断层的组成要素包括断盘、断层线、断层与煤岩层的交面线等，如图 4-12 所示。断层面与煤层底板的交线叫作断煤交线，在煤层底板等高线图上可以通过断煤交线判断断层的存在和性质，如图 4-13 所示。

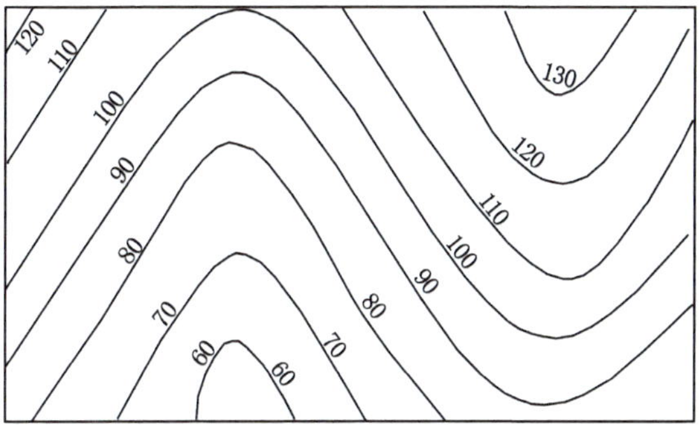

图 4-11　倾伏向斜和倾伏背斜

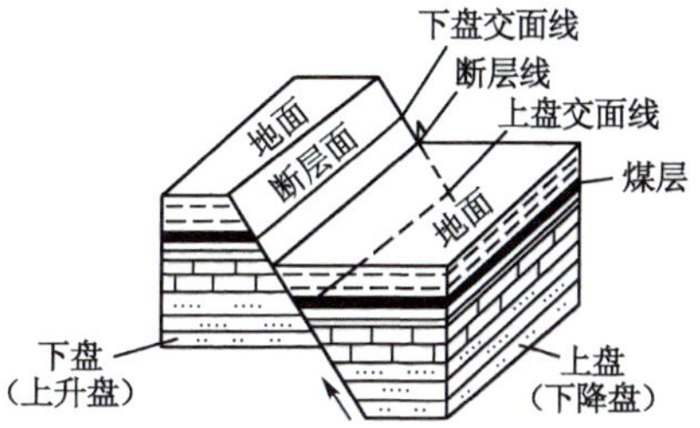

图 4-12　断层的组成示意图

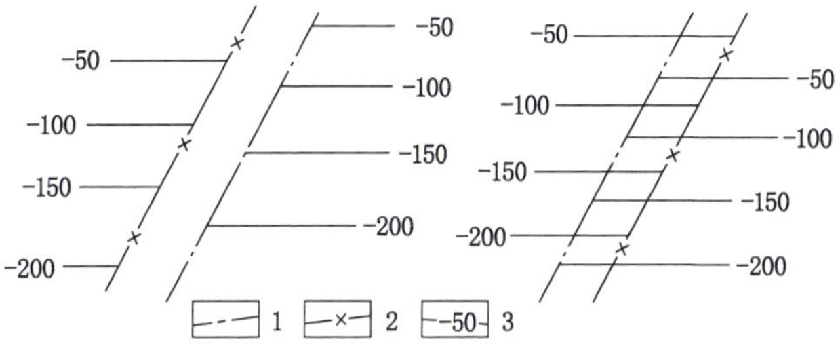

(a)　正断层　　(b)　逆断层

1—断层上盘；2—断层下盘；3—等高线。

图 4-13　用断煤交线判断断层性质

根据上层煤中的断层预测下层煤中的断层

通过煤层底板等高线图可以判断断层的性质，看等高线是否穿过断盘，不穿过断盘的为正断层，穿过断盘的为逆断层。

四、煤层底板等高线图的识读

① 读图名、比例尺、图例。

② 识读坐标线、坐标值和指北方向。

③ 识读井田边界线、煤层露头线、风氧化带边界线、煤层尖灭线以及最低可采边界线。

④ 识别井田内的主要地物。

⑤ 弄清勘查工程的名称、编号位置等信息。

⑥ 识读构造要素、分析煤层构造形态。读懂煤层产状要素和各种构造形态是识读煤层底板等高线图的关键，要在前述步骤所获得的信息的基础上，按由点到线、由线到面的方法阅读。

⑦ 总体概括。在完成上述识读基础上，进行综合分析，掌握井田内煤层的分布、产状、厚度、地质构造形态以及它们的相互关系和变化规律。

任务三　垂直地质剖面图

一、概述

垂直地质剖面图

垂直地质剖面图是以垂直于地表的截面切割地面以反映地面起伏或内部构成的图形,也简称为剖面图。垂直地质剖面图主要用来反映各种地质界线和构造形态的空间位置和相互关系以及它们沿煤层走向或倾向的变化规律。常见的有沿勘探线方向绘制的勘探线剖面图、沿煤层倾向的剖面图、沿煤层走向的剖面图、沿井田主要石门方向的剖面图等。

垂直地质剖面图的主要内容包括：

① 剖面线的方向、剖面线所切割的坐标线、钻孔、地物、地貌和表土等。

② 剖面线所经过的矿井边界和采区边界、矿井周边的小井和生产老窑等。

③ 剖面区域内包括的煤层、标志层的情况,以及风氧化带和煤层露头的位置。

④ 剖面内所经过的井筒和各生产水平的主要巷道、保护煤柱线和高程线等。

⑤ 实测构造情况。

⑥ 图例、图签、比例尺、指北针等。

垂直地质剖面图常用的比例尺为1∶1 000或1∶2 000,主要依据剖面的长度、切剖的深度、地质界线、煤层的稳定程度和构造形态的复杂程度来选定。

二、垂直地质剖面图的编制方法

垂直地质剖面图的编制方法主要可以分为以下几个步骤：

① 搜集整理实测地质资料,如邻近的钻孔柱状图、井下实测剖面图、地形地质图、采掘工程平面图。

② 确定图幅的大小和剖面的方位。

③ 根据选定比例尺绘制高程线。

④ 绘制基准线。

⑤ 绘制地表的地形、表土、地物,标注钻孔位置和井筒位置等。

⑥ 绘制煤层主要的出露情况以及风氧化带和煤层露头线。

⑦ 绘制本区主要的井巷。

⑧ 填绘实测的构造情况,注写文字说明部分。

三、垂直地质剖面图的识读

垂直地质剖面图简单易读,读图时要遵循从整体到局部的顺序。先读出剖面的方位、基准线;然后读出剖面所穿过钻孔的位置以及井筒的位置,读出地面的建筑物、河流等;再读地层以下的内容,包括煤层产状、构造情况、采空区位置、主要井巷等。

【例4-2】 图4-14所示为某煤矿矿井地质剖面图。从图中可以清楚地看到煤层的分布、产状及变化,煤层的厚度及各层煤的层间距,井筒、石门、大巷等各种巷道的位置,各种地质构造的特征,标志层的分布及产状等,同时还可以看到沿剖面线方向上地形起伏的情况。

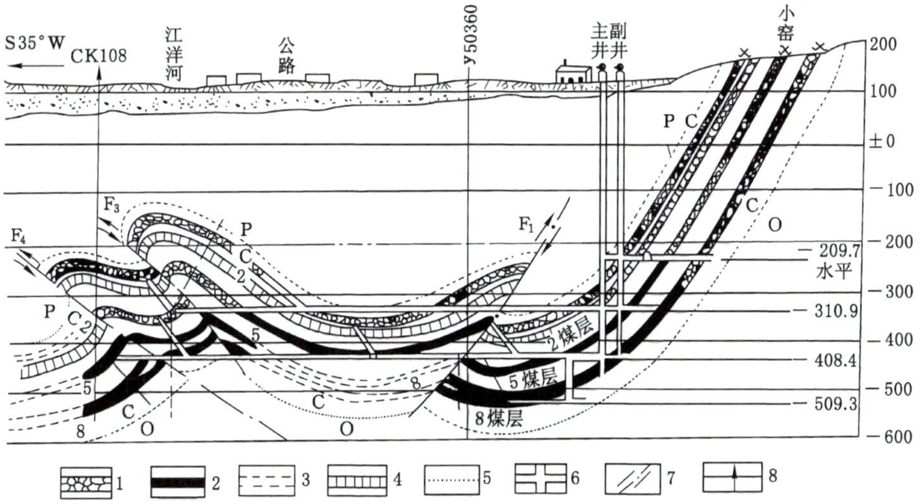

1—采空区；2—煤层；3—推测煤层；4—标志层；5—地质界线；6—井巷；7—断层；8—钻孔。

图 4-14　某矿矿井地质剖面图

任务四　水平切面图

一、概述

水平切面图

水平切面图是沿某一开采水平而编绘的反映该水平面上全部地质情况和井巷工程的图件。利用水平切面图可以了解该水平上煤层的厚度、煤层间距、主要标志层、含水层、地质构造的分布及沿水平方向的变化，以及井巷工程等情况。它是矿井开采水平的巷道设计和巷道掘进施工的主要依据，是倾斜、急倾斜和多煤层构造复杂矿井必备的图件。水平切面图上反映的主要内容有：

① 坐标方格网、指北线、地质剖面线和井田边界线。

② 位于该水平的井底车场、运输大巷、石门和煤巷等所有的井巷工程，以及穿过该水平的全部钻孔。

③ 该水平切过的所有煤层、主要标志层、含水层、地层分界线和岩浆侵入体等的位置。

④ 煤层厚度和产状、断层位置和产状等。

水平切面图的比例尺可根据需要选定。用于水平开拓布置和巷道系统设计的水平切面图一般选 1∶2 000 或 1∶5 000 的比例尺。采区切面图一般选用 1∶1 000 或 1∶2 000 的比例尺。

二、煤层产状及地质构造在水平切面图上的特点

煤层产状及地质构造在水平切面图上的表现，和煤岩露头线及地质构造在平坦地区的地形地质图上的表现规律相同。

三、水平切面图的绘制方法

1. 根据井巷实测资料编制水平切面图

该方法是依据某一开采水平巷道所揭露的地质资料，编绘水平切面图。

（1）准备底图

通常利用由煤矿测量部门提供的同比例尺的分水平巷道图作为底图，并绘出通过该水平的全部钻孔。

（2）填绘地质资料

把各井巷揭露的全部地质资料，按坐标与测点的相互关系，填绘在底图上。填绘内容主要包括：

① 主要标志层及含水层的位置、名称、产状。

② 断层的位置、名称、产状、性质、落差。

③ 褶曲轴的位置、方向及两翼岩层的产状。

④ 地层分界线、岩浆侵入体界线及其他地质现象。

⑤ 钻孔只填绘出与该水平切面交点的地质情况，如地层层位等。

（3）分析、对比、连接地质界线

在填绘好各项实际地质资料的底图上，经过对比煤层、分析地质构造后，按照实测产状，将各巷道中的同一断层点及属于同一层位的其他地质界线相连接。首先连接断层点，若断层只有一个实测点，则按其走向向两侧适当延展；断层两盘的错动方向和错动距离，应按实测资料处理；然后再连接断层同一盘的同一煤层、标志层、含水层、地层分界、褶曲轴线等实测点。

2. 根据矿井地质剖面图编制水平切面图

这种方法多用在巷道较少且资料不多的设计水平和采区。现介绍依据图 4-15 所示的某矿剖面图编制水平切面图的方法。其步骤如下：

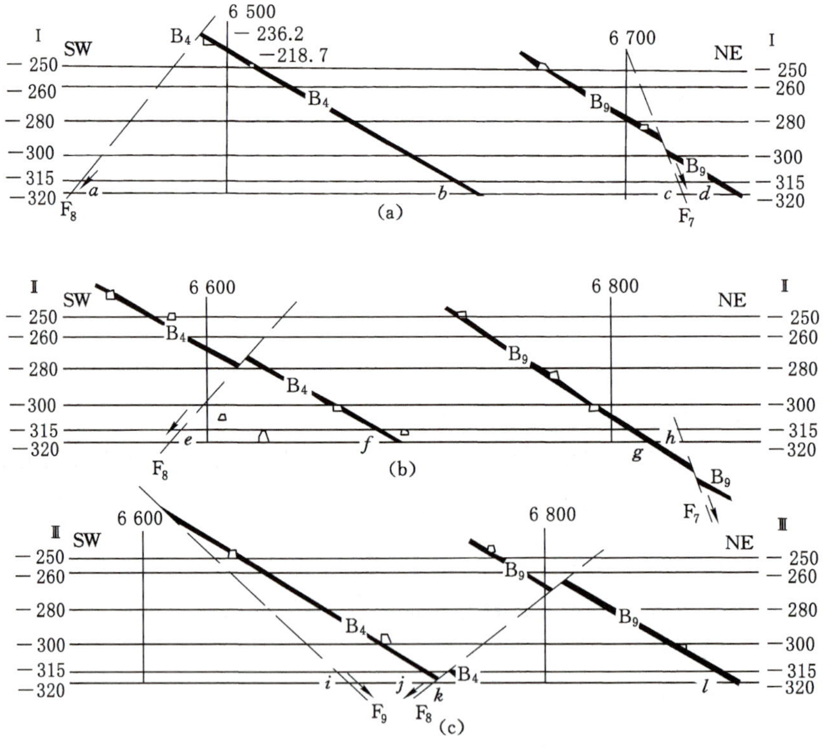

图 4-15　某煤矿剖面图

① 绘制坐标方格网，注明坐标值；绘出剖面线，并注明编号，如图 4-16 所示。

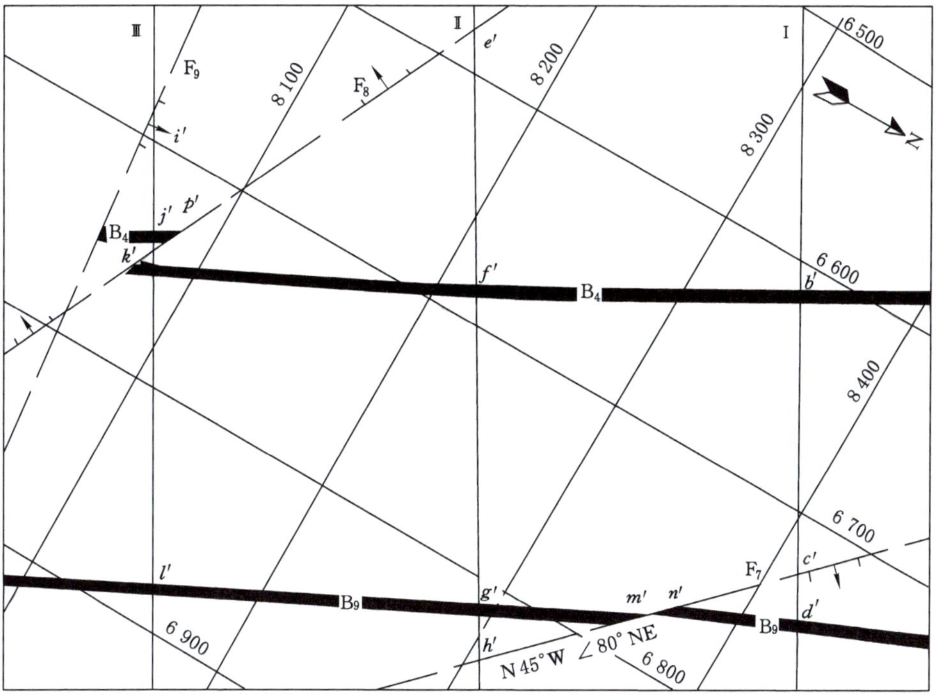

图 4-16　某矿－315 m 水平地质切面图

② 在各剖面图上绘出水平切面图的水平高程线(如图 4-15 所示各剖面图中的－315 m 高程线)。

③ 以剖面图上的经线或纬线与该水平高程线的交点为基准点，按照与基准点的水平距离，将剖面图上的水平高程线与各煤层、标志层及断层等的交点，转绘到水平切面图相应的剖面线上，如图 4-16 所示各剖面线上 b'、c'、d'、f'、g'、h'、i'、j'、k'、l' 等点。

④ 进行对比、连线，即先把相邻剖面上的相同的构造线连接起来，再把断层同一盘的相同层位的煤层点、标志层点和地层分界线点等用圆滑曲线连接起来。连线时，要充分考虑实测的产状资料。如图 4-16 所示，c'，h' 相连为 F_7 断层，e' 和 k' 相连为 F_8 断层。剖面线Ⅲ附近的 F_8 和 F_9 之间的 B_4 煤层，是根据 j' 的点位并结合 F_8 下盘 B_4 煤层的产状绘出的。

3. 根据煤层底板等高线图绘制水平切面图

图 4-17(a)、(b)所示分别为某矿 B_9 煤层和 B_4 煤层的底板等高线图，现根据这两图绘制－315 m 高程的水平切面图。其步骤如下：

① 在各煤层底板等高线图上，绘出水平切面高程的等高线，如图 4-17 所示的－315 m 煤层底板等高线。

② 在切面图上绘制坐标格网，按坐标格网将图 4-17(a)、(b)两图的－315 m 煤层底板等高线转绘到水平切面图上，再按相应煤层水平厚度加宽，即为水平切面图上的 B_8 和 B_4 煤层。

③ 按照方格网的控制，把各煤层底板等高线图上和水平切面图同标高的等高线与各断面

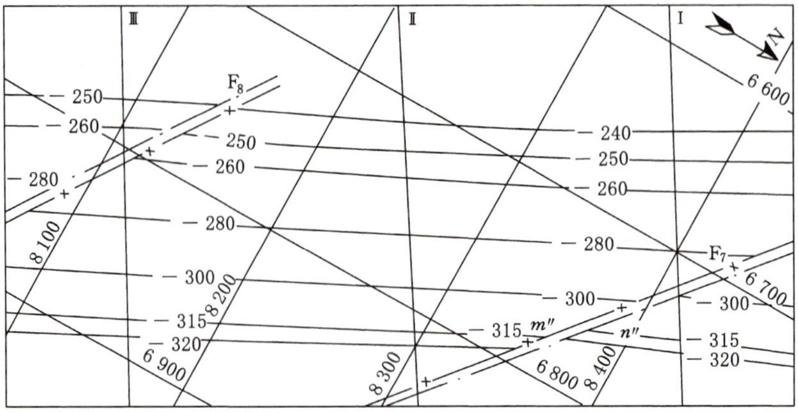

(a) B9 煤层

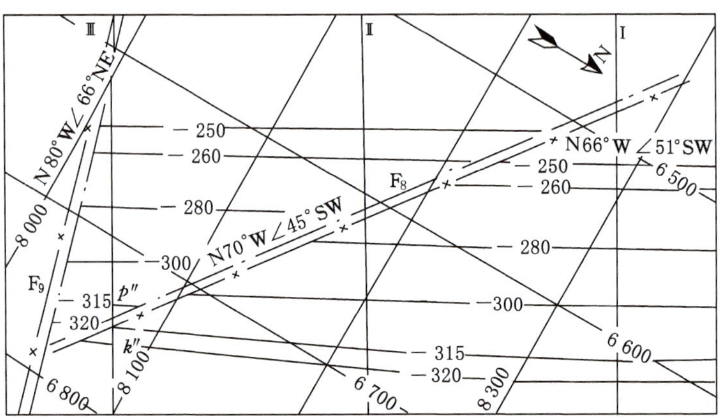

(b) B4 煤层

图 4-17 某矿煤层底板等高线图

交线的交点转绘到水平切面图上，并将同一断层的各交点相连，即为水平切面图断层走向线。如图 4-17(a)所示－315 m 等高线与 F_7 断层下盘断面交线的交点为 m''，与上盘的交点为 n''，转绘于水平切面图 4-16 中为 m'、n' 点，连接 m' 和 n'，即为该水平切面图的 F_7 断面交线(即 F_7 断层走向线)。其他断面交线以同样方法转绘，即可编绘出水平切面图的主体内容。

上述三种编制水平切面图的方法各有局限性。在有巷道实测资料的地段，应充分利用这些实测资料，在巷道较少且资料不多时可根据地质剖面图来编制。利用煤层底板等高线图编制水平切面图，虽方法简便，但标志层、含水层、地层分界等还需根据剖面图来补充填绘。因此，常把这三种方法综合起来使用。

四、水平切面图的识读

水平切面图的识读，包括识读井巷工程和地质内容两部分。各种巷道的识读，参见《矿山测量学》的有关内容。地质内容的识读方法基本与地形地质图相同，只是各种地质界线不受地形切割影响。因此，依据相关的图例符号以及地层、煤层、标志层的展布特点和产状，便能够识别出各种地质要素。

思政元素

【例 4-3】　图 4-18 所示为某矿－225 m 水平切面图。从图中可以看出，在井田范围内，共有三个可采煤层，由新到老分别为 2 煤层、5 煤层和 8 煤层，煤层倾角 20°～58°；正断层 F_1 和逆断层 F_3 把井田分为三块，从煤层的新老关系可以看出，逆断层 F_3 以东为一向斜、以西为一构造盆地，断层 F_1 西北部煤层倾向北西、东南部煤层倾向南东。该水平采用了单翼主要运输大巷采区石门的开拓方式，井底车场布置在井田的东北角，主要运输大巷大致沿断层 F_1 走向开掘，然后分别向西北和东南方向开掘采区石门穿通各煤层。沿石门布置了地质勘察线。图中还反映出了各地面钻孔、井下钻孔及风井位置，注明了不同地区煤层的倾角及厚度等。

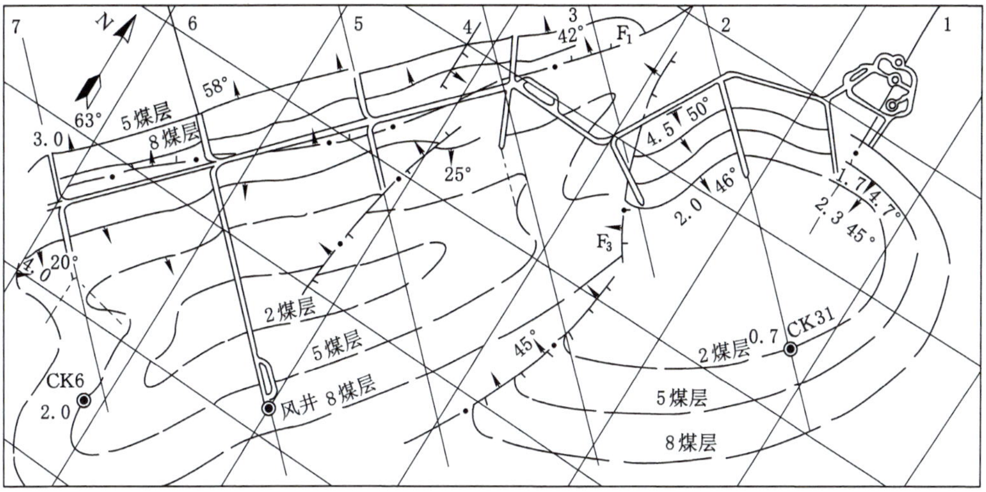

图 4-18　某矿－225 m 水平切面图

任务五　钻孔柱状图、综合柱状图、煤岩层对比图

一、钻孔柱状图

钻孔柱状图是根据钻探过程中所得到的资料，按岩层新老关系的排列顺序，将岩层恢复到水平状态后所绘出的一种图纸。

柱状图

在地质钻探过程中，每个钻孔都应编制一张钻孔柱状图。钻孔柱状图中应表示的内容主要有：

① 钻孔口平面坐标、孔口标高、钻孔深度和孔底标高。

② 按岩层新老顺序排列的地层单位和岩性组合，包括煤岩层厚度、层间距、岩层接触关系、岩心长度、煤岩层倾角、层底板等高线。

③ 该钻孔的简易水文地质资料。

④ 有关钻孔质量评价的其他内容。

钻孔柱状图是地质勘探工作的原始基础资料。地质工作者经常用它来编制垂直地质剖面图、水平切面图、煤层底板等高线图及储量计算图等。钻孔柱状图的比例尺一般采用1∶200。

图 4-19 为某矿 798 号钻孔柱状图。

798号钻孔柱状图

孔口坐标：纵坐标(*X*)3 885 897.57　　横坐标(*Y*)108 185.59　　高程(*H*)1 188.39 m

施工日期：自1979年1月24日至1979年3月1日　　终孔深度：50 m　　地质鉴定员：×××

界	系	统	组	段	分层序号	煤层号	累深/m	层厚/m	采长/m	采取率/%	倾角/(°)	真厚/m	真厚累计/m	岩性描述
新生界Kz	第四系Q_4				1		5.00	5.00	0.00	0	0.00	5.00	5.00	（略）
古生界Pz	二叠系P	上统P_2	上石盒子组P_2sh		2		12.00	7.00	7.0	100	0.00	7.0	12.0	
古生界Pz	二叠系P	上统P_2	上石盒子组P_2sh		3		18.00	6.00	3.8	63	0.00	6.0	18.0	
古生界Pz	二叠系P	下统P_1	下石盒子组P_1x		4		22.00	4.00	3.4	85	0.00	4.0	22.0	
古生界Pz	二叠系P	下统P_1	山西组P_1s		5		28.00	6.00	5.3	88	0.00	6.0	28.0	
古生界Pz	二叠系P	下统P_1	山西组P_1s		6		35.00	7.00	7.0	100	0.00	7.0	35.0	
古生界Pz	二叠系P	下统P_1	山西组P_1s		7		40.00	5.00	3.00	60	0.00	5.0	40.0	
古生界Pz	二叠系P	下统P_1	山西组P_1s		8	5#	43.00	3.00	2.9	96	0.00	3.0	43.0	
古生界Pz	二叠系P	下统P_1	山西组P_1s		9		50.00	7.00	6.7	95	0.00	7.0	50.0	

图4-19　某矿789号钻孔柱状图

二、综合柱状图

综合柱状图是根据井田内所有勘探工程和井巷工程所揭露的资料及实测剖面的地层资料，将各个岩层、煤层以其平均真厚度，按照其先后生成顺序自下而上依次绘制而成的柱状图。

根据柱状图所代表的区域范围的不同，综合柱状图有：矿区地层综合柱状图、矿井煤系综合柱状图、采区煤岩层综合柱状图、采煤工作面综合柱状图。其中，矿井煤系综合柱状图是反映井田范围内煤系地层沉积特征的基础图件。

矿井煤系综合柱状图主要反映：井田范围内含煤岩系中各岩层的层位、岩性、厚度及结构；煤层层数、层位、厚度、顶底板岩性及煤层间距；含水层、标志层的层数、厚度、层位分布和接触关系等内容。

综合柱状图主要用于矿井设计，矿井年度生产计划的制订，煤、岩巷掘进速度的预计，确定采掘工艺过程和设备的选型，以及“三下”采煤的岩层移动控制等。

综合柱状图的比例尺一般采用 1∶200 或 1∶500。综合柱状图可以作为地质图的附图，也可单独绘制。综合柱状图的编制方法如下：

① 确定图的比例，并按一定的格式画好图头。

② 自下而上和由老到新，将地层单位、岩性柱状、地层厚度、岩性描述等内容分别填入有关栏内。

③ 如有角度不整合或平行不整合接触，须在岩性柱状中表示出来；岩层的厚度一般采用平均值，为了反映厚度的变化范围，可将其最大、最小值写在厚度栏内；岩性描述应尽可能详细，并将标准化石列出。

图 4-20 太阳山地区综合地层柱状图。

三、煤岩层对比图

煤岩层对比图，是将井田内各个勘探工程和井巷工程所揭露的和实测地质剖面的煤、岩资料分别绘制成真厚度柱状图，并按一定次序排列起来，然后把同一地层界线、同一煤层、同一标志层用线相连，编绘而成的一种综合地质图件。

图 4-21 为某矿煤岩层对比图。

煤岩层对比图是用来反映井田内煤岩层沿走向、倾向方向上的关系及空间变化规律。

煤岩层对比图的编制方法如下：

① 选择基准层位根据井田内钻孔和石门揭露的资料，通过分析，选取一层最稳定的煤层或标志层作为对比的基准层位。

② 排列柱状图以基准层位的底界线作为基准线，然后按一定顺序把区内所有钻孔柱状、井巷实测柱状图排列在同一水平线上，一般将综合柱状图放在左端。

③ 分析对比。对煤层厚度、顶底板岩性特征以及岩层间距、岩性、岩相、化石等进行分析对比，初步确定连线层位。

④ 连线。将对比可靠的同一地层分界线、煤层和标志层用实线连接，不可靠处用虚线连接。钻孔和石门中所见断层，应在对比柱状图的相应位置中绘出。图的左边为该矿的综合柱状图，右边为各钻孔的柱状图，同一标志层或煤层用实线连接，不可靠的煤、岩层用虚线连接。

界	系	统	阶	代号	厚度/m	岩性符号	层序	岩性描述	化石	矿石	水文地质
新生界	第四系			Q	0～20		11	河流淤积物:卵石及沙子			
中生界	白垩系			K	195		10	砖红色粉砂岩，胶结物为钙质，有交错层理	鱼化石		砂岩裂隙中等含水层
中生界	侏罗系	上统		J_3	283		9	煤系：黑色页岩为主，夹有灰白色细粒砂岩，中下部有可采煤层，煤层厚30 m		可作炼焦用	砂岩裂隙弱含水层
中生界	侏罗系	中统		J_2	280		8	浅灰色中粒石英砂岩，夹有薄层绿色页岩,砂岩具有洪流交错层理		有沥青显示	相对隔水层
								角度不整合			
中生界	三叠系	上统		T_3	190		7	灰白色白云质灰岩，夹有紫色泥岩厚5 m，灰岩中有缝合线构造	*Halolna Spirifera*		
中生界	三叠系	中统		T_2	295		6	紫红色泥灰岩中夹鲕状石灰岩互层			
								灰绿岩岩墙			
								平行不整合			
古生界	二叠系	上统		P_2	396		5	浅色豆状石灰岩夹页岩	*Ly Honia oid hamina Par at eletes Galwwaniella*		岩溶裂隙强含水层
古生界	二叠系	下统		P_1	140		4	暗灰色纯灰岩	*Michelina Cryptospirfer*	可作水泥原料	
古生界	石炭系	上统		C_2	425		3	浅灰色石灰岩，有石结核排列成层			
古生界	石炭系	上统					2	黑色页岩夹细砂岩			相对隔水层
古生界	石炭系	下统		C_1	未见底		1	灰白色石英砂岩，夹页岩及煤线		玻璃原料	砂岩裂隙中等含水层

图 4-20　太阳山地区综合地层柱状图

（据康继武等，有修改）

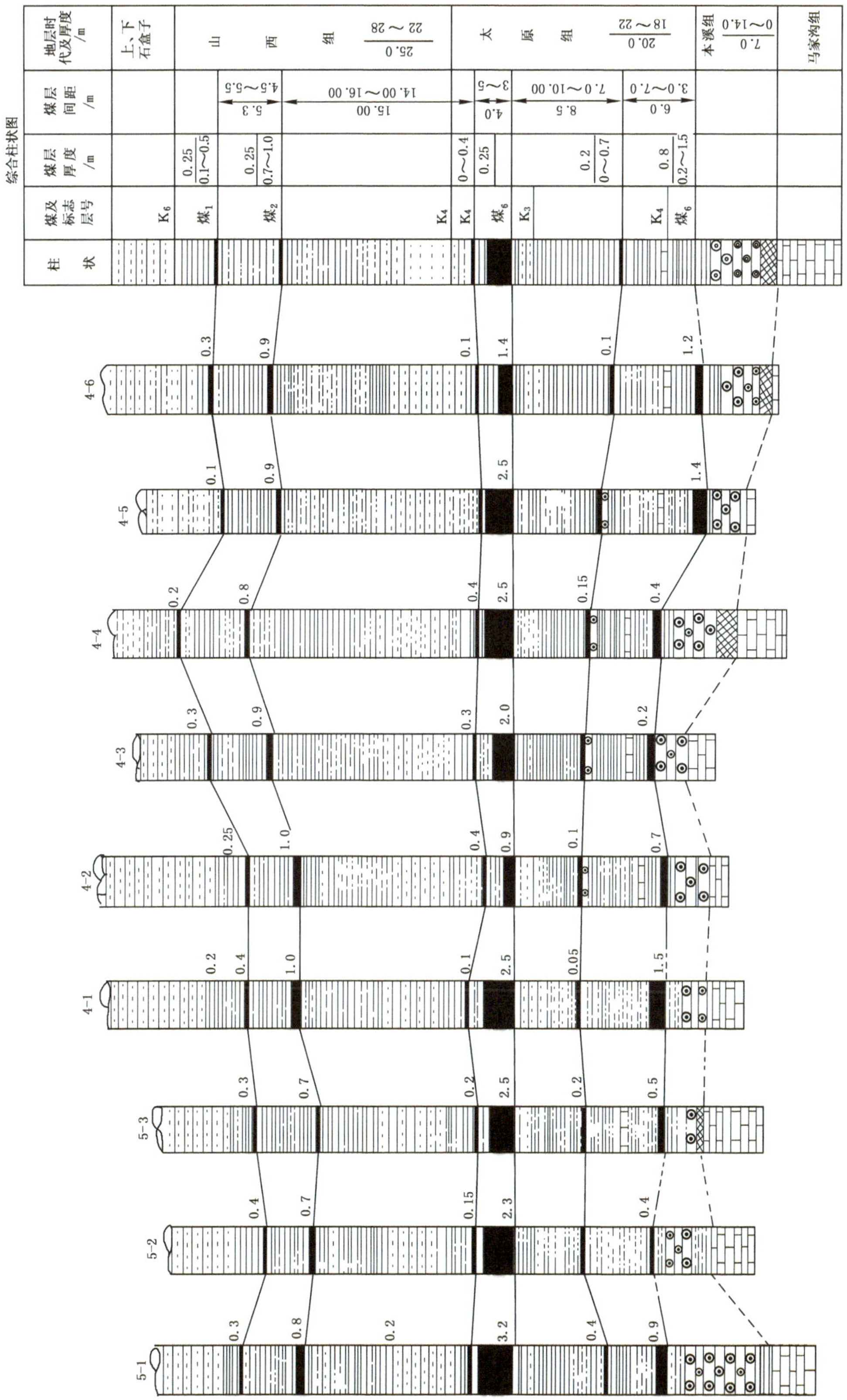

图 4-21　某矿煤岩层对比图

复习思考题

1. 简述煤层底板等高线图、井田地形地质图、垂直地质剖面图、水平地质切面图和煤岩层对比图各自的内容及特点。

2. 简述各种地质构造在煤层底板等高线图上的特点。

3. 简述在煤层底板等高线图上如何确定断层性质及断层的产状要素。

4. 简述各种地质构造在井田地形地质图上的特点。

5. 在水平地质切面图上，断面交线的方向是否是断层面的走向？

6. 用内插法绘制下图中煤层底板等高线。

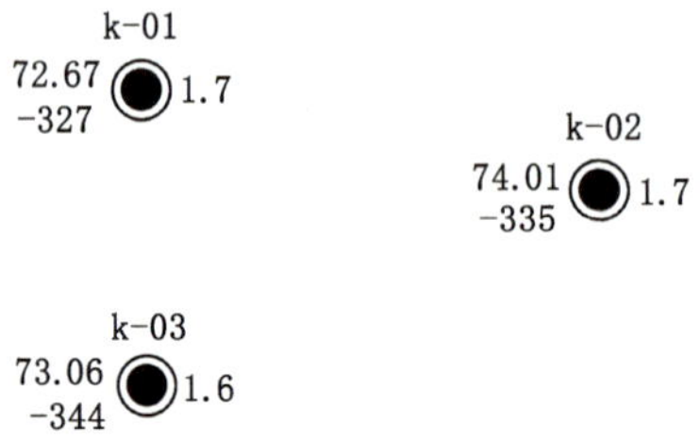

7. 已知某工作面的比例尺寸为 1∶2 000，H_1、H_2、H_3、H_4 为工作面中的四个点，该煤层容重为 1.4，平均煤厚为 1.7 m，平均倾角为 30°，求该工作面的煤炭储量。

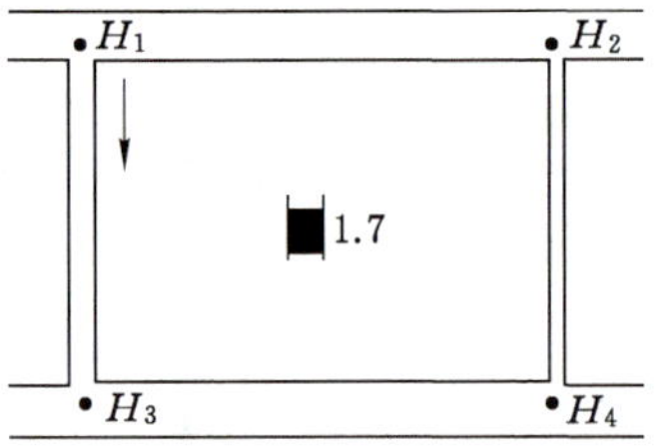

项目五　采掘工程设计图

【学习目标】

1. 熟悉采掘工程设计图的主要种类及作用。
2. 理解采掘工程设计图在煤矿生产过程中的作用。
3. 掌握各种采掘工程设计图的识读和应用方法。

【思政目标】

由剖面图读图引出全面思考问题的重要性，引导学生换位思考，由采区巷道布置的合理性引导学生理解煤炭资源的充分利用，工作中要具有工匠精神。

任务一　井田开拓方式图

一、概念

井田开拓方式图

井田开拓方式图是根据矿井地形地貌条件、井田地质条件、煤层赋存条件、开采技术条件、装备条件、地面外部条件、设计生产能力等因素，将经多方案比较后，将设计的开拓巷道布置系统、采区的划分、工作面的布置等利用正投影原理，按一定比例绘制出来的图件。

在井田开拓方式图上，不仅可以反映井田内煤层的产状和主要地质情况，还可以反映矿井开拓的总体部署和矿井生产系统。井田开拓方式图在某种程度上反映了矿井生产条件和技术面貌，它不仅是矿井建设与生产、矿井延深、矿井改造、采区设计的依据，而且还是制定矿井远景规划的重要资料。因此，井田开拓方式图是矿井设计、建设和生产中最为基础的图件。

井田开拓方式图常用的比例尺为 1∶2 000 和 1∶5 000。

二、分类

为了准确地反映井田开拓中巷道布置的空间位置关系，一般要同时绘制开拓方式平面图和剖面图。

井田开拓方式平面图通常采用正投影原理把巷道投影在水平面上，按一定比例绘制。井田开拓方式剖面图通常采用正投影原理把巷道投影到垂直面上并按一定比例绘制。一般情况下，平面图和剖面图采用相同比例同时绘制，通常将平面图和剖面图绘制在一张图上，也可分别绘制在两张图上。

为了反映井巷空间关系，有时也采用轴测投影原理，不按比例进行绘制。因此，井田开拓方式图可分为正投影井田开拓方式图和井田开拓方式示意图(又称井田开拓方式立体示意图)两种。

采用正投影原理绘制的井田开拓方式图,按投影面的不同又分为:井田开拓方式平面图、井田开拓方式立面图、井田开拓方式层面图和井田开拓方式剖面图。

对于多水平开拓矿井,在绘制井田开拓方式图时,应将矿井全部开采水平都反映出来,形成矿井总体开拓方式图。在矿井生产过程中,经常仅开采一个水平,为了绘图简便并反映主要内容,常绘制生产水平的井田开拓方式图,称为某水平井田开拓方式图。考虑水平接替、矿井延深时,则绘制现有开采水平和接替水平的井田开拓方式图,称为某水平和某水平井田开拓方式图。

按以上不同的投影方式,可以形成多种矿井开拓方式图。图 5-1 所示为某矿井开拓方式平面图;图 5-2 所示为某矿井开拓方式剖面图。

三、图示内容

思政元素

矿井开拓方式图主要反映以下几个方面的内容:

① 井田的拐点坐标及边界线,井田的范围,井田边界煤柱线,煤层的露头或风化带,煤层底板等高线,煤层最小可采厚度等厚线,煤层的分叉线或合并线,煤层的尖灭带,主要地质构造情况(如较大断层交面线),向、背斜轴线和火成岩侵入区等。

② 工业场地的位置,井筒的形式及数目,工业场地保护煤柱范围,井口坐标,井口及井底标高,井筒的方位角、倾角及长度(深度)等。

③ 井田内阶段的划分,阶段的范围,开采水平的数目、标高,井底车场的形式、位置,主要大巷的方位、层位、坡度、标高及长度。

④ 采区划分,井田开采顺序,采区范围及采区上(下)山位置,首采区及首采工作面的位置,采区资源/储量,服务年限及采区接替。

⑤ 地面建筑、水体、铁路、重要公路的位置及保护煤柱范围、尺寸,钻孔的位置、编号,见煤钻孔的地面标高,煤层底板标高和煤层厚度。

⑥ 井田的四邻关系及井田边界以外 100 m 内邻矿的采掘情况。

四、用途

井田开拓方式图是矿井各设计阶段的主要图件之一,对于矿井建设项目立项、建设、生产和安全起着重要作用,其主要用途有以下几个方面:

① 确定井筒的形式、数目及其配合,井筒及工业广场的位置。

② 确定开采水平数目和位置(标高)。

③ 确定布置大巷和井底车场。

④ 确定矿井开采程序,做好水平的接替。

⑤ 进行矿井开拓延深,深部开拓及技术改造。

⑥ 识读、测量巷道长度,进行井巷工程量计算,确定井巷工程材料用量、初期投资费用及建井工期。

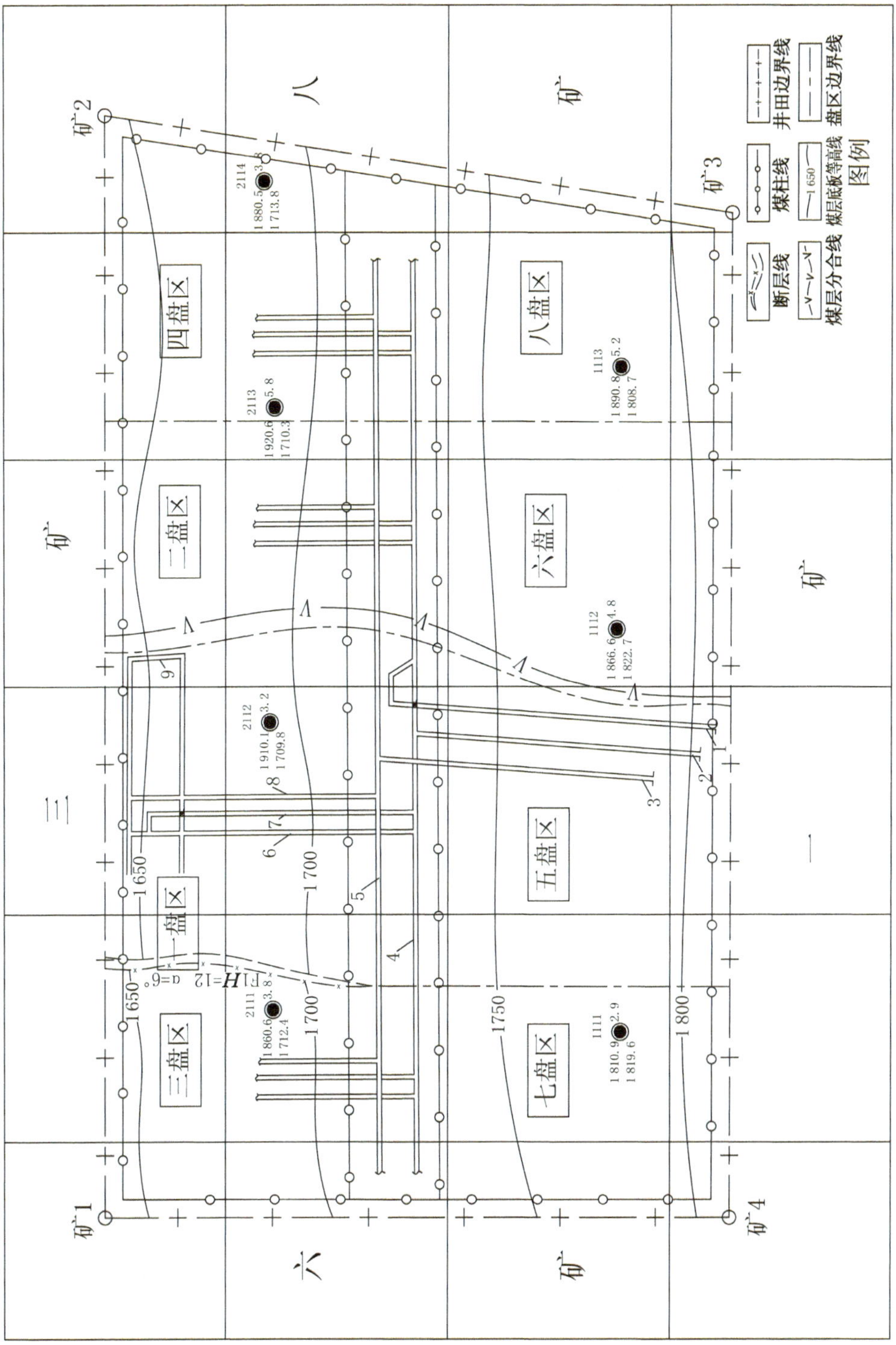

1—主斜井；2—副斜井；3—风井；4—运输大巷；5—回风大巷；6—盘区石门；7—轨道上山；8—回风上山；9—采煤工作面。

图5-1　某矿井开拓方式平面图

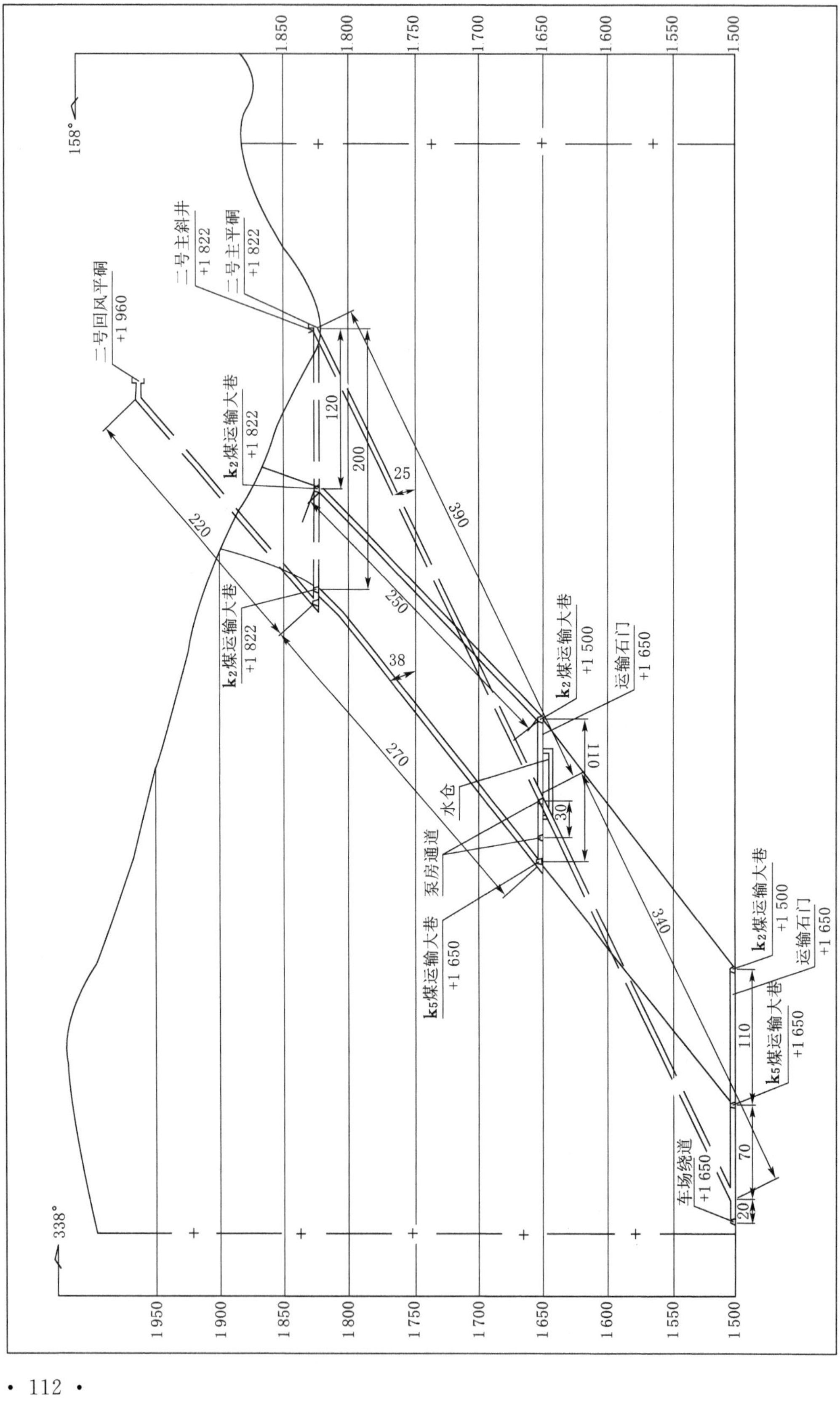

图 5-2 某矿井开拓方式剖面图

⑦ 进行生产经营费(巷道维护费、运输费、通风费和排水费等)预算及吨煤成本估算。

⑧ 根据井田开拓方式图绘制其他矿图,如采区巷道布置图、水平主要巷道平面图、采区车场图、计划图和矿井生产系统图等。

五、识读方法及要点

为了能快速清晰识读井田开拓方式图,应按以下顺序识读:

① 图名、坐标、方位和比例尺。图名反映了图件的主要内容,坐标和方位说明了井田的地理位置,比例尺表示图形的实际缩小程度和井田开拓方式图的精度。

② 从整体到局部识读。在井田开拓方式图上,首先应对井田的范围、煤层产状及主要地质构造有一个大概了解,然后按比例丈量或根据井田边界拐点处的坐标计算井田最大、最小、平均走向长度,井田最大、最小、平均倾斜宽度;根据煤层底板等高线分析井田内煤层各区域的走向、倾向及最大、最小、平均倾角;根据煤层底板等高线及地质符号分析走向、倾向,斜交断层的倾角、落差,褶曲的形态、轴线,火成岩侵入区域,陷落柱范围等。

③ 从倾斜到走向识读。首先看井田沿倾斜方向划分阶段的数目、边界位置、垂直高度及开采水平的数目、服务范围、水平的高度,然后看各阶段沿走向划分采区(或盘区、带区)的数目、采区的边界、采区的走向长度、采区范围。

④ 从井口到运输大巷。首先看井筒的形式、数目、位置,井口的坐标,井口、井底的标高,井筒的长(深)度,井筒的方位角、角度;其次看井底车场的形式、位置,大巷的方位、所处的层位、坡度、标高。

⑤ 从局部到整体。首先搞清楚首采区的位置,阶段内采区的开采顺序,阶段之间的开采顺序,煤层间的开采顺序;然后分析采区、水平及矿井的巷道布置,了解全矿井的提升、运煤、运料、排水、供电及通风等生产系统。

总之,在识读井田开拓方式图时,首先要从煤层底板等高线及有关地质符号等弄清煤层的产状及井田内主要地质构造情况;其次从倾斜到走向,从地面到井下,平剖结合,搞清井田的开拓方式、阶段划分、水平设置;再次从局部到整体识读全矿井的开采顺序及生产系统。

【例 5-1】 图 5-3 所示为某井田开拓方式平面图,比例尺为 1∶5 000。箭头为指北方向,井田内地质构造简单,煤层赋存稳定,煤层走向大致为 120°,倾向 210°,煤层厚度平均为 5.6 m。该井田采用立井多水平开拓方式,划分为 3 个阶段,阶段垂高分别为 160 m、155 m、135 m。设立 2 个开采水平,水平标高分别为 −210 m、−365 m,回风水平标高为 −50 m。第一、第二阶段各划分 4 个采区,第三阶段划分为 3 个采区。井田内开采顺序自上而下,从井田中央向井田边界开采,两个采区同时生产。

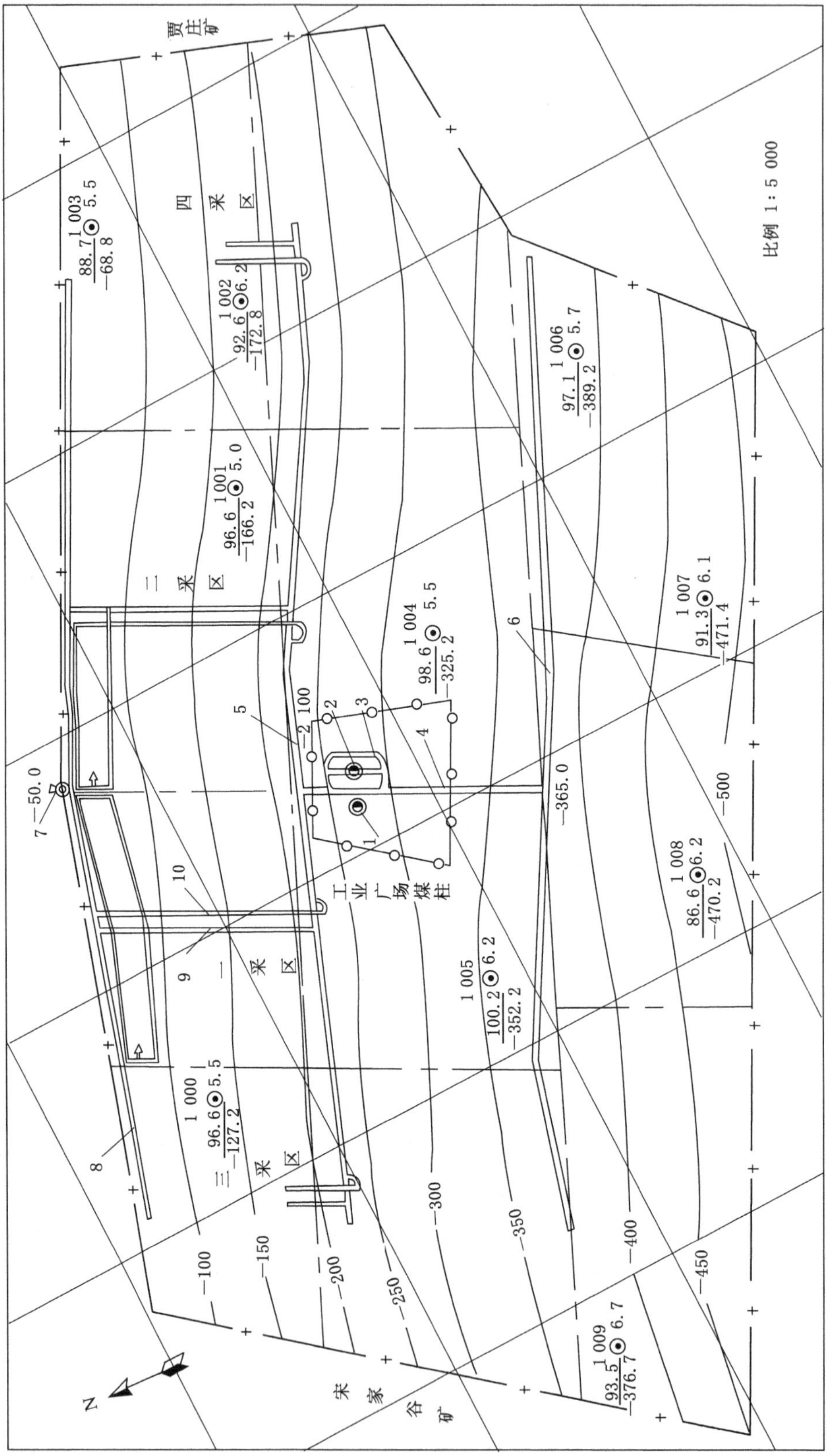

1—主井；2—副井；3—井底车场；4—主石门；5—-210 m 水平大巷；6—-365 m 水平大巷；7—回风井；8—总回风巷；9—胶带输送机上山；10—轨道上山。

图 5-3　多水平开拓方式平面图

任务二　采区巷道布置图

一、概念

采区巷道布置图

采区巷道布置图是根据采区地质条件、煤层赋存条件、开采技术条件、装备条件、采区设计生产能力等因素，将经多方案比较，将设计的采区巷道系统用正投影原理按一定比例绘制出来的设计图件。

采区是矿井生产的基本单位。采区的生产以采煤工作面为中心。采区设计的是否合理，直接影响采煤工作面、采区以及矿井的生产效果。因此，正确、合理的采区巷道布置，应做到技术上优越，经济上合理，安全生产条件好，有利于集中生产，为新技术、新设备、新方法的推广和使用创造良好的条件；应尽可能简化巷道系统，减少生产环节；减少煤炭损失，提高采区回采率；降低生产经营成本和提高生产效益。

采区巷道布置图常用的比例尺为 1∶1 000 和 1∶2 000。

二、分类

为了准确地反映采区巷道布置的空间位置关系，一般要同时绘制采区巷道布置平面图和采区巷道布置剖面图。

采区巷道布置平面图通常采用正投影原理把采区巷道投影在水平面上，并按一定比例绘制。采区巷道布置剖面图通常采用正投影原理把巷道投影到垂直面上，并按一定比例绘制。一般情况下，平面图和剖面图采用相同比例同时绘制，通常平面图和剖面图可绘制在一张图上，也可分别绘制在两张图上。

按照投影面的不同，采区巷道布置图可以分为以下几种：

① 采区巷道布置平面图。它是将采区巷道布置投影到水平面上绘制出的图件，在煤矿开采中被广泛使用。

② 采区巷道布置立面图。它是将采区巷道布置投影到竖直面上绘制出的图件，在开采急斜煤层时普遍使用。

③ 采区巷道布置层面图。它是将采（盘）区巷道布置投影到与煤层相平行的平面上绘制出的图件，在开采近水平煤层时经常使用。

④ 采区巷道布置剖面图。它是沿采区主要巷道剖面形态绘制的图件。

图 5-4 为某煤矿采区巷道布置平面图；图 5-5 为某矿盘区巷道布置平面图。

三、图示内容

采区巷道布置图主要反映以下内容：

① 采区范围、采区边界线以及采区边界煤柱尺寸。

② 采区煤层底板等高线、主要地质构造及钻孔情况。

③ 采区巷道布置形式。

④ 采区各种地质构造、老窑破坏区的位置和范围。

⑤ 地面建筑物、铁路、主要公路、水体的位置、范围及保护煤柱尺寸。

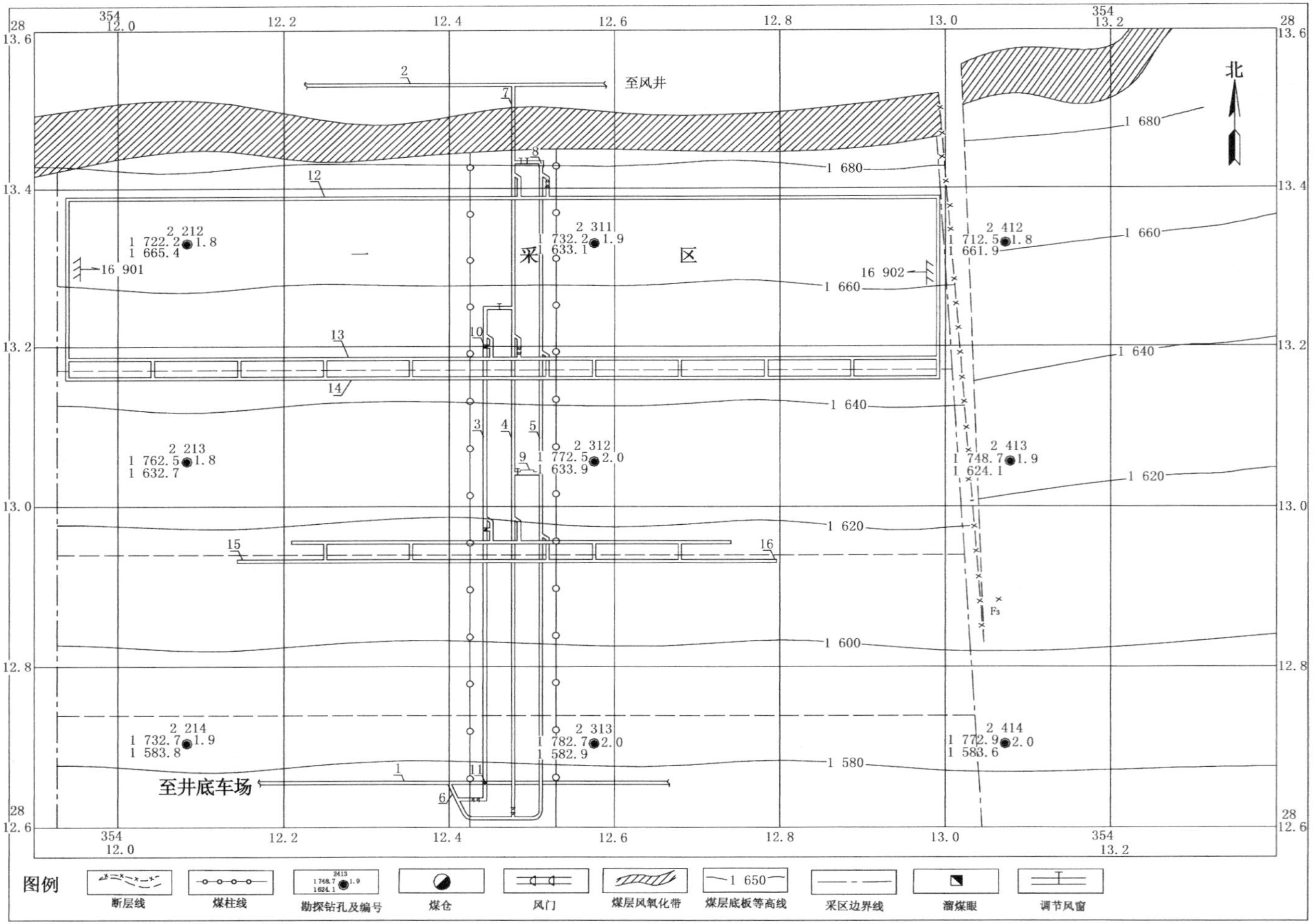

1—1550运输大巷；2—1675回风大巷；3—运输上山；4—专用回风上山；5—轨道上山；6，7—采区回风石门；8—绞车房；9—采区变电所；10—区段溜煤眼；11—采区煤仓；12—区段回风巷；13—区段运输巷；14—二区段回风巷；15，16—掘进工作面。

图 5-4　某矿采区巷道布置平面图

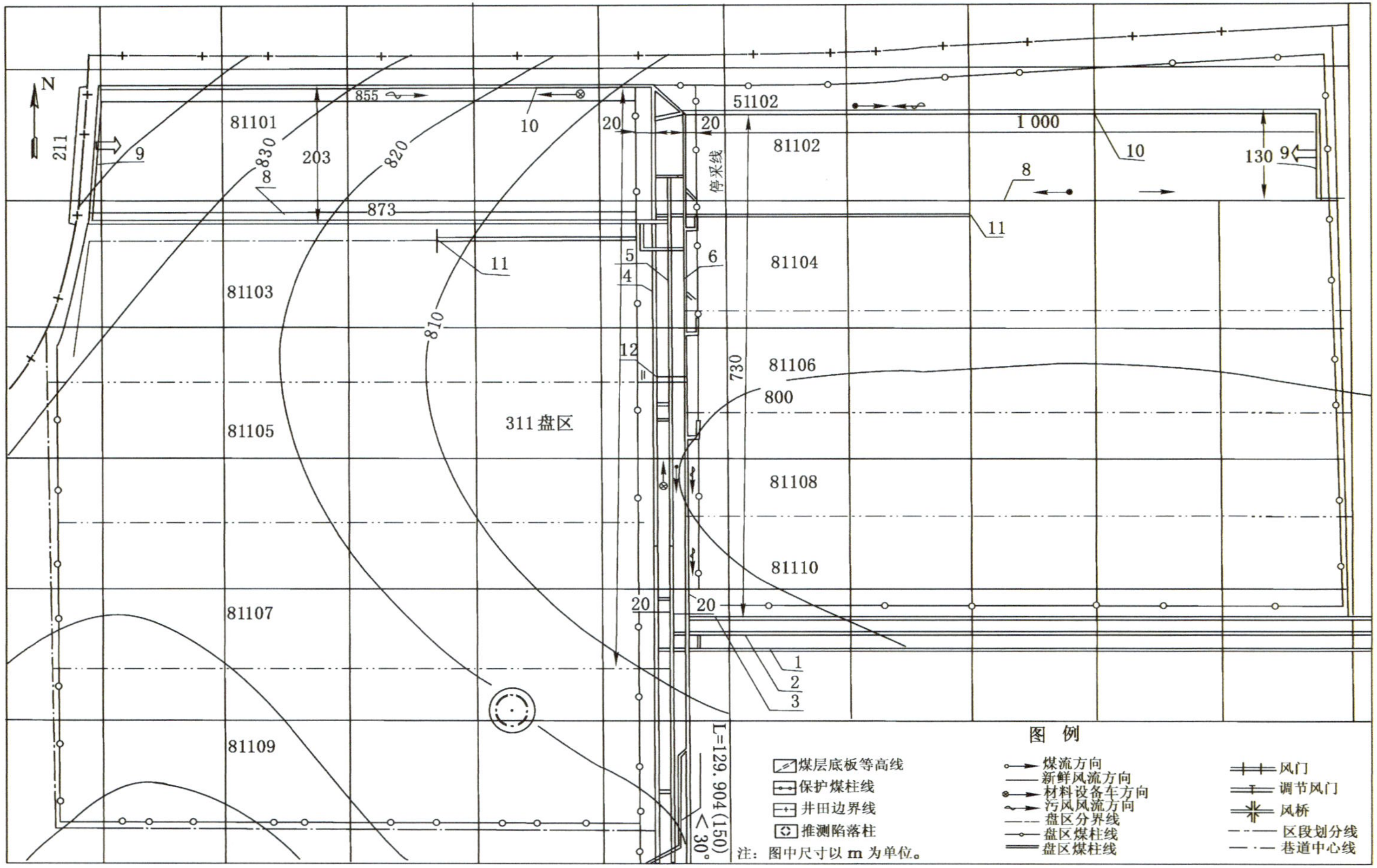

1— 轨道运输大巷；2— 带式输送机大巷；3— 总回风巷；4— 盘区轨道巷；5— 盘区带式输送机巷；6— 盘区回风巷；7— 回风井；8— 工作面运输巷；9— 采煤工作面；10— 工作面回风巷；11— 掘进工作面；12— 盘区变电所。

图 5-5　盘区巷道布置平面图

⑥ 采掘工作面布置及相关关系。

⑦ 采区生产系统。

⑧ 采区主要巷道尺寸。

四、用途

采区巷道布置图的主要用途有：

① 根据采区布置图进行采区巷道施工建设。

② 进行采区单向工程施工图设计。

③ 计算采区资源/储量、基础储量、可采储量、设计损失量、确定采区采出率。

④ 计算采区投产前的工程量，进行采区巷道掘进费用、维护费用及采区运输费用预算。

⑤ 进行采区生产的风量计算与分配。

⑥ 绘制其他采区图。

五、绘制方法

1. 绘制的依据

为了能够正确地绘制采区巷道布置图并确保图纸质量，须依据以下几个方面的资料：

① 采区地质报告。由地质部门所提供的精查地质报告是绘制采区巷道布置图最基础的资料。

② 采区地质图。采区各煤层底板等高线图、采区主要地质剖面图、采区煤岩层综合柱状图是绘制采区巷道布置图的基础图纸资料。

③ 矿井的开拓方式图及矿井的生产能力。根据矿井开拓方式图可确定采区的划分方式和采区的范围；根据矿井的生产能力和煤层的赋存情况可确定采区的采煤工艺和生产能力。

④《煤矿安全规程》、矿井设计规范和有关法律法规等。

2. 绘制方法和步骤

(1) 平、剖面图同时绘制

根据采区设计方案，进行采区巷道平面图绘制，同时沿上山的剖面也要绘制，两张图对应才能准确绘制出采区上(下)山，区段巷道，采区上部、中部、下部车场，各种联络巷道及硐室的准确位置关系。

(2) 绘制采区边界线，留设采区边界煤柱

根据所圈定的采区范围，用采区边界线专用符号、煤柱线专用符号绘出采区边界线和采区边界煤柱线。

(3) 采区标注

为了直观地反映采区主要技术参数及巷道布置情况，在采区巷道布置平、剖面图上，应注明采区内有关尺寸、巷道名称及采煤工作面等。

① 采区内的有关尺寸有：上山的长度和坡度，上山的间距，采区进风石门和回风石门的长度及标高，工作面的长度和推进长度等。

② 巷道名称有：与采区连接的主要运输大巷、总回风巷、石门的名称，采区上（下）山名称，采区上部、中部、下部车场名称，采区内各种联络巷道及硐室名称，区段巷道名称或编号。

③ 标注采区内各采煤工作面编号及掘进迎头的名称。

（4）图例及说明

采区平、剖面图主要内容绘完后，应绘图例及说明部分。图例应尽量采用采矿、地质、测量中规定的标注符号。说明部分主要包括图件设计依据、采区的主要采煤工艺、生产能力及尺寸标注的单位等。说明要做到文字精练，简明扼要。通常说明和图例部分布置在图件的右侧或下方适当位置。

六、识读方法及要点

① 看图名、坐标、方位和比例尺。

② 看采区的范围、边界，采区内煤层产状特征及主要地质构造情况。

③ 识读采区内的划分方式、区段的数目和斜长。

④ 识读采区主要巷道的布置方式。首先识读采区上（下）山的数目、位置，区段巷道的布置方式，上部、中部、下部车场的形式、位置；然后搞清各区段巷道与采区上（下）山之间的联系方式，运输大巷、总回风巷的位置以及与采区上（下）山的联系方式。

⑤ 识读生产系统。在采区巷道布置图上，应形成独立的生产系统。在搞清运煤、运料、通风系统后，其他系统也就自然好识读了。在识读时，应按从里向外或从外向里的顺序识别。

⑥ 平、剖面图对照识读。首先在平面图上找出剖面位置，然后在剖面图上对应位置找出所需识读的巷道，这样就容易搞清巷道的空间位置及联系方式了。

总之，在识读采区巷道布置图时，应首先搞清采区的范围、采区内煤层赋存及地质情况，然后把平面图与剖面图相结合搞清采区内的划分方式、采区巷道布置形式及其联系方式，综合形成采区生产系统。

【例 5-2】 设某矿某采区范围内有 3 层可采煤层，即 7、9 和 12 煤层。其中，主采煤层为 9 煤层，最大厚度 4.40 m，最小厚度 0.35 m，平均厚度 2.20 m；最大倾角 17°，最小倾角 11°，平均倾角 14°。

该煤层伪顶和直接顶一般为黏土层，厚 3.0 m，局部为粉砂岩，厚 4.0 m，底板为细砂岩，局部为黏土岩，厚 2.5 m，顶板岩石坚固性好。9 煤层有自然发火倾向，瓦斯涌出量较少，含水性中等，局部较强。

图 5-6 是某学院学生绘制的该采区的巷道布置平面图和剖面图。该图把采区巷道布置平面图和剖面图安排在一张图纸上，相互对照，能更好地体现各种巷道的空间位置关系。

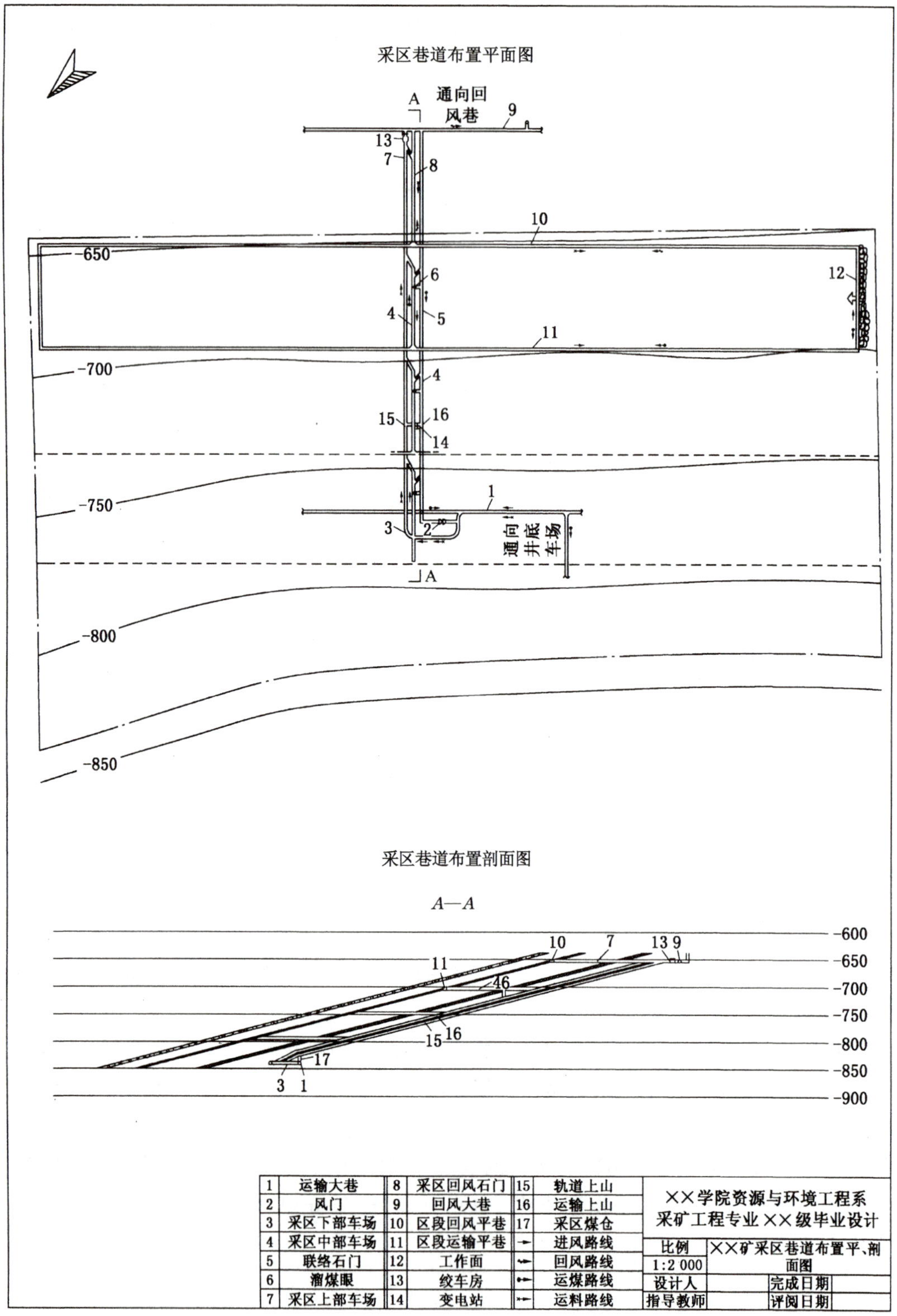

1	运输大巷	8	采区回风石门	15	轨道上山	××学院资源与环境工程系 采矿工程专业××级毕业设计	
2	风门	9	回风大巷	16	运输上山		
3	采区下部车场	10	区段回风平巷	17	采区煤仓		
4	采区中部车场	11	区段运输平巷	→	进风路线	比例	××矿采区巷道布置平、剖面图
5	联络石门	12	工作面	⇾	回风路线	1:2 000	
6	溜煤眼	13	绞车房	•→	运煤路线	设计人	完成日期
7	采区上部车场	14	变电站	↣	运料路线	指导教师	评阅日期

图 5-6　某矿采区巷道布置平面图和剖面图

任务三　采煤工作面布置图

一、概念

采煤工作面布置图

采煤工作面布置图也称采煤工作面回采工艺图或采煤方法图。它能综合反映采煤工作面正常生产时采、装、运、支、回及支护设备布置的基本情况，也能反映采煤工作面最大控顶距和最小控顶距时的断面特征。

在采煤工艺设计和编制采煤工作面作业规程时，都必须绘制采煤工作面布置图。

采煤工作面布置图常用的比例尺：

① 采煤工作面层面图：1∶100 和 1∶200。

② 采煤工作面断面图：1∶50。

二、采煤工作面布置图的主要内容

① 采煤工作面的布置形式及长度。

② 煤层的厚度及采高。

③ 最大控顶距、最小控顶距、端面距。

④ 采煤工作面的支护及参数。它包括采煤工作面支架的型式、种类，支架的布置方式、数目，支柱的排间距、柱间距，顶梁的长度；上端头、下端头及安全出口处的特种支架的布置及参数；采煤工作面运输巷、回风巷的超前支护、支护方式及参数。

⑤ 采煤工作面采煤、运输及相关机械设备的型号、数目，工作空间位置及工作方式。

⑥ 采煤工作面循环图表、劳动组织表及主要技术经济指标表。

三、采煤工作面布置图示例

1. 炮采工作面布置图

图 5-7 是某矿炮采工作面布置图。该工作面采用走向长壁全部垮落采煤法，采高 1.55 m，工作面长度 70 m，走向推进长度 460 m。

工作面使用 DZ18 型单体液压支柱和 HDJA 型金属铰接顶梁进行支护，三、四排控顶，最大控顶距 4.2 m，最小控顶距 2.6 m，梁端距 0.2 m。工作面采用正悬臂齐梁直线柱布置，排距 0.8 m，柱间距 0.7 m，铰接顶梁长 0.8 m。机头、机尾使用 2.6 m 长工字钢各 8 根，即“四对八梁”作为端头支护。工作面循环进尺 0.8 m。采煤工作面落煤后，边挂金属铰接顶梁，边进行移溜支柱。

工作面上下平巷采用工字钢棚子进行支护，棚间距 1.0 m，超前工作面 20 m 范围内采用加强支护，采用两排单体支柱进行加强支护。

2. 普通机械化采煤工作面布置图

图 5-8 为某矿普采工作面布置图。该工作面长度为 145 m，工作面采高为 2.6 m。

工作面采用滚筒采煤机采煤，顶板管理采用单体液压支柱支护和切顶支柱放顶。采用全部垮落法处理顶板，最大控顶距 3.9 m，最小控顶距 3.1 m，工作面采用“三四排管理”，即最大控顶距采用四排支柱，最小控顶距采用三排支柱，放顶步距、循环进尺均为 0.8 m。工作面单体支柱排距 0.8 m，柱距 1.0 m，上、下端头采用单体液压支柱加工字钢长梁支护形式，即“四对八梁”支护，梁长 2.6 m，运输巷和回风巷采用单体液压支柱加铰接顶梁支护形式，加强支护段长各 20 m。

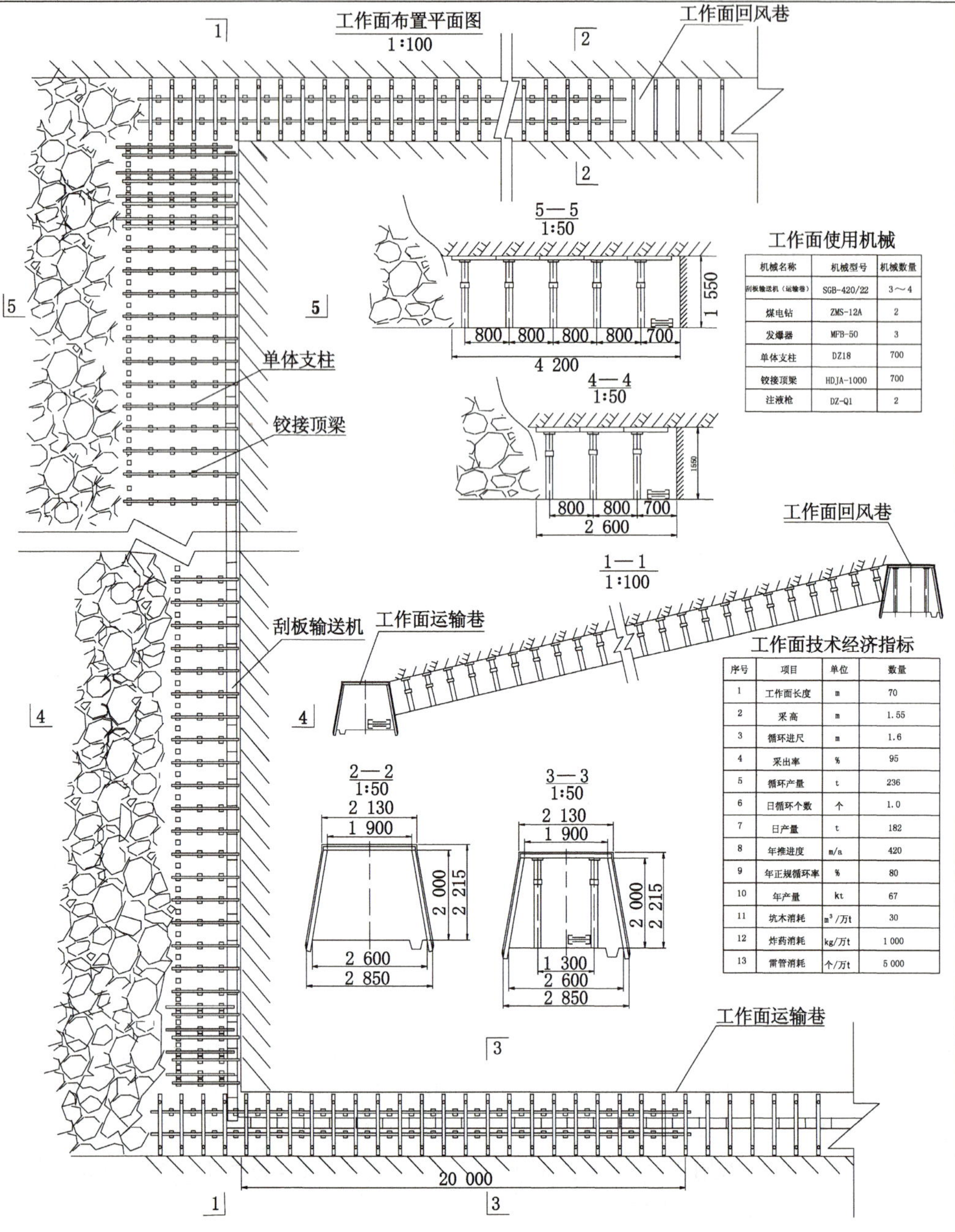

工作面使用机械

机械名称	机械型号	机械数量
刮板输送机（运输巷）	SGB-420/22	3～4
煤电钻	ZMS-12A	2
发爆器	MFB-50	3
单体支柱	DZ18	700
铰接顶梁	HDJA-1000	700
注液枪	DZ-Q1	2

工作面技术经济指标

序号	项目	单位	数量
1	工作面长度	m	70
2	采高	m	1.55
3	循环进尺	m	1.6
4	采出率	%	95
5	循环产量	t	236
6	日循环个数	个	1.0
7	日产量	t	182
8	年推进度	m/a	420
9	年正规循环率	%	80
10	年产量	kt	67
11	坑木消耗	m^3/万t	30
12	炸药消耗	kg/万t	1 000
13	雷管消耗	个/万t	5 000

炮采工作面循环图表

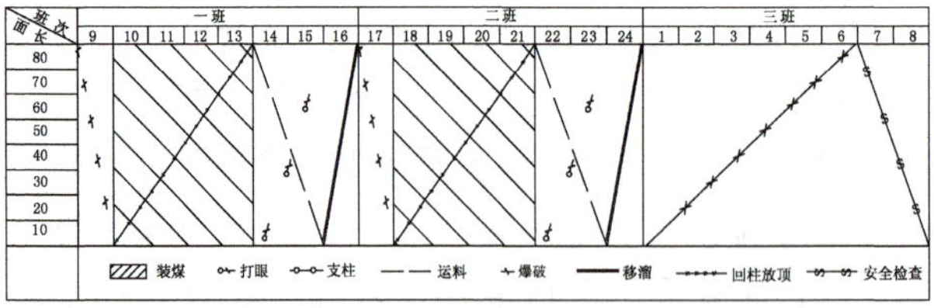

说明：

1. 本图为 C_5 煤层采煤工作面布置标准图，采煤方法为走向壁式采煤法，爆破落煤，全部垮落法管理顶板。
2. 本图单位以 mm 计。

图 5-7　某矿炮采工作面布置图

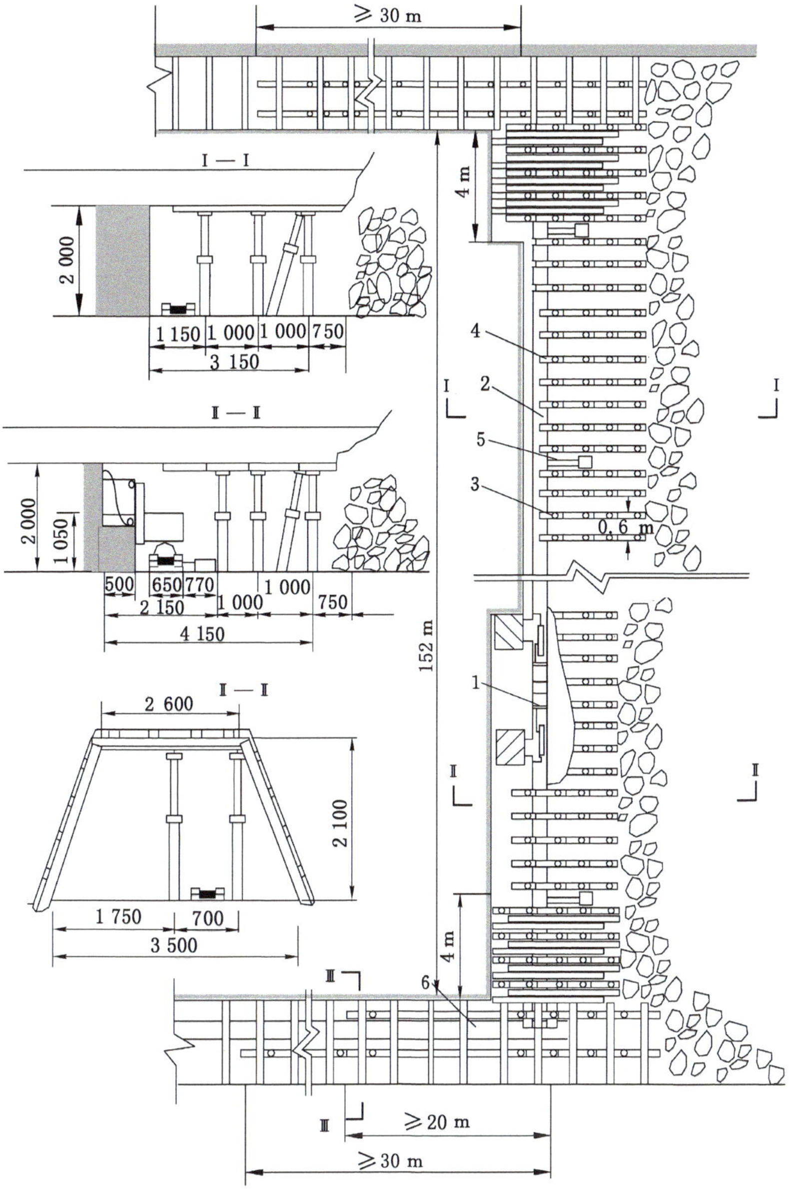

1—采煤机；2—工作面刮板输送机；3—切顶柱；4—液压支柱；5—平巷刮板输送机；6—四对八梁。

图 5-8　某矿普采工作面布置图

采煤机进刀方式采用人工开切口直接推入法进刀方式，下切口长度为 8 m、宽度为 0.8 m、上切口长度为 10 m，宽度为 0.8 m；割煤方式采用双向割煤往返进两刀，采煤机上行、下行均割煤。

工作面采用液压千斤顶推移输送机，每隔 2 m 设置一对千斤顶，两个千斤顶之间相距 1 m。

3. 综合机械化采煤工作面布置图

图 5-9 为某综采工作面布置图。该图由一个层面图、两个剖面图和四个图表构成。工作面长度 152 m，煤层厚度 4.6～4.8 m，平均倾角 13°，煤层赋存稳定，结构简单，无夹矸，煤

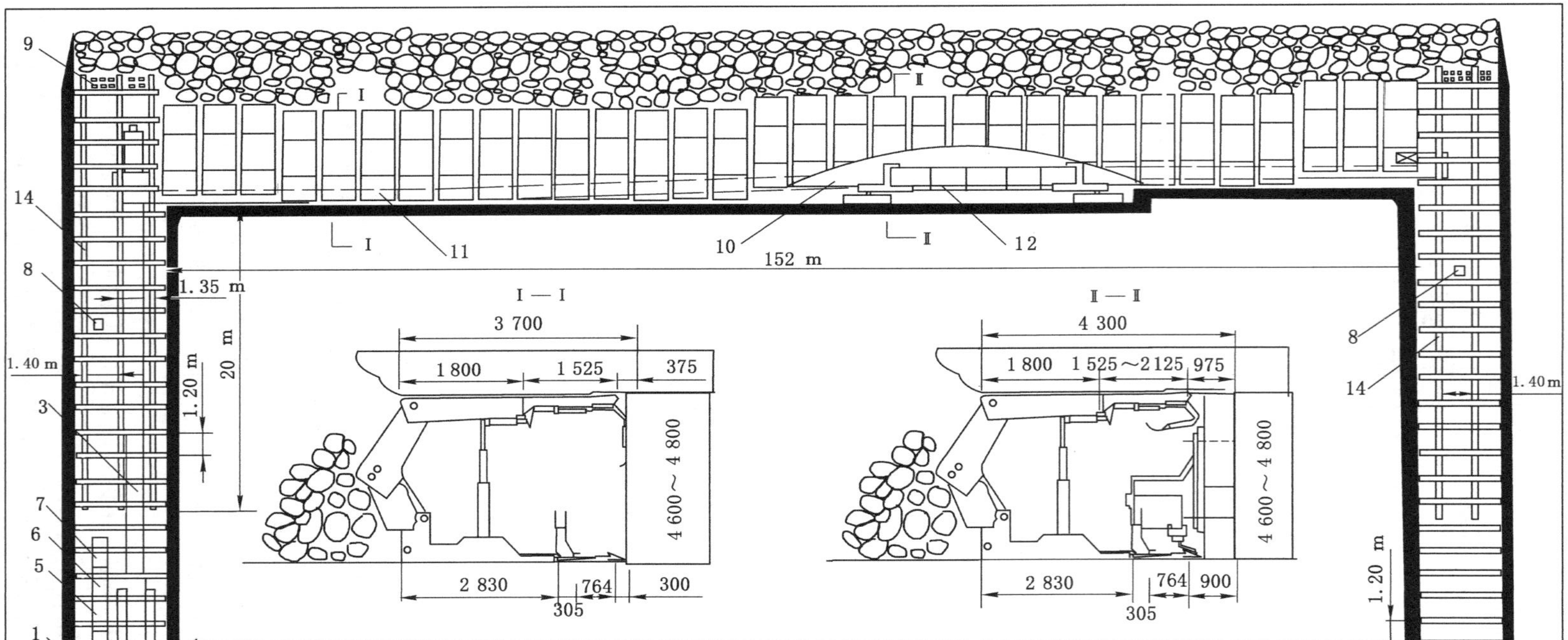

工作面循环图表

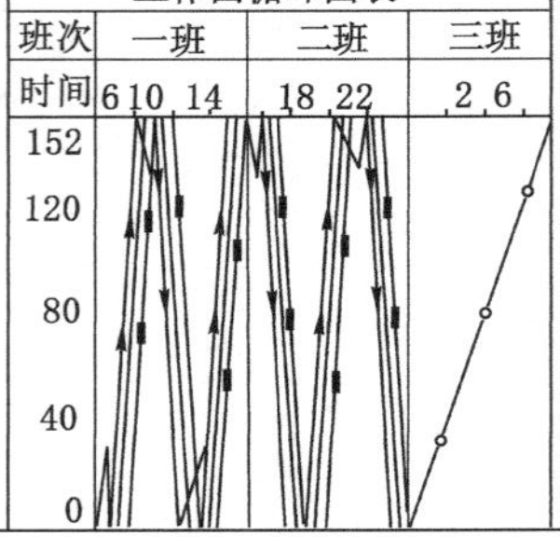

工作面主要设备明细表

1	采煤机	MXA-300/4.5	台	1
2	刮板	SGZC-764/320	台	1
3	液压支架	BY3600-25/50	组	102
4	转载机	SGZ-730/160	台	1
5	破碎机	LPS-1000	台	1
6	带式输送机	DSP-1080/1000	台	1
7	乳化液泵	MRB-125/320	台	1
8	绞车	JH2-14	台	2
9	移变	KSGZY-630/6	台	1
10	单体支柱	QDZ-20/35	根	150

劳动组织表

	工种	一班	二班	三班
1	支架工	3	3	2
2	机组司机	3	3	2
3	三机司机	2	2	2
4	泵站司机	1	1	1
5	支柱工	5	5	10
6	机电维修	3	3	6
7	其他杂活	5	5	1
8	班长	1	1	2
9	小计	23	23	26

主要技术经济指标表

1	工作面长度	m	152	
2	工作面采高	m	4.6	平均
3	工作面倾角	(°)	13	平均
4	截割深度	m	0.6	
5	日进度	m/d	3.6	计划
6	日产量	t/d	3 403	
7	月产量	万t/月	10.44	最高15
8	回采工效	t/工	44.8	平均
9	截齿消耗	个/Mt	28	
10	乳化液消耗	kg/Mt	50	

1—运输平巷;2—带式输送机;3—转载机;4—破碎机;5—乳化液泵站;6—移动变电站;7—磁力开关;8—绞车;9—丛柱;10—刮板输送机;11—液压支架;12—采煤机;13—回风平巷;14—超前支护。

图 5-9 某矿综采工作面布置图

质中硬，容重 1.4 t/m^3。直接顶为 4～5 m 厚灰黑色粉砂岩，节理发育，易垮落。基本顶为白色中粒砂岩，泥钙质胶结，厚度 8～11 m。直接底为 0.5 m 厚粉砂岩。

工作面采用单一走向长壁垮落采煤法，使用 MXA-300/4.5 型双滚筒采煤机，4.7 m 一次采全高，双向割煤，往返一次进两刀，截深 0.6 m。使用 SGZC-764/320 型侧卸式双中心链刮板输送机运煤。

工作面布置 BY3600-25/50 型二柱掩护式液压支架 102 架，采用带压式擦顶移架支架方式，最大控顶距 4.3 m，最小控顶距 3.7 m。由于采高大、煤层倾角偏大，在工作面机头部、中部及尾部支架增设防滑、防倒装置。工作面上、下端头巷道末端，采用丛柱切顶挡矸，割煤后工作面端头、端尾采用液压支架伸缩梁及护帮板作临时支护。工作面运输巷、回风巷超前 20 m，采用 QDZ-20/35 型单体液压支柱配合铰接顶梁进行加强支护。运输巷平行巷道设三排，输送机侧两排之间间距 1.35 m，另一侧排间距 1.4 m，柱距 0.6 m；回风巷平行巷道设两排，排间距 1.4 m，柱距 0.6 m。

采煤工作面采用三八制作业方式，二班生产，一班检修，生产班出勤 23 人，检修班出勤 26 人，日出勤 72 人。生产班每班割三刀煤，每日进度 3.6 m，日产量 3 403 t，月进度 86.7 m，月产量 10.435 万 t。

4. 综采放顶煤工作面布置图

图 5-10 为某矿综采放顶煤工作面布置图，工作面长 165 m，推进长度 1 260 m，煤厚 6.5 m，密度 1.35 t/m^3。工作面采用端部割三角煤斜切进刀、双向割煤，割两刀煤进行一次放顶工作，放煤自下而上，每次放煤高度为顶煤高度的 1/2，两次放完，采用三八制作业方式，两班生产，一班准备，日进度 2.4 m，日出勤 63 人。

四、绘制方法

采煤工作面布置图一般按层面图进行绘制，由一个层面图、两个剖面图及几个图表组成。其绘制方法如下：

① 根据图幅尺寸及比例，将边框打好，标题栏绘出、填好。

② 布局图幅。为保证图件美观、比例适当及避免返工，需根据图纸大小及要反映的内容先确定层面图的位置及大小，然后根据剖面图的比例及数目，安排剖面图的位置区域，再将图表的位置画出。

③ 绘制层面图。首先按比例绘制出采煤工作面长度，工作面运输巷、回风巷宽度及部分巷道长度，以反映巷道的设备布置及加强支护段的支护方式，若图幅有限，可在不重要的位置用断开线断开。再选择具有代表性的某时间内工作面的状态（如工作面在回柱过程中，工作面出现最大和最小控顶距时），将支架、采煤机、刮板输送机等机械设备的外形轮廓尺寸按比例绘制在采煤工作面的相应位置上。最后将上、下端头和安全出口的支护形式，运输巷、回风巷的机电设备布置情况，原有的支护方式及加强支护形式绘制出来。

④ 绘制剖面图。先在采煤工作面层面图上，沿采煤工作面最大控制顶距和最小控顶距的位置分别作剖面线，标明剖切方向，然后按比例分别绘制出最大、最小控顶距剖面图。在

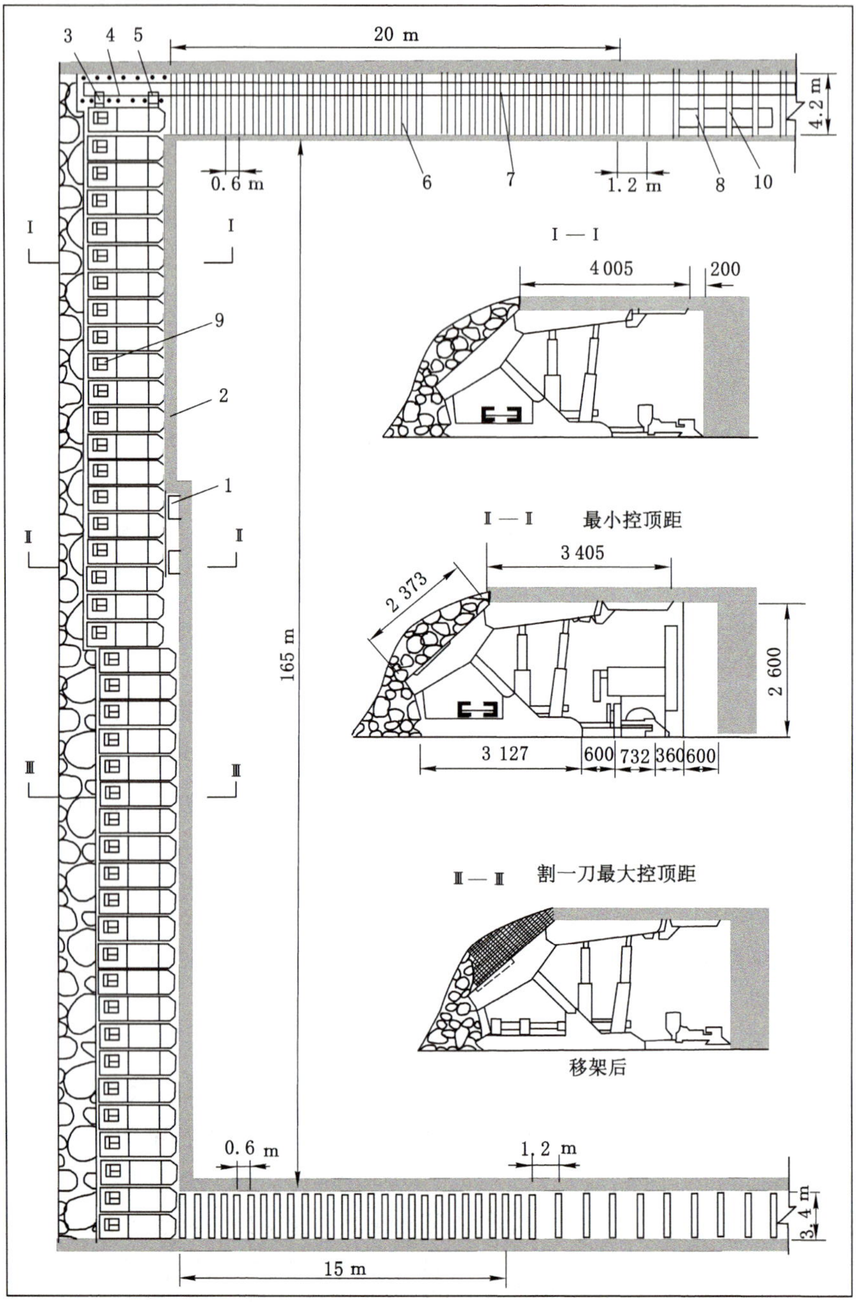

1—采煤机；2—自移支架；3—放煤输送机；4—单体液压支柱；5—采煤输送机；
6—加强支护；7—平巷输送机；8—平巷支架；9—放煤天窗；10—设备列车。

图 5-10　某矿综采放顶煤工作面布置图

剖面图上要按比例绘制出液压支架、采煤机、刮板输送机的位置及外形轮廓尺寸，采煤工作面煤层的厚度及采高、煤层顶底板及采空区矸石冒落情况。

为清楚地反映采煤工作面机械设备的外形尺寸及设备配套关系，采煤工作面剖面图采用的比例尺一般比采煤工作面层面图的大，常用比例有：1∶20，1∶25 和 1∶50。

⑤ 绘制图表。按照采煤工作面的采煤系统与采煤工艺，绘制出采煤工作面作业循环图、劳动组织表及主要技术经济指标表。

⑥ 尺寸标注。在采煤工作面层面图上应标明工作面的长度，超前支护的距离，支柱的柱距，截深或循环进尺；上、下端头及安全出口的支护规格；采煤工作面运输巷、回风巷的支护规格，加强支护的支护规格；机采工作面还应标出上、下缺口的长度和深度等。在剖面图上应标明机电设备的外形尺寸，设备间的配套尺寸，最大、最小控顶距，排距，端面距，截割深度或循环进度，煤层厚度，采高等。

需要注意的是，采煤工作面布置图是一张反映工作面生产状况的动态图，不同时间工作面的形态、支架的布置、机械设备及工人操作的空间位置是不同的。在绘制时要选择同一时间的工作面情况，绝不能将不同时间内工作面的内容、支架布置情况、机械设备的相互位置绘在同一图上。同时，层面图、剖面图、循环作业图及劳动组织表等，在空间上、时间上要对应一致。

复习思考题

1. 井田开拓方式图主要反映哪些内容？

2. 采区巷道布置图在煤矿生产中主要有哪些用途？

3. 图 5-11 是某矿井田开拓方式平面图，试识读并写出识读报告。要求写出井田范围（走向、倾斜长度及井田面积）、煤层产状及地质构造，井筒形式、数目及位置，水平标高，生产系统及开采顺序等。

4. 图 5-12 是某矿带区巷道布置图，采用连续采煤机进行巷道掘进工作。图中绘出了经纬网、煤层底板等高线、钻孔、带区的巷道布置形式，并注明了各区段采煤工作面长度、推进长度、巷道宽度、煤柱尺寸等，试完成以下训练：

① 识读带区巷道布置图，写出识读报告。

② 说明该带区巷道布置的特点。

5. 图 5-13 是某矿综采放顶煤工作面布置图，工作面长度 150 m，推进长度 1 200 m，煤层厚度 8 m，密度 1.35 t/m^3，工作面采用端部割三角煤斜切进刀、双向割煤，割两刀煤进行一次放顶工作，放煤自下而上，每次放煤为顶煤高度的 1/2，两次放完，采用三八制作业方式，两班生产，一班准备，日进尺 2.4 m，日出勤人数 62 人。试完成以下训练：

① 读采煤工作面布置图，写出识读报告。

② 若工作面采出率为 86%，试计算该工作面的采出煤量。

③ 编制工作面作业循环图。

④ 计算工作面采煤工效。

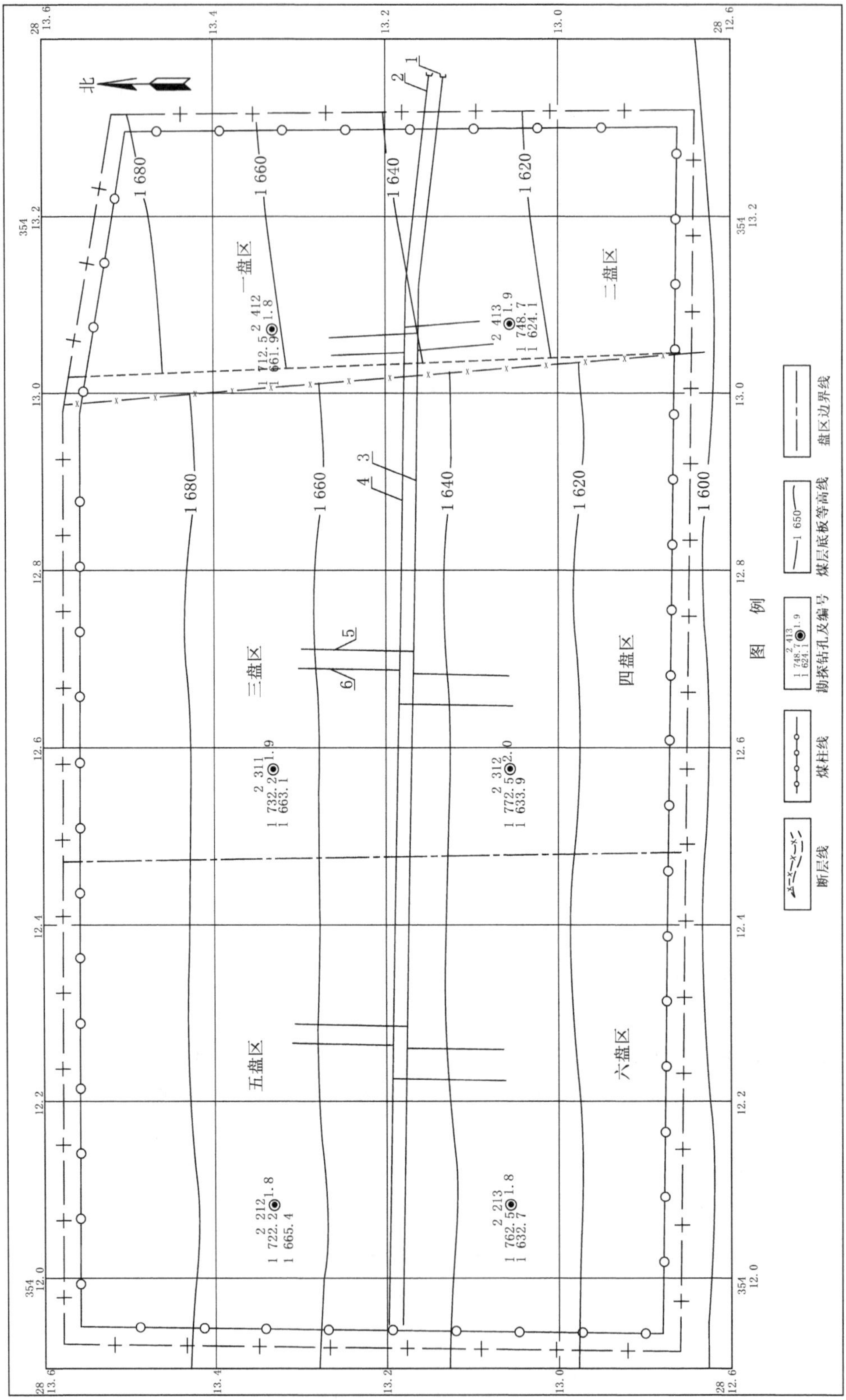

1—主平硐；2—回风平硐；3—胶带运输大巷；4—回风大巷；5—盘区轨道巷；6—盘区输送机巷。

图 5-11　某矿开拓式平面图

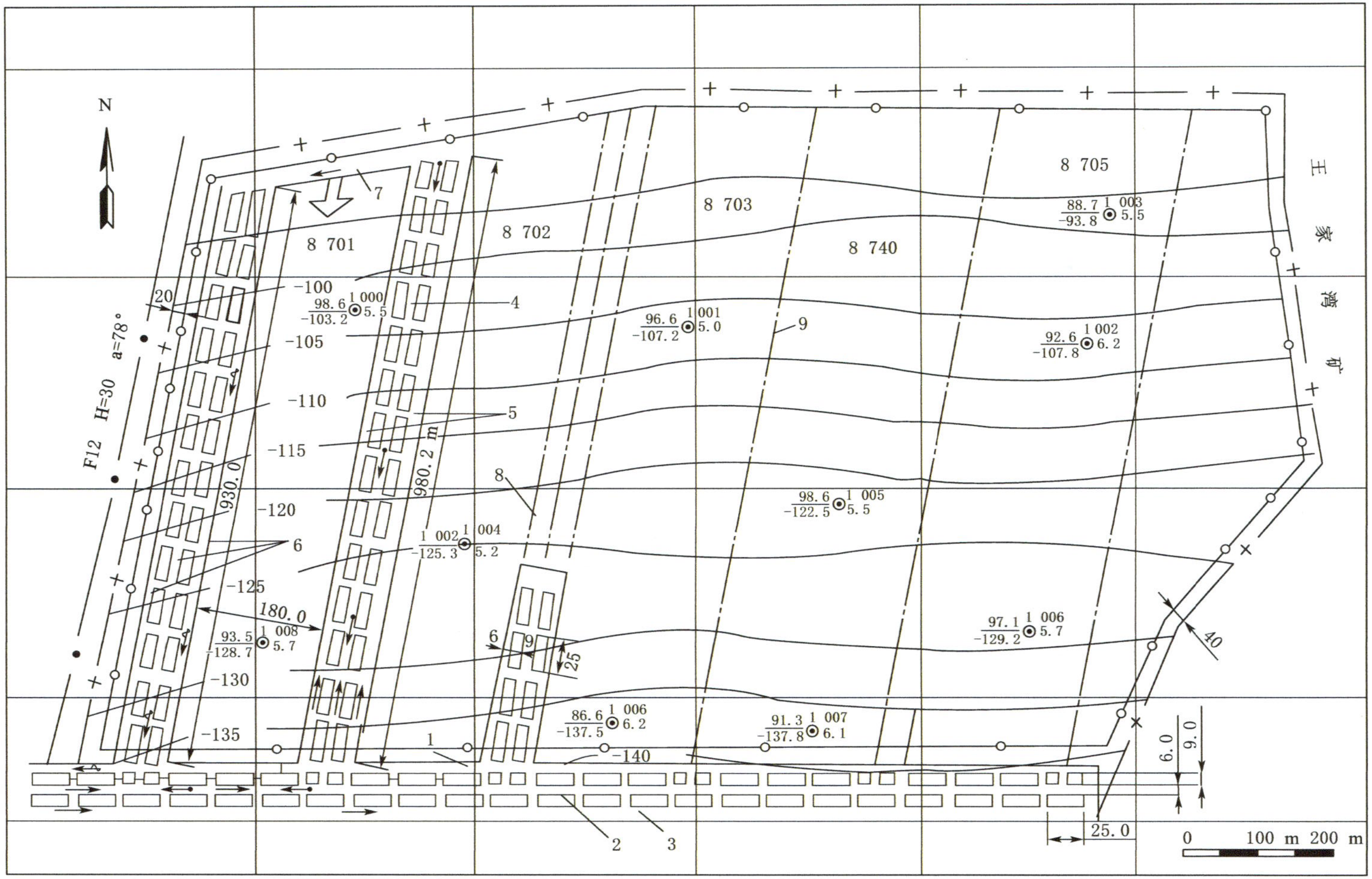

1—回风大巷；2—胶带运输大巷；3—轨道运输大巷；4—工作面运输巷；5—工作面辅助运输进风巷；6—工作面回风巷；7—采煤工作面；8—待掘巷道中心线；9—条带边界线。

图 5-12　某矿带区巷道布置图

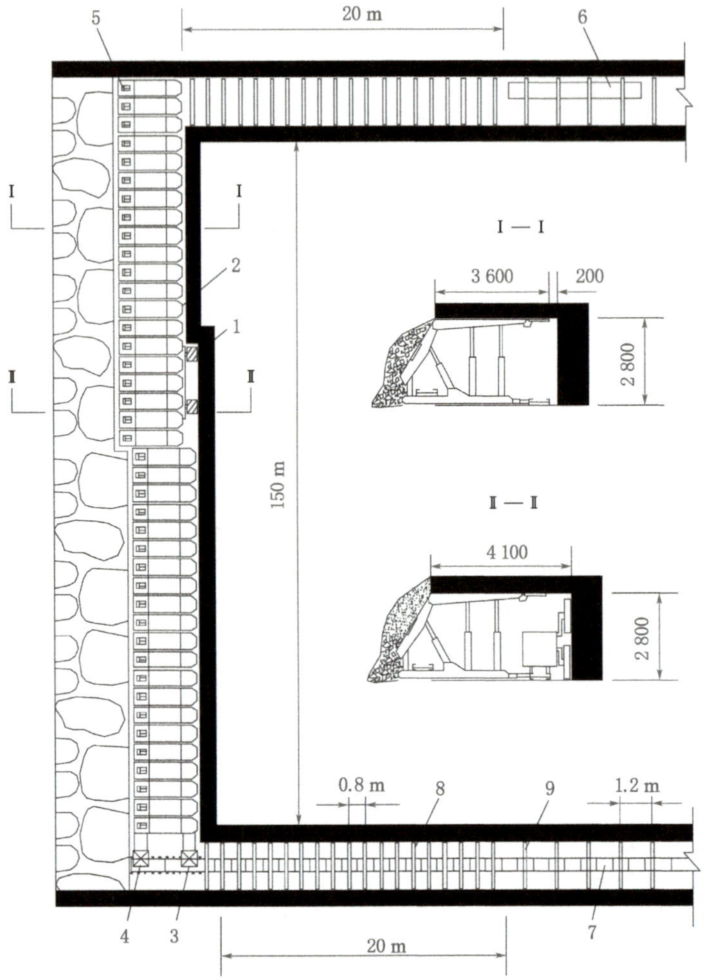

1—采煤机；2—综放液压支架；3—前置输送机；4—后置输送机；5—放煤窗口；6—设备列车；
7—平巷输送机；8—出口加强支架；9—平巷支架。

图 5-13　某矿综采放顶煤工作面布置图

项目六　采掘工程生产图

【学习目标】

1. 了解采掘工程图在矿山应用的重要性。

2. 理解不同情况下采掘图工程图种类的选择依据。

3. 掌握采掘工程图的绘制方法及旧图的接图方法。

【思政目标】

由采掘计划引出学习计划、职业生涯及人生规划。机会总是青睐有准备的头脑，让准备意识和忧患意识深入人心，现在就开始定好人生方向，并且朝着目标方向不懈努力。

采掘工程生产图是生产单位在采掘工程设计图的基础上，根据地质资料和测量资料绘制的反映采掘工程实际情况的图件。采掘工程生产图不但能反映井下采掘工程、煤层产状和主要地质构造的情况，而且还能解决生产中的许多技术问题。因此，采掘工程生产图是煤矿生产建设必不可少的重要资料。

采掘工程生产图主要反映矿井采掘工程的成果和现状，是一种动态图。随着矿井采掘工程的进行，需按时间（逐旬或逐月）不断地进行测量、填绘、补充和修改图件内容。

采掘工程生产图主要包括：

① 平面图：包括煤层采掘工程平面图、水平主要巷道平面图、井上下对照图、井底车场平面图等。

② 立面图：主要是采掘工程立面图，如急倾斜煤层在竖直面上的投影图。

平面图和立面图的对比

③ 层面图：主要是采掘工程层面图，它是向平行于煤层层面的平面所作的投影图。

④ 剖面图：可根据生产的需要，绘制不同方向的剖面图。

⑤ 各类系统图：如通风系统图、运输系统图、排水系统图等。

任务一　采掘工程平面图

采掘工程平面图

一、概念

采掘工程平面图是将开采煤层内的实测地质情况和采掘工程情况，采用正投影的原理投影到水平面上，按一定比例绘制出的图件。采掘工程平面图是反映煤层内巷道布置和回采情况的图纸。

如图 6-1 所示某矿井由一对立井，一个回风斜井，水平运输大巷，采区进、回风石门进行开拓。石门进入煤层后，沿煤层掘进采区上山、采区回风巷后，再掘煤层运输平巷和开切眼，构成采煤工作面，即可进行采煤。图 6-2 是图 6-1 所示采掘工程的水平投影图，即一张煤层的采掘工程平面图，这张图纸是分煤层绘制的。目前生产矿井多按采区绘制，比例尺一般为 1∶1 000 和 1∶2 000。

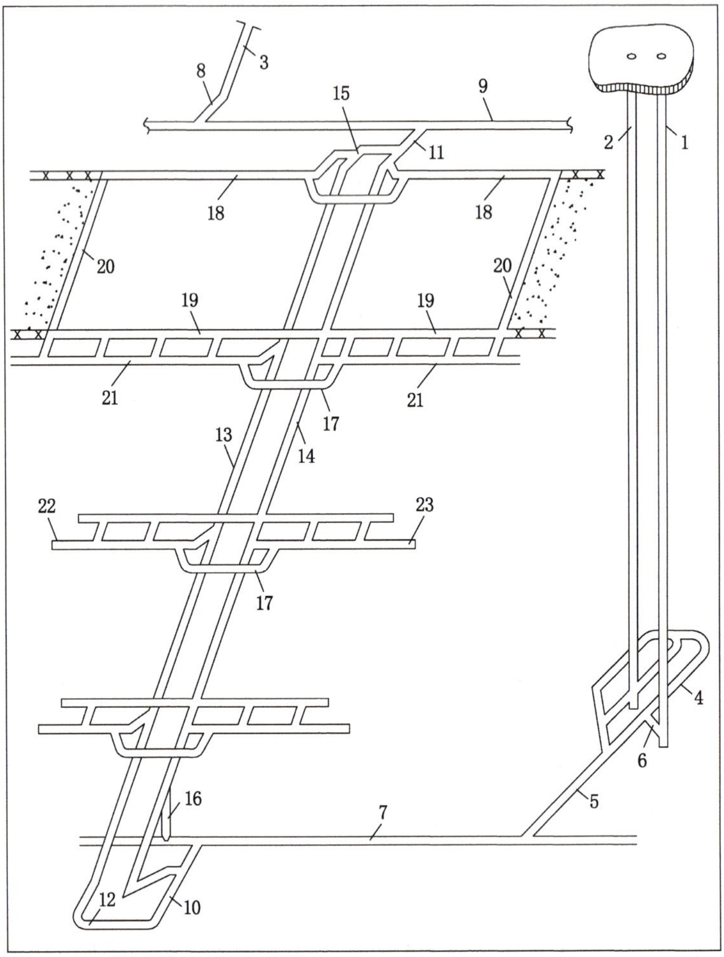

1—主立井；2—副立井；3—风井；4—井底车场；5—主石门(1950)；6—井底煤层；7—1950 运输大巷；8—主回风石门(2150)；9—2150 回风大巷；10—采区进风石门(1950)；11—采区回风石门(2150)；12—采区下部车场；13—轨道上山；14—运输上山；15—采区上部车场；16—采区煤仓；17—中部车场绕道；18—一区段回风巷；19—一区段进风巷；20—工作面切眼；21—二区段回风巷；22,23—掘进迎头。

图 6-1　某矿采掘工程立体示意图

从采掘工程平面图上，可以了解煤层产状变化、地质构造特征以及煤层的采掘情况，也可以利用采掘工程平面图绘制其他矿图。因此，采掘工程平面图是煤矿企业生产、组织、管理中必不可少的主要图件之一。

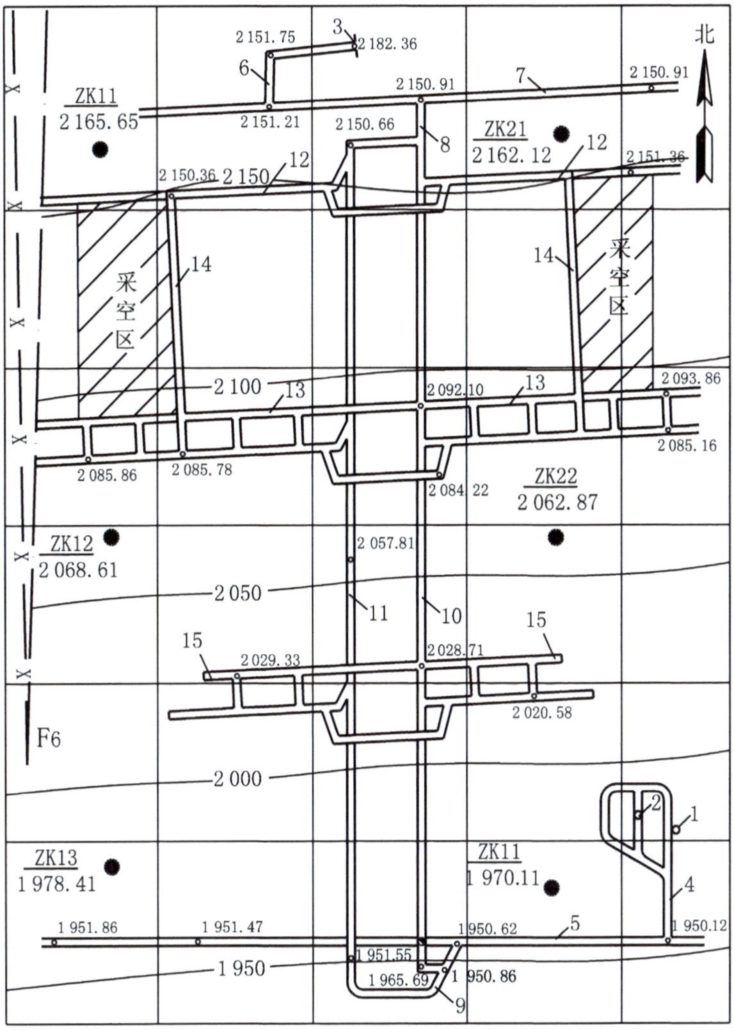

1—主立井;2—副立井;3—风井;4—井底车场;5—1650 运输大巷;6—主回风石门(2150);
7—2150 回风大巷;8—采区进风石门(1950);9—采区下部车场;10—运输上山;11—轨道上山;
12——区段回风巷;13——区段进风巷;14—工作面切眼;15—掘进迎头。

图 6-2　某矿采掘工程平面布置图

二、识读方法及要点

1. 识读方法

为了从地下开采煤炭,须从地面向地下煤层开掘一系列的井巷,这些井巷按其用途可分为:开拓巷道、准备巷道和回采巷道;按其空间形态可分为:水平巷道、倾斜巷道和竖直巷道;按其在煤岩层的位置可分为:煤层巷道、岩层巷道和煤岩层巷道。这些井巷有些是相交的,有些是相错的,有些又是平行的。这些不同形式的巷道,分布在井下不同的空间位置上,就形成了一个纵横交错的巷道网。

识读采掘工程平面图，应具备判断巷道在空间的形态、位置和相互关系的基本知识。

(1) 竖直巷道、倾斜巷道、水平巷道的识别

立井、暗立井等属于竖直巷道。图 6-3 表示一圆形断面的立井，上图为立井纵剖面图，下图为立井平面图，图中“一号井”为井名，“1 990.610”表示井口标高，“1 640.810”表示井底标高，箭头向里表示进风井，箭头向外表示出风井，两标高的差即立井的深度，$H=1\ 990.610-1\ 640.810=349.800$ (m)。

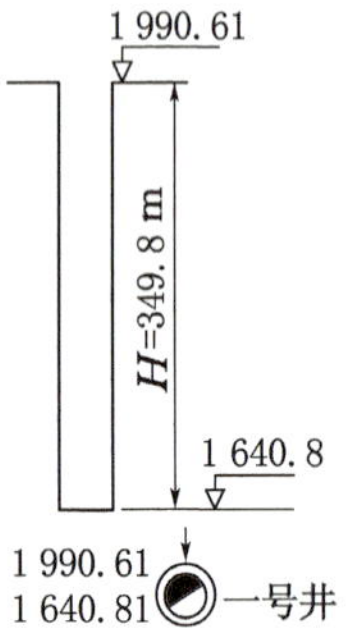

图 6-3　立井

在平面图上，钻孔和立井的符号相似，容易混淆，看图时要注意它们的区别。通常来说，在采掘工程平面图上，立井和井下巷道是联系在一起的，而钻孔是孤立的。图 6-4 所示为几种钻孔符号，图 6-4(a)中 1 981.6、1 650.2分别为钻孔的孔口和孔底标高，96-11 表示钻孔号，2.5 表示煤层厚度。

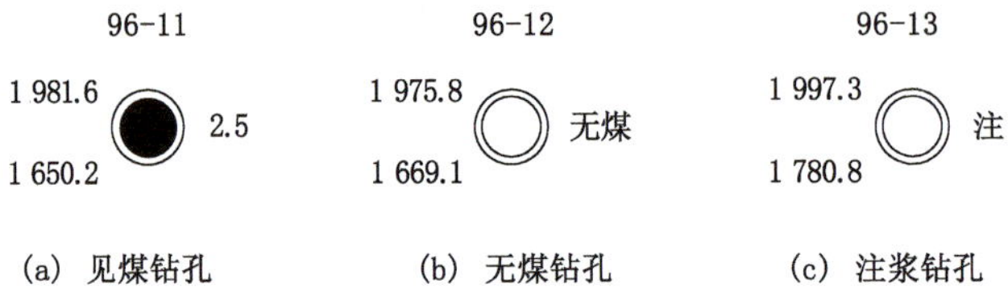

(a) 见煤钻孔　(b) 无煤钻孔　(c) 注浆钻孔

图 6-4　钻孔

斜井、暗斜井和上(下)山等巷道属于倾斜巷道。斜井在采掘工程平面图上，应用专用符号来表示；其他巷道是否为倾斜巷道，主要视其名称和底板标高而定。图 6-5 为斜巷与平巷的平面图，图 6-5(a)中注明了各巷道的名称，可以从所注明的“1”为上山来辨别该巷道为倾斜巷道；图 6-5(b)中并没有注明巷道的名称，但注明了巷道底板的标高数值，如果一条巷道中各点的标高数值相差较大，则可判定该巷是倾斜巷道。

平硐、石门、运输大巷、回风大巷等属于水平巷道。平硐在采掘工程平面图上，亦用专用符号表示。所谓水平巷道，并不是绝对水平的，为了运输和排水的需要，需有一定的坡度，一般为 3‰～5‰。某巷道是否为水平巷道，也主要视其名称和底板标高而定。同样在图 6-5 中，图 6-5(a)中的“2”和“3”为水平大巷，可知这两条巷道是水平巷道，图 6-5(b)中 C、D 两点标高数值差很小，则可判定该巷为水平巷道。

(2) 煤巷、岩巷的识别

① 巷道断面中，煤层占到 4/5 及以上的巷道称为煤巷。这类巷道在采区中较多，如上(下)山、区段平巷、开切眼等。有时运输大巷、总回风巷也在煤层中开掘。巷道断面中，岩层占到 4/5 及以上的巷道称为岩巷。这类巷道多为矿井的开拓巷道，如立井、斜井、平硐、主要石门、井底车场、主要运输大巷等。一些为厚煤层服务的上(下)山或区段集中平巷，有时也为岩巷。巷道断面中，岩层占到 1/5～4/5 的称为煤巷。这类巷道是在薄煤层或中厚煤层开采中，采区上(下)山巷道、区段平巷在煤层中开掘断面高度不够时，视情况进行挑顶或卧底而掘成的巷道。

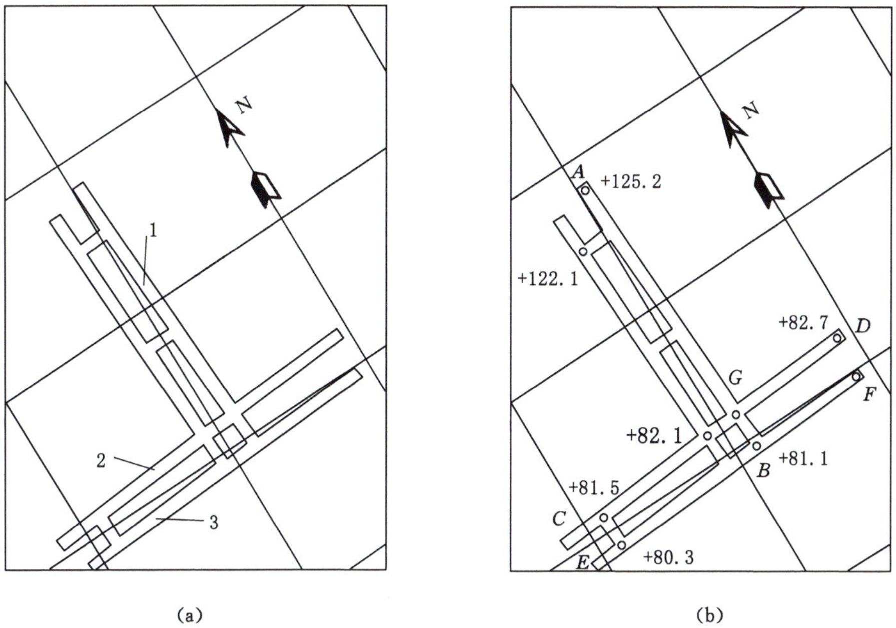

1—轨道上山；2—轨道大巷；3—运输大巷。

图 6-5　斜巷与平巷平面图

② 在采掘工程平面图上，一般可根据巷道名称来辨别是煤巷还是岩巷。如煤层上山、工作面运输平巷、开切眼等属于煤巷，主井、石门、井底车场、采区下部装车站等属于岩巷。有时可通过图例来识别煤、岩巷。但在多数情况下，为了准确地识读煤、岩巷，还是根据巷道标高和煤层底板标高来识别，有时还需考虑巷道的高度及煤层的厚度。在同一点上，巷道标高和煤层底板标高大致相同，则说明巷道是在煤层中开掘的，煤层厚度大于巷道高度为煤巷，煤层厚度小于巷道高度为岩巷，如图 6-6 所示。

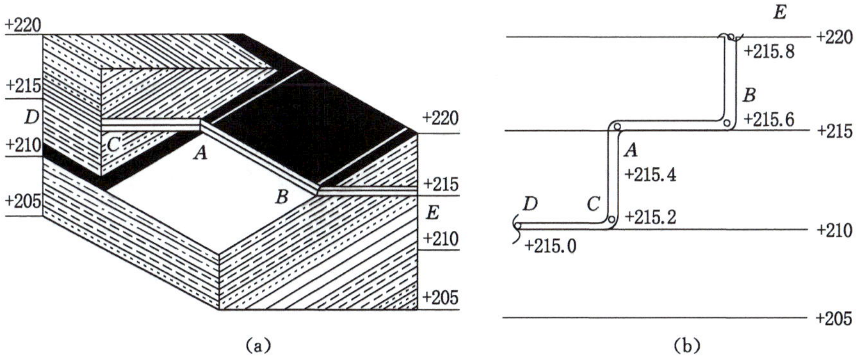

图 6-6　巷道在煤岩层中的位置

为清晰地表示巷道位置，岩巷和煤巷用不同的符号来表示，这样就可通过图例来识别煤、岩巷。

（3）巷道相交、相错或重叠识别

井下各种巷道在空间上的相互位置关系有三种情况：相交、相错和重叠。反映在平面图上主要有以下特点：

① 相交巷道：两条不同方向的巷道在某一位置交于同一平面上，两相交的巷道在交点处的高程相等。图 6-7 为一甩入石门的中部车场图。从图中可以看出，轨道上山 2 与区段轨道石门 3 交于 J 点，交点处标高为＋80.0 m，区段运输石门 4 与区段集中运输平巷 9 交于 B 点，交点处标高为＋78.4 m。为了形成系统，区段平巷与上（下）山之间、上（下）山与主要大巷之间，需要用不同的方式将其联系起来。换言之，井下没有单独的巷道，它总要与其他巷道联系，这就形成了巷道的相交关系。

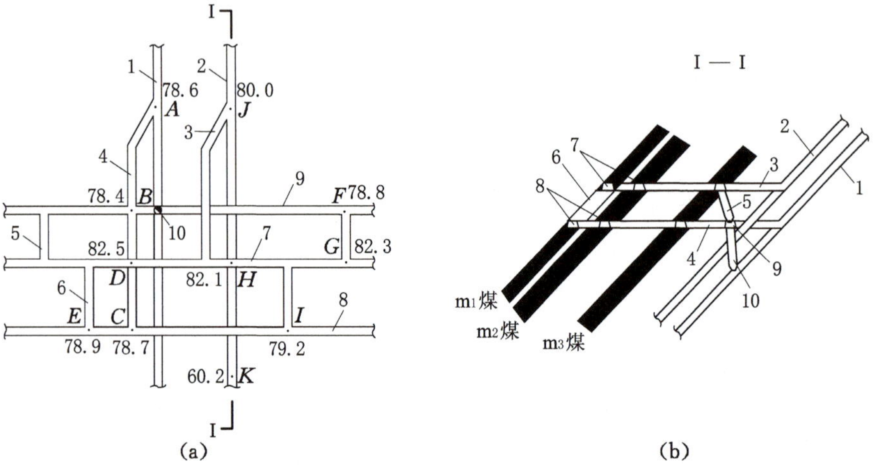

1—运输上山；2—轨道上山；3—区段轨道石门；4—区段运输石门；5—层间溜煤眼；6—联络斜巷；7—区段分层超前运输平巷；8—区段分层超前轨道平巷；9—区段集中运输平巷；10—区段溜煤眼。

图 6-7　巷道相交

② 相错巷道：方向和高程均不同的巷道在空间上交错。这时，表示在平面图上两条巷道相交，但交点处高程不等。如图 6-8 所示，图 6-8(a)为立体示意图，图 6-8(b)为平面图，图中胶带运输大巷与上山交于 A 点，上山高程在 A 点约为 1 686.8 m，而胶带运输大巷约为 1 661.3 m，两巷在 A 点的高差约为 25 m，故上山与胶带运输大巷在 A 点处相错在平面图上。在平面图上，有时两巷相平行，而在空间位置上并非平行，此时要特别注意。两条巷道倾向不同，或两条巷道虽然倾向相同但倾角不等，这两条巷也是交错的。

③ 重叠巷道：标高不同的巷道位于同一竖直面内。在采掘工程平面图上，两条巷道重叠在一起，但标高相差较大。如图 6-9 所示，图 6-9(a)为重叠巷道立体示意图，图 6-9(b)为平面图，从图中可以看出，石门与上山重叠在一起，从巷道底板标高来看，上山在石门上方。

综上所述，在采掘工程平面图上，两条巷道是相交、相错还是重叠，主要应根据巷道标高来识别。此外，在用双线表示巷道时，两巷道相交，交点处线条断开，如图 6-7 中 B 点；两巷交错，上部巷道连续而下部巷道中断，如图 6-7 中 D 点；两巷重叠，位于上部的巷道用实线

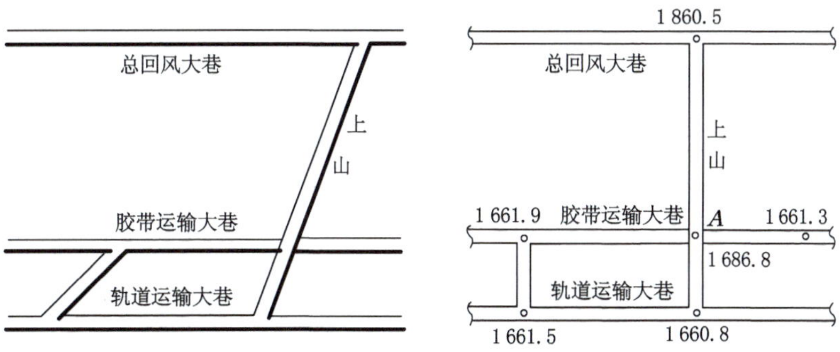

(a) 巷道立体示意图　　(b) 巷道布置平面图

图 6-8　巷道相错

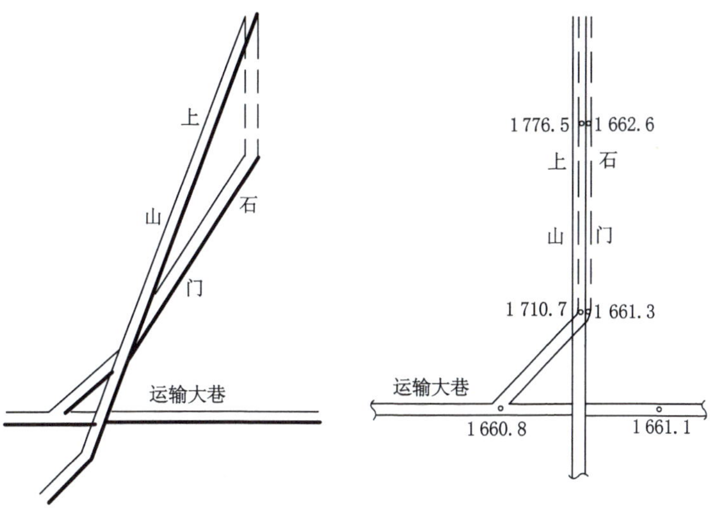

(a) 重叠巷道立体示意图　　(b) 重叠巷道布置平面图

图 6-9　重叠巷道

表示，位于下部的巷道用虚线表示，如图 6-9(b)所示。

2. 识读步骤

① 看清图名、坐标、方位、比例尺及编制时间。

② 了解采区或采煤工作面的范围、边界以及四邻关系。

③ 搞清煤层产状及主要地质构造。

④ 识读全矿井、采区或采煤工作面巷道布置。

⑤ 掌握采掘情况。

⑥ 平面图和剖面图结合起来识读。

3. 识读举例

【例 6-1】　图 6-10 是采用一对斜井开拓的采掘工程平面图(部分)，箭头指向为指北方向。

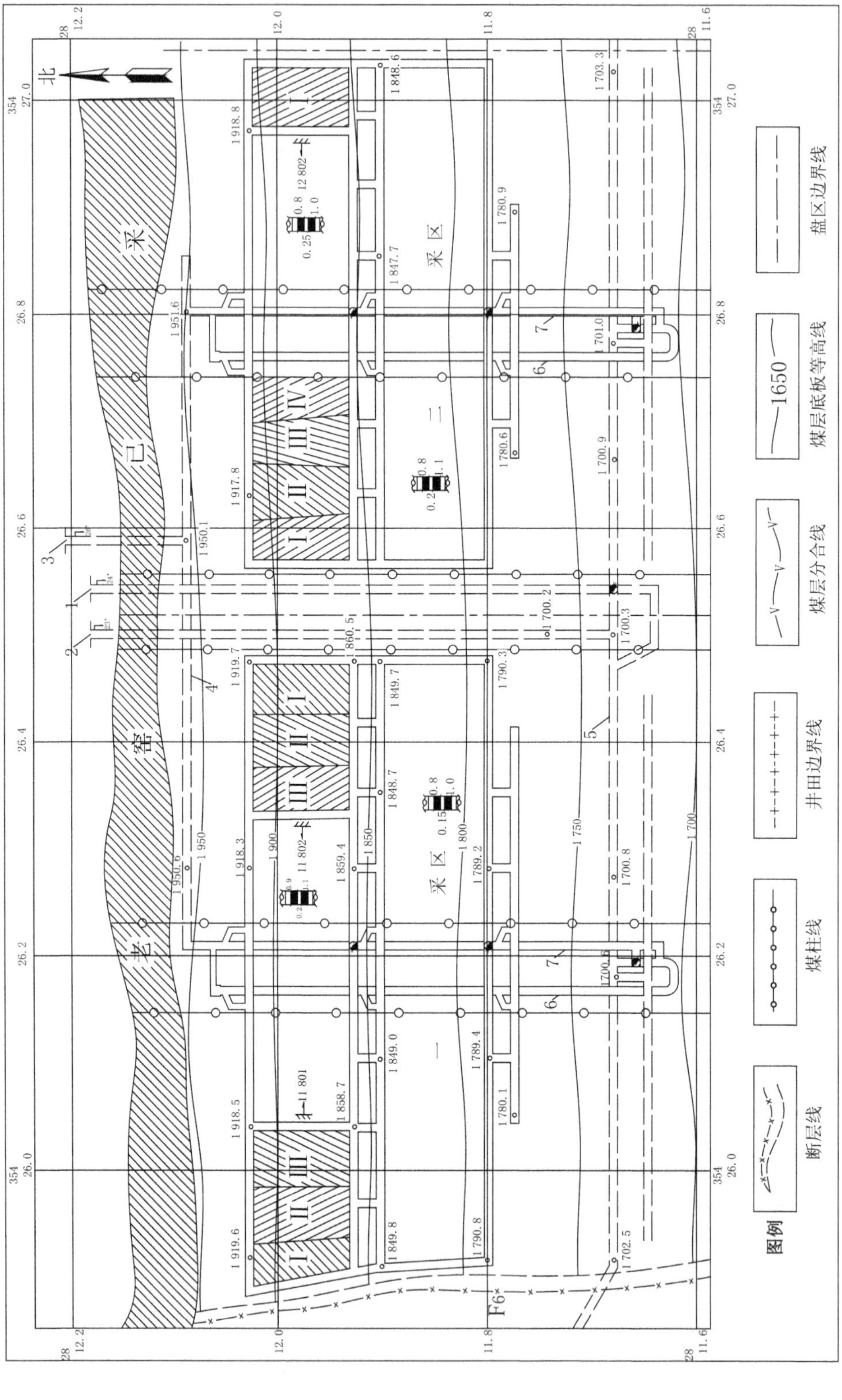

1—主斜井;2—副井;3—风井;4—运输大巷;5—1950回风大巷;6—1700运输大巷;7—轨道上山;8—运输上山。

图 6-10 某矿采掘工程平面图（部分）

该矿浅部区域小窑已开采，为防止其采空区积水造成危害，留设了隔水煤柱。煤层赋存较稳定，走向为 86°～90°，倾向 176°～180°，平均倾角 23°，煤层平均厚度 2.0 m，中间有0.1～0.15 m 的夹矸，地质构造简单，仅在一采区西部边界有一 F_6 断层。

该矿采用斜井采区式开拓。副井井口标高 1 990.6 m，倾角 23°，在 1700 水平布置井底车场，沿煤层的走向在煤层底板岩层内开掘 1700 水平运输大巷。在井田的上部边界 1950 水平沿煤层底板开掘总回风巷，采用回风石门与风井连通。

图 6-10 所示的两个采区，运输上山和轨道上山均开掘在煤层底板，采用区段石门进入煤层，沿煤层走向开掘区段运输巷和回风巷，将区段运输巷和回风巷用开切眼连通，形成采煤工作面，每个采区布置三个区段，区段平均垂高 83 m，采用单一长壁后退式采煤方法。

二采区一区段西侧工作面已于×年×月采至采区中央停采线，东部工作面正在生产。采区内有两个掘进工作面，一个开掘三区段东侧回风平巷，另一个开掘三区段西侧工作面回风巷。一采区同时有两个采煤工作面生产，两个掘进工作面正准备三区段工作面回风巷。图纸还用实线和虚线分别反映煤层层面巷道和岩石巷道等情况。

三、绘制依据及方法

1. 采掘工程平面图的绘制依据

在绘制采掘工程平面图时，应依据以下两个方面的资料进行。

① 采掘工程设计图。采掘工程设计图是按照设计所绘制的图件，在施工过程中一般不允许做较大改动，其中的地质资料和设计的技术方案是绘制采掘工程生产图的依据。

② 生产过程中实际测绘的地质资料和采掘情况。采掘工程平面图是反映生产过程中的动态图，应以实测为准。因此，在生产过程中揭露的地质情况以及测绘的采掘工程进尺，是绘制采掘工程生产图的基础资料。

2. 采掘工程平面图的绘制方法

采掘工程平面图的绘制方法和步骤如下：

① 绘出井筒。在煤层底板等高线图上，绘制出实测的井筒位置及方位。

② 绘出运输大巷、总回风巷、井底车场及硐室。从井筒起依次将实测的运输大巷、总回风巷、井底车场及硐室绘出，根据巷道类别采用相应的图形符号绘制，并标注测点编号及巷道底板标高。

③ 绘出采区内的各种巷道、硐室及采空区。根据所测定的采区巷道参数(位置、长度、方位)，绘制出采区上(下)山及区段巷道，标明各段巷道的底板标高，再结合采区各单项工程的施工方案，绘出采区上(下)山与运输大巷及总回风巷、区段巷道与采区上(下)山之间的各种联络巷道，其中包括采区石门、下部车场、中部车场、上部车场、采区煤仓、采区变电所、采区绞车房、行人通风联络巷等。

④ 标注井巷名称及有关参数。开拓井巷的主要参数有：井筒井口坐标、标高，井筒方位角、倾角、长度(深度)，大巷长度、方位及坡度等；采区主要参数有：采区走向、倾斜长度，采煤

工作面长度，停采线位置，采区边界煤柱宽度，区段煤柱宽度，采区上（下）山之间及两侧煤柱宽度，相邻采区的名称等。标明采区内现有采煤工作面的名称、位置，掘进工作面的名称、位置，生产队组名称、月进度、采掘时间等。

综上所述，一幅完整的采掘工程平面图包含内容较多，在绘制时，每一方面、每一细节均应考虑周全，并力求准确，否则将给矿井生产和管理带来不良后果，甚至造成严重损失。

四、应用

采掘工程平面图是了解地质和采掘情况，分析和解决煤矿生产问题的重要工具，其主要用途有：

采掘工程平面图应用

① 了解与分析采掘工程情况，合理解决生产中的问题。从采掘工程平面图上，可以了解全矿井或某个采区的生产现状，指导组织协调矿井安全生产工作，及时解决生产中遇到的问题。

② 了解地质构造情况，进行采掘工作的地质预报。根据采掘工程平面图，可以了解井田、采区和采煤工作面内的地质构造情况，对采掘工作面前方的地质构造进行预测预报，以便及时采取相应的安全技术措施，保证采掘工作的正常进行。

③ 利用采掘工程平面图确定诸多参数。在矿井生产过程中，经常利用采掘工程平面图进行一些工程量计算，如确定某一点的位置，巷道的方位、长度、坡度，某一点的平面坐标及高程，井田某范围的煤层产状、采出煤量、开采损失量、矿井“三量”等。

④ 为绘制其他图件提供依据。采掘工程图是反映生产过程的动态图，需要定期及时填绘，其他相关生产图纸是以采掘工程图为依据，也需要定期补充完善。例如，通风系统图、避灾路线图等要根据采掘实际情况及时修改完善。

任务二　采掘工程立面图

一、概念

采掘工程立面图是将井下巷道和地质情况，采用正投影的方法投影到竖直面上，按一定比例绘制出来的图件。在开采急斜煤层时，因煤层倾角很大，采用平面投影时，往往使煤层沿倾斜方向的长度产生很大变形，造成煤层底板等高线的密集、巷道的拥挤甚至重叠，给图上注记、填绘以及识图带来诸多不便，所以经常采用采掘工程立面图来弥补这些不足。

采掘工程立面图

如图 6-11 所示，将急斜煤层中的各种巷道投影到竖直面 V 上，比投影到水平面 H 上清楚得多。因此，在开采急斜煤层时，除绘制采掘工程平面图以外，还要绘制采掘工程立面图。

采掘工程立面图的比例尺应与所对应的采掘工程平面图的一致，常采用的比例尺有 1∶1 000 和 1∶2 000。

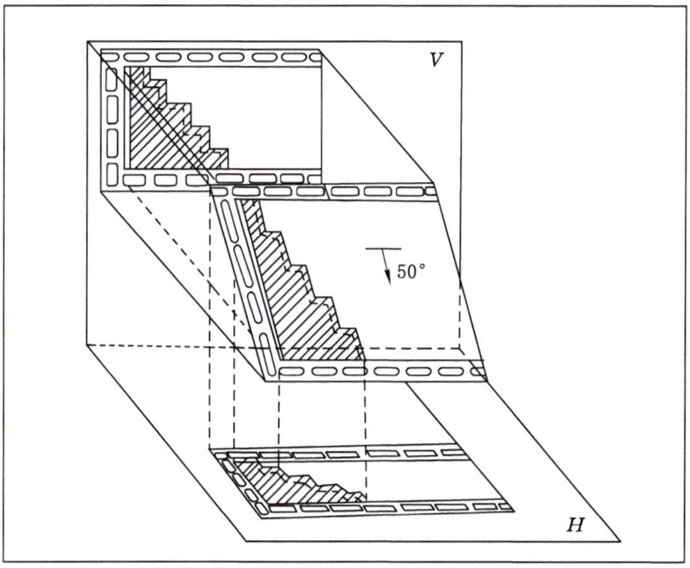

图 6-11　采掘工程立面投影示意图

二、图示内容

采掘工程立面图主要反映以下内容：

① 井田、采区和采煤工作面的范围、边界和地质情况。

② 井田、采区主要巷道布置及相对位置，特别是巷道竖直方向的关系。

③ 采掘工作面的名称(或编号)，相应的采掘位置，采掘年、月等。

④ 井田四邻矿井名称及井田以外 100 m 内邻近区域的采掘和地质情况，特别是井田上、下边界外的采掘情况。

三、采掘工程立面图的用途

采掘工程立面图的用途基本与采掘工程平面图相同，只是投影关系有所不同，采掘工程立面图能直观地反映沿煤层倾斜巷道在竖直方向的位置及相互关系。

采掘工程立面图的主要用途：了解本煤层或邻近煤层采掘工程的空间位置关系，掌握采掘进度，协调采掘关系，安排年度生产计划、材料用量计划及绘制其他矿图。

四、识读方法及要点

1. 看清图名、走向及比例

在采掘工程立面图上，没有经纬网和指北方向，但标明了竖直投影面的走向，这样便可知图上哪些巷道是水平的，哪些巷道是竖直的或倾斜的。

2. 看图上高程，确定井田或采区的范围

在采掘工程立面图上，较直观地反映了井田或采区的范围，即上、下边界的高程。

3. 了解井巷在竖直面上的位置及相互关系

在采掘工程立面图上，井巷在竖直面上的位置及相互关系，要比采掘工程平面图清楚得多，因此，常利用采掘工程立面图来看井巷竖直方向的相互关系。

4. 看井巷的联系方式及生产系统

在看井巷的联系方式时，经常结合平面图及剖面图。一般由开拓巷道到准备巷道，再到回采巷道，搞清井巷的联系方式、位置及用途，然后便知矿井生产系统。

5. 看采、掘工作面的布置及位置情况

在采掘工程立面图上，找出采掘工作面的位置，了解采掘工作面的布置情况，掌握采掘进度及其关系。

五、识读注意事项

由于采掘工程立面图是投影到竖直面上的，它与采掘工程平面图又有所不同，在识读时应注意以下几个方面：

① 煤层底板等高线（即煤层走向线）在采掘工程平面图上会出现弯曲，而在采掘工程立面图上投影为直线，不能反映煤层沿走向和倾向的变化，也反映不出煤层的倾角变化。采用采掘工程立面图反映矿井和采区巷道布置时，要结合采掘工程平面图反映煤层走向的变化和地质构造参数及变化情况。

② 空间水平的巷道，在平面图上是弯曲的，而在立面图上也是一条直线，不能反映水平方向的弯曲变化情况。可结合主要巷道所在的水平绘制该水平的切面图来反映该水平上的巷道布置及联系关系，一般需绘制运输大巷、回风大巷及主要硐室及工作面所在的水平巷道布置。

③ 同一水平的一组巷道，在平面图上反映出巷道的水平间距，而在立面图上则重叠在一起，反映不出巷道之间的水平间距，需要结合水平切面图来反映。

④ 垂直于走向的倾斜巷道，反映在采掘工程立面图上，两巷看似平行，但却是相错的，这就需要结合剖面图来反映。

⑤ 断层的交面线在立面图上仅为一条线，其落差、产状反映不出来。

因此，在识读采掘工程立面图时，应结合剖面图及采掘工程平面图来反映。

六、识读举例

【例 6-2】 如图 6-12 所示，图 6-12(a)为某采区急斜煤层采掘工程立面图，图 6-12(b)为沿倾斜的剖面图，图中较清楚地反映了各巷道在煤层竖直方向的位置及相互关系。

该采区一翼走向长 300 m，阶段垂高 165 m，沿倾斜划分三个区段，采区进风石门 1 和回风石门 2 分别布置在 1700 和 1865 水平，在采区回风石门和运输石门间沿煤层开掘溜煤眼 4，在溜煤眼两侧距溜煤眼各 12 m 处沿煤层开掘运料眼 3 和行人眼 5，各上山眼之间每隔 15 m 左右开掘一条水平联络巷。区段回风巷 6 和区段运输巷 7 沿煤层走向开掘至采区边界后，由下向上掘开切眼 8，形成采煤工作面。另外，在运输平巷 7 上方 4 m 距离开掘溜煤小眼 13，溜煤小眼间距 5 m。

从图 6-12 中还可以看出，该采区第一区段已开采完毕，目前第二区段已采至中部，工作面采用伪倾斜柔性掩护支架支护。另外绘出了收作眼 9 的位置及巷道布置方式、架头移动轨迹线 11 和架尾移动轨迹线 10，用箭头标明了采区的运煤和通风系统。

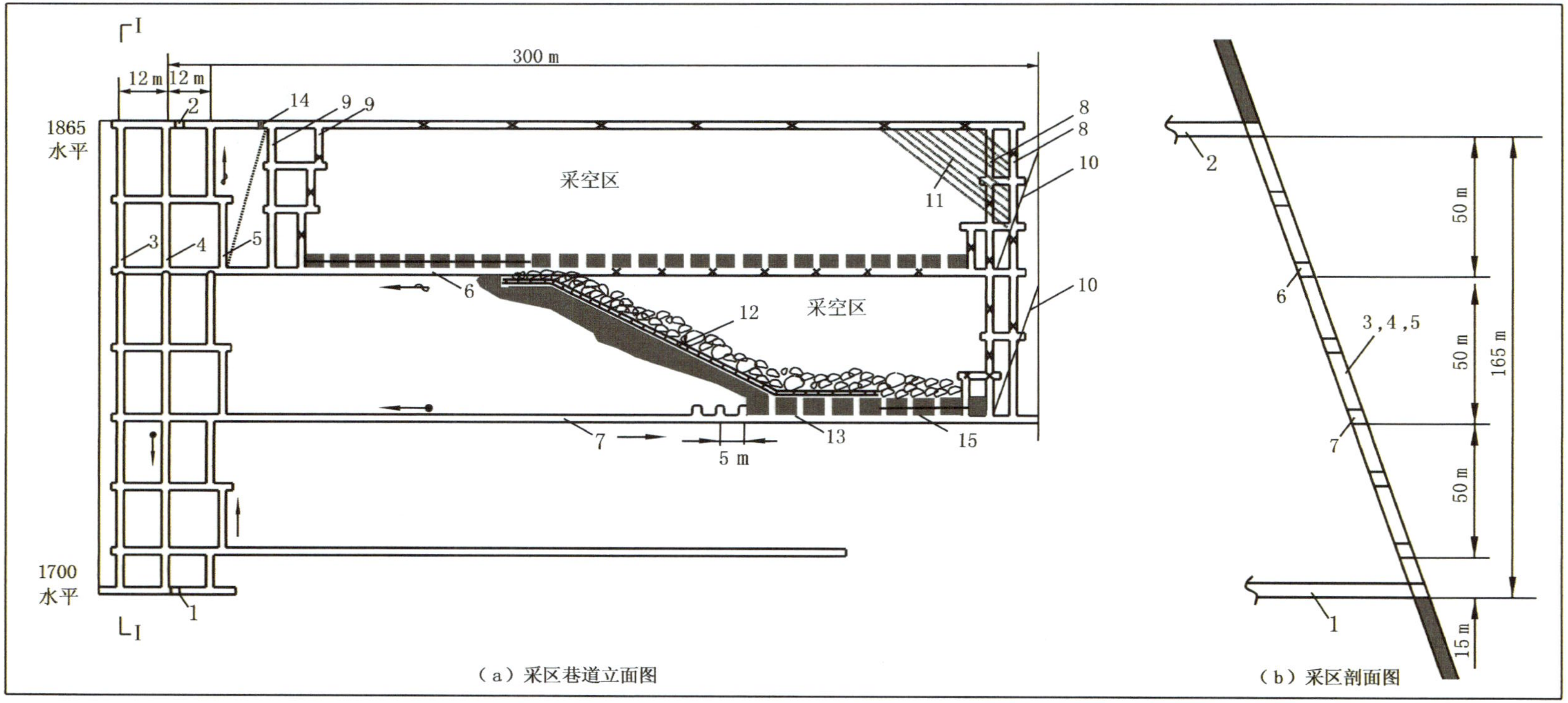

1— 采区进风石门；2— 采区回风石门；3— 运料眼；4— 溜煤眼；5— 人行眼；6— 区段回风巷；7— 区段进风巷；8— 初采斜巷；9— 收作眼；10— 架尾移动迹线；11— 架头移动迹线；12— 采煤工作面；13— 溜煤小眼；14— 密闭墙；15— 小眼临时封闭。

图 6-12　某采区采掘工程立面图及剖面图

【例 6-3】 图 6-13 为某矿急斜煤层的采掘工程图(局部)。从图中可以看出,该矿采用立井开拓,现设两个开采水平,水平标高分别为－25 m 和－110 m,在每一开采水平设有井底车场,然后用阶段石门进入煤层,沿煤层走向在煤层中开掘运输大巷,至采区后垂直于走向沿煤层倾斜方向在煤层中开掘上山眼。

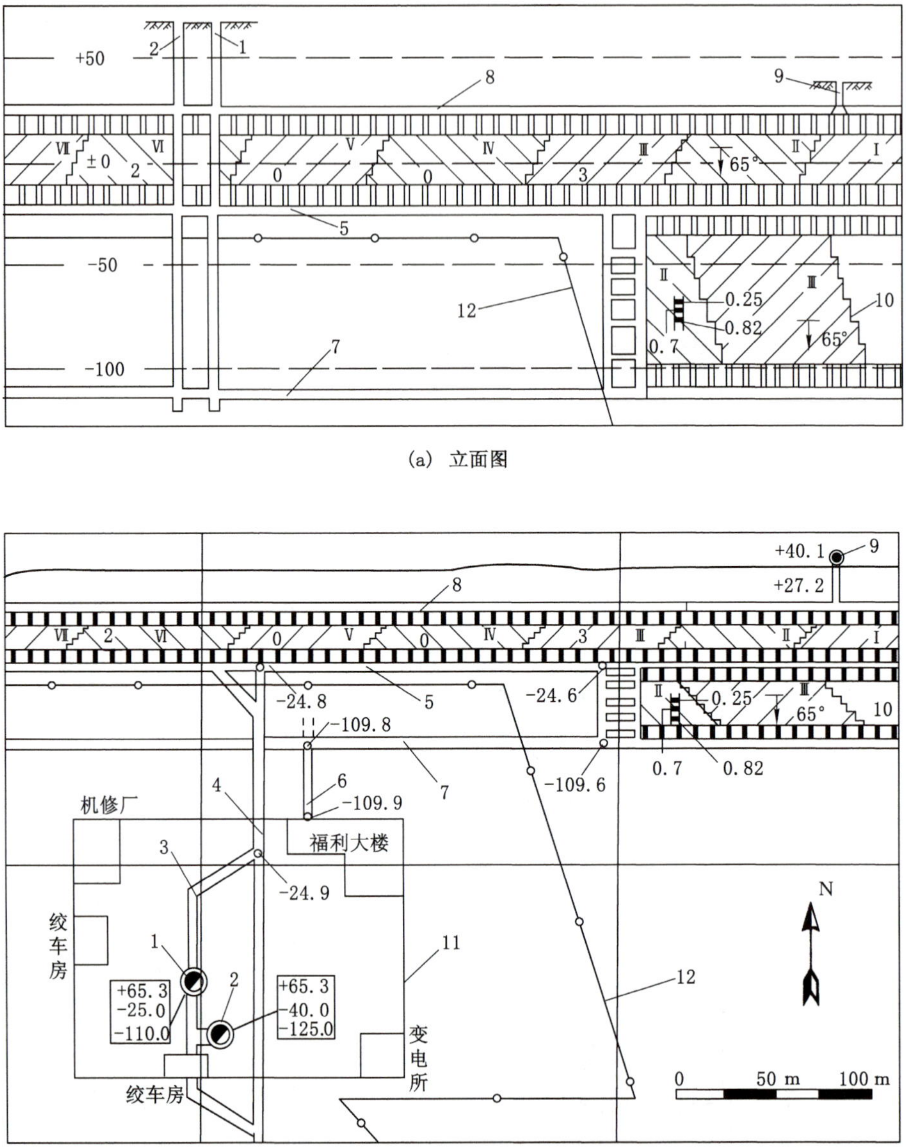

1—主井;2—副井;3—井底车场;4—－25 m 石门;5—－25 m 水平大巷;6—－110 m 石门;
7—－110 m 水平大巷;8—回风大巷;9—小立井;10—工作面;11—工业场地边界线;12—保护煤柱。

图 6-13　某矿急斜煤层采掘工程图(局部)

从图 6-13 中还可以看出，煤层走向 120°，倾向 210°，煤层平均倾角 65°，煤层平均厚度 2.0 m 左右，中间含夹矸。工作面采用倒台阶采煤方法，图中－25 m 水平部分已开采完毕，目前正在进行－100 m 水平的开采工作。

另外，主、副井地面标高为＋65.3 m，风井地面标高为＋40.1 m，井底标高为＋27.2 m。图中还标明了工业场地保护煤柱边界线。

任务三　采掘工程层面图

采掘工程层面图

一、概念

采掘工程层面图是将井下某层面（一般为煤层面）的巷道和地质情况，采用正投影的方法，投影到与之平行的平面上，按一定比例绘制出来的图件，如图 6-14 所示。

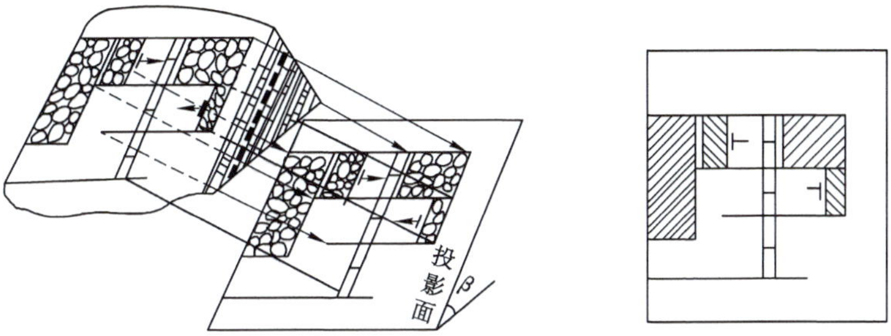

(a) 层面投影示意图　　(b) 采掘工程层面图

图 6-14　采掘工程层面投影示意图

采掘工程层面图又称作煤层层面图，是采掘工程图件中经常使用的图件之一。在实际工作中，有许多图件是采用与采掘工程层面图相同的绘制方法绘制的，如采煤工作面布置图就常采用这种方法绘制。在有的采区巷道布置设计中，也采用这种方法。另外，在开采近水平煤层时，由于煤层倾角很小，所以绘制采掘工程层面图和采掘工程平面图差异很小，为减少绘图时的换算，使识读更为直观，运用上更为方便，也常采用层面图；在开采急斜煤层时，平面图、立面图变形较大，给识读和运用上带来不便时，也常采用层面图。

二、图示内容

采掘工程层面图主要反映以下内容：

① 层面的主要技术参数。

② 煤层的产状及主要地质构造情况等。

③ 层面上的巷道布置情况。

④ 层面的采掘情况等，如采、掘工作面的名称（或编号），采空区及完成的时间等。

⑤ 其他所要反映的层面情况，如发火区、积水区、瓦斯突出区、丢煤区、报损区等的位置及范围。

三、用途

采掘工程层面图的主要用途有以下几个方面：

① 层面巷道布置情况。根据采掘工程层面图，了解现行采掘情况，规划层面新的采掘布置。

② 层面采煤方法。根据采煤工作面布置层面图可知工作面采煤工艺、采煤系统、支架布置情况等。

③ 采掘工程量计算。在采掘工程层面图上，可直接按比例量出煤层巷道的长度、工作面走向和倾斜长度等。

④ 绘制层面其他系统图，如层面通风系统、运输系统等。

四、识读方法及要点

① 看图名、经纬网、比例。

② 识读井田、采区开拓开采情况。

③ 识读井田、采区的范围、边界及各采区分布情况。

④ 识读本层面煤层的走向及地质构造情况等。

⑤ 掌握层面采掘工作面布置情况及采空区的分布及范围等。

五、识读举例

【例 6-4】 图 6-15 为某矿六盘区采掘工程层面图（下页），从图中煤层底板等高线及巷道布置可以看出该盘区为带区式开采，煤层赋存稳定，煤层走向大致为东西走向，倾向大致为北西，煤层厚度在 2.9～3.1 m 之间，煤层为近水平煤层，在盘区内沿煤层倾向有 F_{25} 正断层，断层落差为 2～5 m。

在盘区的下部边界布置两条大巷，一条为运输大巷，一条为回风大巷，两大巷平行布置，两大巷的标高均为 1 490 m，两大巷相距 20 m，每隔 100 m 用一条联络巷相连，盘区内共布置 6 个采煤工作面，其中 61201 工作面已回采，开采时间在图中已经注明。盘区内现有两个采煤工作面生产，分别为 61202 左工作面和 61202 右工作面，生产队组为综采一队；有两个掘进队在准备 61203 工作面。

任务四　水平主要巷道布置平面图

一、概念

水平主要巷道布置平面图

矿井按开采水平的数目可分为单水平开拓（井田内只设一个开采水平）和多水平开拓（井田内设两个或两个以上开采水平）。将矿井某一开采水平面内的主要巷道和地质构造情况，用正投影的方法投影到水平面上，并按一定比例绘制成的图件，称为水平主要巷道布置平面图。

水平主要巷道布置平面图就是反映一个矿井开采水平内的主要巷道布置的图件。主要反映主井、副井、井底车场、中央变电所、中央水泵房、井底水仓、主要运输石门、运输大巷、主

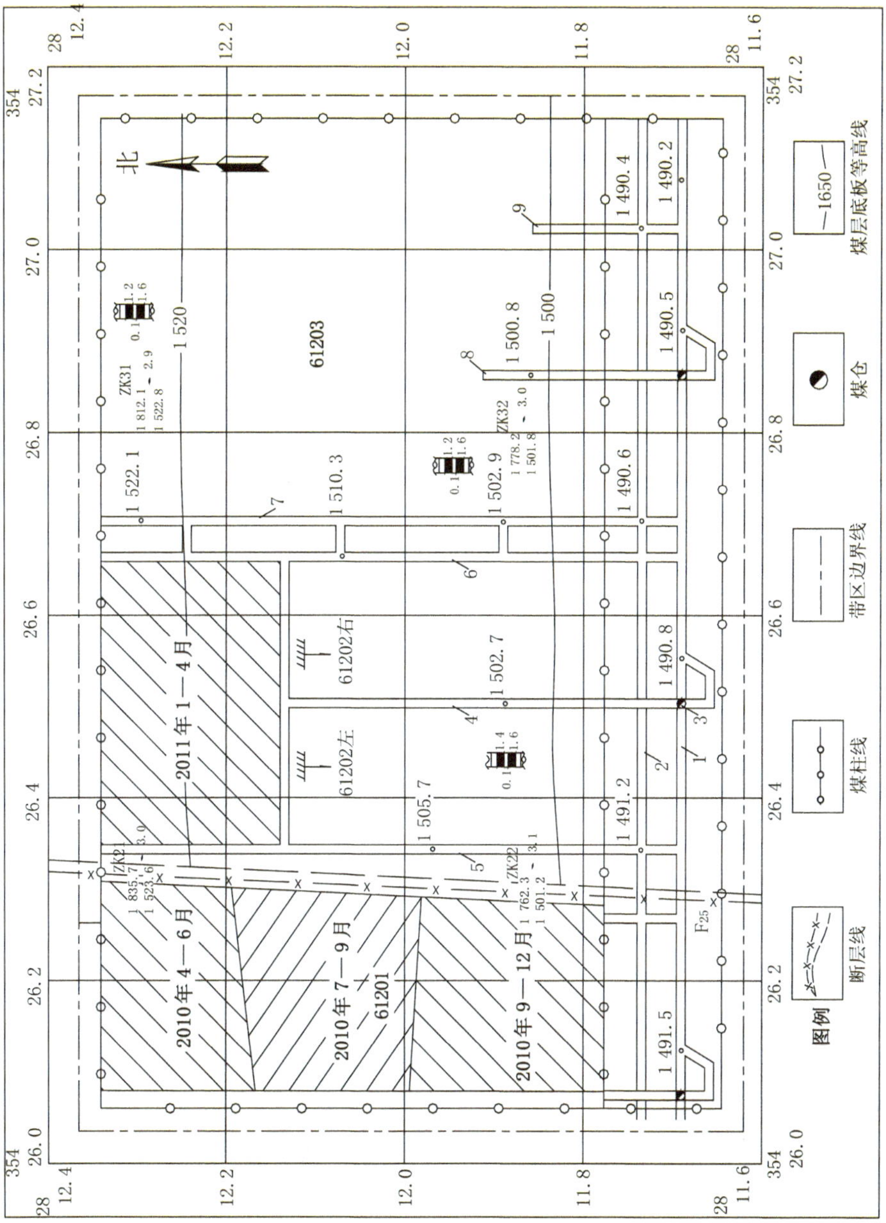

图 6-15　某矿六盘区采掘工程层面图

回风巷、主要回风石门、回风井、主要上山等这些主要巷道和硐室。

二、图示内容

水平主要巷道布置平面图主要反映以下内容：

① 开采水平内的主要巷道和硐室。

② 重要的安全措施，如永久性防水闸门、水闸墙、防火门等。

③ 井田边界、主要保护煤柱等。

④ 永久导线点、水准点、巷道交岔点、变坡点以及大巷流水坡度等。

三、用途

水平主要巷道布置平面图的主要用途是：

① 了解开采水平内主要巷道的布置和煤层采掘情况。

② 了解煤层沿走向的变化，指导巷道的设计和施工。

③ 了解开采水平内主要断层和褶曲分布状况，分析确定本水平巷道的延伸方向。

④ 根据水平主要巷道布置平面图，绘制矿井主要巷道综合平面图和剖面图。

四、识读方法及要点

① 看方位、经纬网、图名、比例。首先了解图件的地理位置、指北方向，看清图名，再看图的比例。

② 看水平内的主要巷道。重点看清石门、运输大巷和井底车场等井巷的位置，另外弄清变坡点处等特征点的标高及井巷的坡度。

③ 看清水平内的主要硐室、主要安全设施。现场管理者必须搞清主要硐室的位置，以便在矿井发生灾害时，迅速有效地采取相应措施。主要硐室有主要变电所、主要水泵房和爆炸材料库等。

④ 巷道之间的联系方式。主要搞清主副井、井底车场、大巷之间以及大巷与采区的联系方式，水平与水平之间的联系方式。

⑤ 安全出口的位置。

五、示例

【例 6-5】 图 6-16 所示为某煤矿主要巷道布置平面图。图中反映了矿井的范围，开采水平的标高为 1 710 m，总回风巷的标高为 1 800 m。矿井划分为两个采区，现生产采区为一采区，二采区正开掘准备巷道，每个采区分别沿煤层布置两条上山，分别为运输上山和轨道上山，两条上山相距 20 m。采区采用大巷装车式下部车场，采区上部、中部车场均采用甩车场布置形式，井田边界留设 20 m 的保护煤柱。主要运输大巷及主要回风大巷分别沿煤层的底板布置，井底车场采用平车场布置形式。中央变电所和中央水泵房联合布置在 1710 运输大巷和副斜井之间，分别用联络巷和 1710 运输大巷和副井相连，两联络巷中间布置有防水闸门和栅栏门，中央变电所和中央水泵房之间由一个栅栏门隔开，井底水仓采用内、外水仓布置形式，两水仓分别和中央水泵房的吸水井相连。

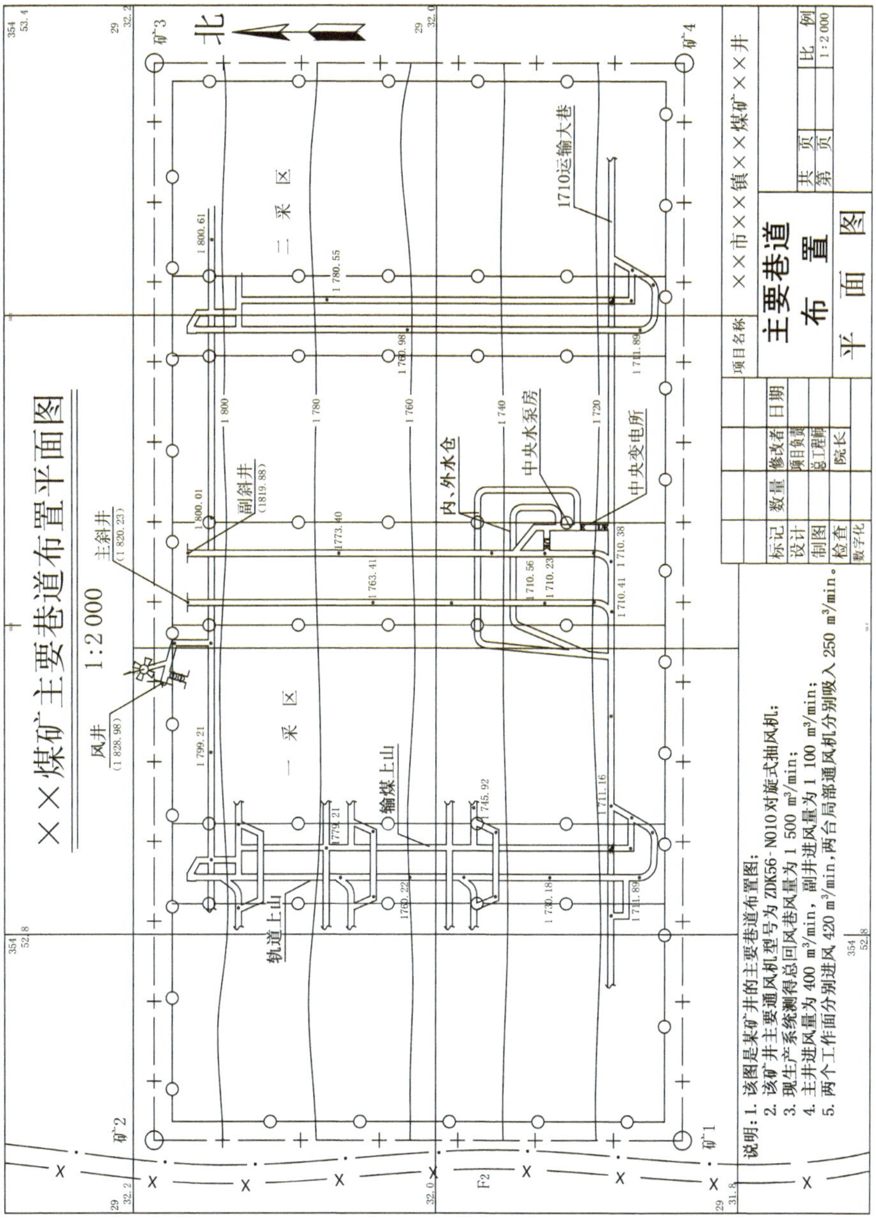

图 6-16 某矿主要巷道布置平面图

任务五　采掘工程计划图

一、概念

采掘工程计划图

思政元素

采掘工程计划图是在现行采掘工程平面图、水平主要巷道布置平面图的基础上，根据市场对矿井的煤炭产量和质量提出的要求，依据矿井设计资料、生产技术和地质条件以及矿井的实际管理情况绘制出的下一时期(一般为一年及以上)的采掘布置情况的图件。采掘工程计划图又叫采掘工程发展规划图，它是保证矿井采掘平衡、稳定高产、指挥和安排生产的重要图件之一。

为了合理地开发矿井煤炭资源，有计划、有步骤地协调采、掘关系，促进煤矿持续、稳定、安全健康发展，煤矿必须在一定时期末(一般在年末)制订下一时期的采掘计划。

在矿井生产过程中，采煤和掘进是矿井生产的两个基本环节，要想采煤必须先进行掘进，掘进为采煤做准备，即“采掘并举、掘进先行”。只有将采、掘合理安排，使采、掘关系平衡，方可保证矿井安全生产并创造出较好的经济效益。采掘计划图件是采掘计划的直观体现。

采掘工程计划图可分为开采计划图和巷道掘进工程计划图。开采计划图又分为采煤工作面年度生产计划图、采煤工作面较长期(5～10 年)规划图和采区接替规划图；巷道掘进工程计划图可分为年度计划图、较长期巷道掘进规划图和水平接替规划图。按巷道类别又分为回采巷道掘进计划图、准备巷道掘进计划图和开拓巷道掘进计划图。

为适应不同的地质条件，采、掘队组之间的装备也不尽相同，应合理安排矿井采掘计划。为提高煤炭开采效率，在安排采掘计划时，既要针对不同条件配置不同的采掘队组，又要尽可能使各队组施工条件相对稳定。

二、图示内容

采掘工程计划图反映的内容主要有以下几个方面：

① 矿井现有采煤、掘进工作面的类型、数目、位置。

② 年度内各采、掘队组逐月、逐季工作地点、计划进度(或进尺)及接替关系等。

③ 采煤工作面、采区、水平的接替。

三、用途

采掘工程计划图的主要用途是：

① 用于编制年度产量计划和采掘设备投资预算。

② 用于安排和组织采煤和掘进工作。

③ 安排计划年内(各时期)的计划产量和工作面推进度。

④ 安排计划年内(各时期)采掘队组进度(或进尺)，指挥生产。

⑤ 检查、验收各队组采掘任务完成情况。

⑥ 用于检查分析水平之间、采区之间的接替关系。

四、识读方法要点

1. 看清图名、比例

按照图名，搞清采掘工程计划图是哪一时期哪一水平、哪一煤层或哪一采区的采掘计划图，了解计划年内(各时期)采掘安排情况。

2. 掌握现行采掘情况

通过采掘工程计划图可掌握现行采煤工作面和掘进工作面的位置、数量、开采情况等。

3. 掌握采掘面接替情况

可通过采掘工程计划图掌握下一计划时期采掘工作面的位置，开始和结束的时间段等。

4. 看采掘协调关系

按照采煤工作面、采区、水平的接替关系和时间，了解采煤工作面、采区、水平的准备情况。要确保其正常接替，使其采掘关系协调。在现行生产采区内，提前 10～15 天完成接替工作面的掘进及设备安装工作；在现有开采水平，每个采区减产前 1～1.5 月内完成接替采区和接替工作面的掘进和设备安装工作；现有水平内，水平总产量开始递减前 1～1.5 年，完成下一个开采水平的基本井巷工程和安装工程。

五、绘制方法

采掘工程计划图是在采掘工程平面图、煤层底板等高线图和采区设计方案图的基础上绘制的。

① 绘制现有采掘工作面。根据采掘工程平面图绘制现有的采掘工作面。

② 绘制出待采掘采区、工作面及巷道布置。根据煤层底板等高线图和采区设计方案图绘出年度内待采掘的采区，其中包括采煤工作面及采区各种巷道和硐室等。

③ 按照实际情况编排生产队组。按计划先行安排主采区、主采煤工作面及巷道生产计划，保证主采面、主采区的年度正常接替，然后将年度内其他采煤工作面、井巷、采区接替情况逐一安排。

④ 进行采掘工程细化。首先在主采区、主采面进行采掘工程细化，标明主采面、主采区、采掘工程逐月进展情况；然后在其余采煤工作面、采区标明采掘位置、进尺、衔接安排情况。

六、示例

【例 6-6】 图 6-17 为某矿采掘工程计划(工作面接替计划)图。从图例可知，实线表示已开掘井巷，虚线表示待开掘井巷。运输大巷、总回风巷已掘至一采区、二采区上山口位置，并和上山相连形成系统。

一采区采用双翼开采，现有 1701 和 1702 两个采煤工作面正在开采。采煤一队、二队分别在 1701、1702 采煤工作面进行回采，从采掘计划说明及图中可推断出 2012 年 3 月之前将结束 1701 和 1702 工作面的开采工作。采煤一队 2012 年工作面衔接关系为：1701→1703→1705，采煤二队 2012 年工作面衔接关系为：1702→1704→1706，图中标明了 2012 年各采煤工作面的逐季度开采计划。

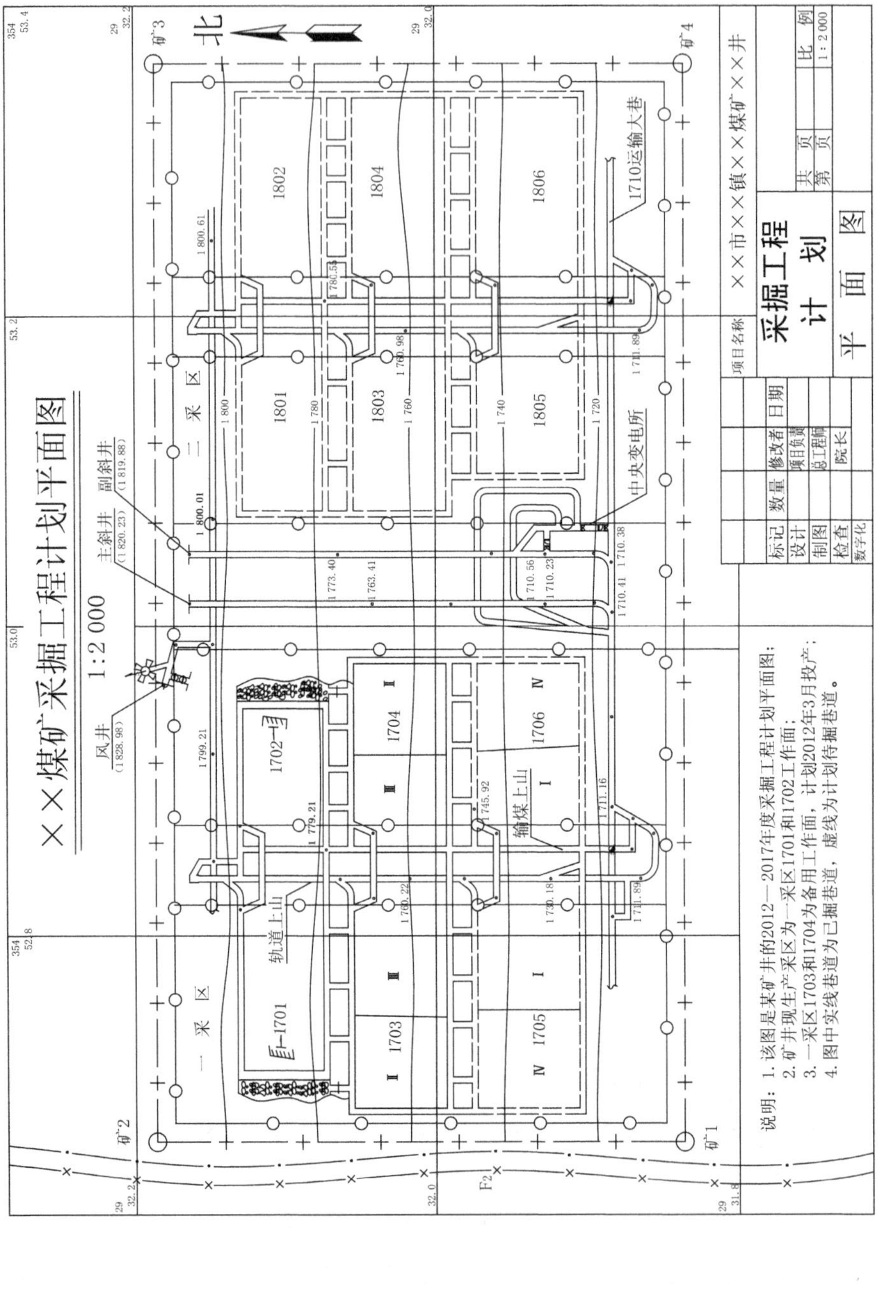

图 6-17 某矿 2012 年度采掘工程计划平面图

复习思考题

1. 采掘工程平面图主要反映哪些图示内容？采掘工程平面图有哪些主要用途？

2. 采掘工程立面图主要用在什么条件下？采掘工程立面图不能反映煤层、巷道的哪些主要参数和关系？

3. 井下各种巷道在空间上的相互位置关系有哪三种情况？反映在平面图上主要有哪些特点？

4. 采掘工程计划图的图示内容主要有哪些？其主要用途有哪些？

5. 图 6-18 为某矿的采掘工程平面图的部分巷道，图中字母表示巷道在该测点的编号，数字表示该测点的高程，高程点省略了小数点后的位数，图中两测点之间的坡度变化是均匀的。试完成以下内容：

① 试判断图中 AB、CD、EF 巷道和煤层的位置关系。

② 绘制剖面图判断巷道 DE、ab 巷道和煤层的位置关系，并在采掘工程平面图上用字母标出巷道和煤层的交点。

③ 过 E 点在采掘平面图上绘制一条和巷道 ab 相交的水平巷道。

④ 试判断巷道 ab 中的 c 点和巷道 CD 的位置关系，若二者不相交，两巷道在这点的垂直高程是多少？

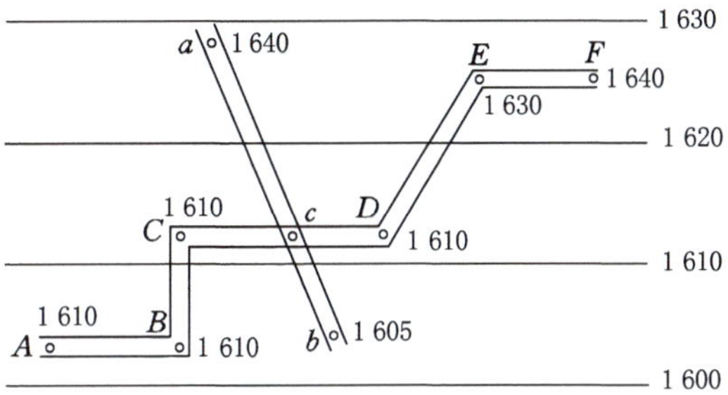

图 6-18　某矿采掘工程平面图的部分巷道

项目七　安全工程图

【学习目标】

1. 了解矿井安全工程图的重要性及矿井生产与环境之间的关系。

2. 熟悉安全监测系统和井下避灾路线图的内容。

3. 掌握矿井通风系统图及网络图的读图方法及图例符号的识读。

【思政目标】

将“安全第一”的煤矿生产理念引入课堂，将煤矿企业文化融入课堂，形成在课堂如在岗位一样认真负责的习惯，将党的二十大精神贯彻到课堂当中。

我国煤矿主要是井工矿井，自然条件复杂，作业环境恶劣，经常受到瓦斯、煤尘、火灾等灾害的威胁，严重地制约着煤矿的安全生产。为了保证煤矿安全生产，党和国家十分重视煤矿的安全问题，制定了一系列有关煤矿安全生产的法律和法规，建立了新的煤矿安全监督监察管理体系，积极推广使用新技术、新装备、新工艺及现代科学管理方法，加强煤矿的安全管理。煤矿安全工程图是贯彻国家的有关法律法规，按照煤矿自然灾害发生的客观规律，科学防治井下各种灾害技术手段的综合反映。它是我国煤矿生产安全技术经验的总结，是煤矿设计、建设及生产中不可缺少的重要图件。

思政元素

任务一　矿井通风系统图及网络图

一、概述

矿井通风是借助各种动力连续不断地向井下各用风地点输送适量新鲜空气，供井下人员呼吸，稀释和排出各种有毒、有害气体和浮尘，降低热害，改善气候环境，并在发生灾变时能根据救灾的需要控制和调度风流的流动路线。因此，《煤矿安全规程》规定：“矿井必须有完整的独立通风系统。”矿井通风系统是矿井进、回风井在井田的布置方式，主要通风机的工作方法，通风网络和风流控制设施的总称。

矿井通风系统图是表示矿井通风网络，通风设备、设施，风流方向和风量等参数的图件，反映全矿井通风系统的当前情况，亦反映风流路线及各用风地点之间的相互关系的图纸。它是煤矿设计、建设和生产必须绘制和必备的图纸，也是煤矿安全生产管理工程图中最基础的图纸。

矿井通风系统图中图示的主要内容包括：

① 矿井进风井、回风井数目及布置方式。

② 矿井通风网络结构(井下通风巷道系统结构)。

③ 矿井通风设备型号、台数、主要技术参数、安装位置。

④ 矿井通风网络新鲜风流、污浊风流的方向及路线。

⑤ 各巷道、硐室、采煤工作面、掘进工作面的名称及通过的风量。

⑥ 矿井通风设施及其位置。矿井通风设施包括防爆门、测风站、风桥、风门、调节风窗、风帘、密闭墙等。

二、矿井通风系统图的分类及用途

1. 矿井通风系统图分类

矿井通风系统图按照绘制方法的不同,一般分为矿井通风系统工程平面图、矿井通风系统平面示意图和矿井通风系统立体示意图三种。

(1) 矿井通风系统工程平面图

矿井通风系统工程平面图是在矿井采掘工程平面图或矿井开拓方式平面图中,直接标注反映矿井通风系统内容的专用符号和有关技术参数的图纸。其绘制方法简单,便于分析、研究矿井开拓开采与矿井通风的关系,制订生产技术规划和方案。它适用于反映井下巷道系统简单的中、小型矿井,单水平开采的单一中厚煤层矿井的通风系统。它是绘制通风立体示意图和通风网络图的基础图纸,要求按月填绘。图 7-1 为某矿井通风系统工程平面图。

(2) 矿井通风系统平面示意图

矿井通风系统平面示意图是在矿井采掘工程平面图或矿井开拓方式平面图的基础上,根据实际通风巷道的相对位置关系,不按比例绘制的反映矿井通风系统的图纸。矿井通风系统平面示意图也称为矿井通风系统水平投影示意图。这种图绘制方法比较简单,使较复杂的、不易看清楚的风网系统变得清晰易读,此外还可看清两个分层通风系统之间的关系。矿井通风系统平面示意图适用于反映任何矿井的通风系统,特别适用于多水平、多煤层、同时开采的矿井,或巷道系统复杂的矿井。图 7-2 为某矿井通风系统平面示意图。

(3) 矿井通风系统立体示意图

矿井通风系统立体示意图是根据矿井各煤层、各井巷的空间相对位置,运用轴测投影原理不按比例的单线条或双线条绘制而成的矿井通风系统图。矿井通风系统立体示意图也称为矿井通风系统轴测投影示意图。其直观性好,立体感强,在绘制时不受高程、投影关系、井巷尺寸的比例限制,但绘制方法复杂。对于大型矿井、多水平生产和开采煤层层数较多的矿井、特厚煤层分层开采的矿井,由于通风系统复杂,在矿井通风系统工程图、矿井通风系统平面示意图中很难清楚地表示风流路线和各用风地点的相互关系,采用矿井通风系统立体示意图则解决了这个问题。它从空间关系上直观地反映了矿井实际风网结构,清楚地描绘了矿井通风系统。如图 7-3 所示的矿井通风系统立体示意图则清楚易懂,能看到井巷的空间形态和连接关系。

2. 矿井通风系统图的用途

① 指导矿井日常通风管理工作。如测风、测阻力、调节风量、抽采瓦斯等。

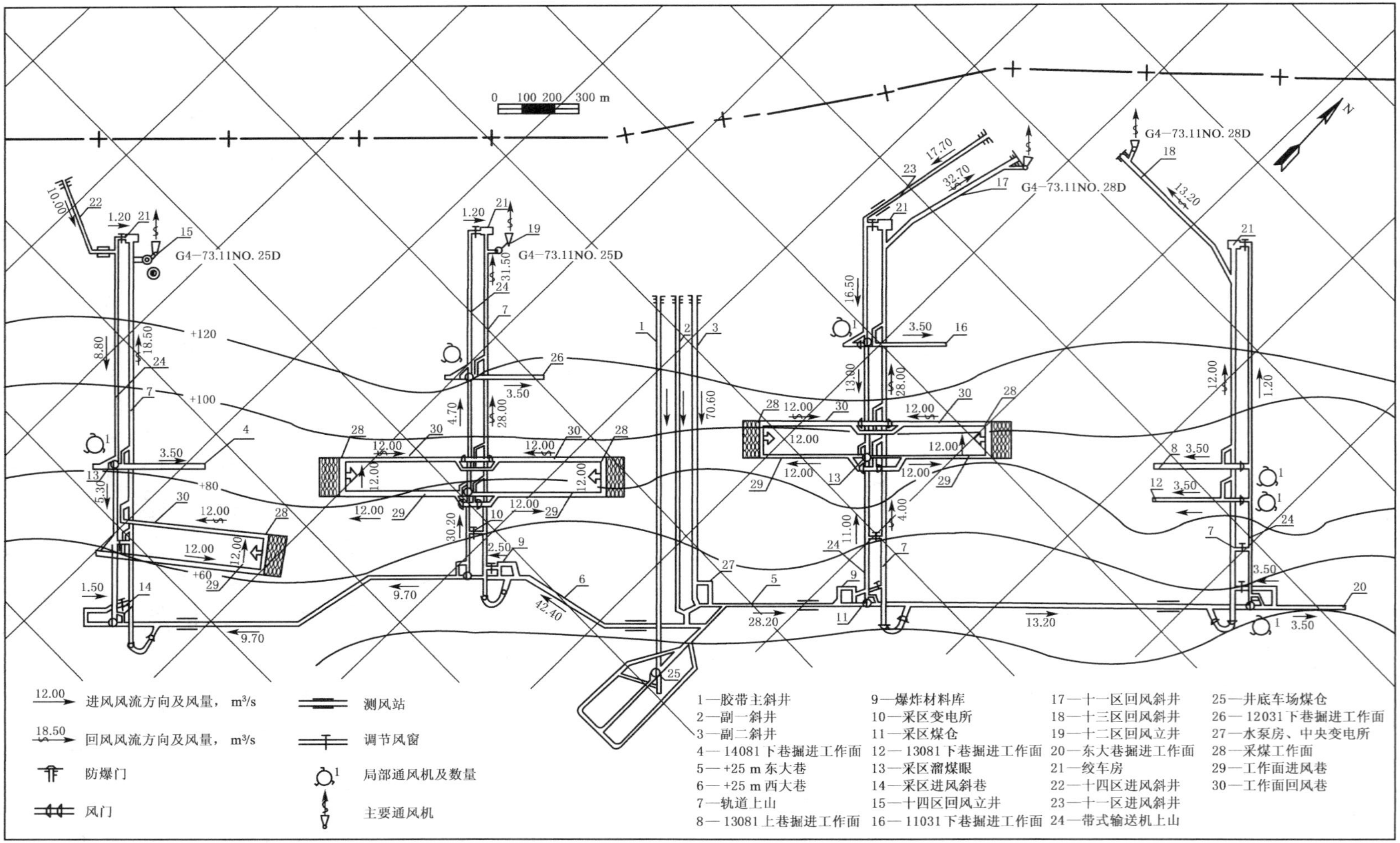

图 7-1　某矿井通风系统工程平面图

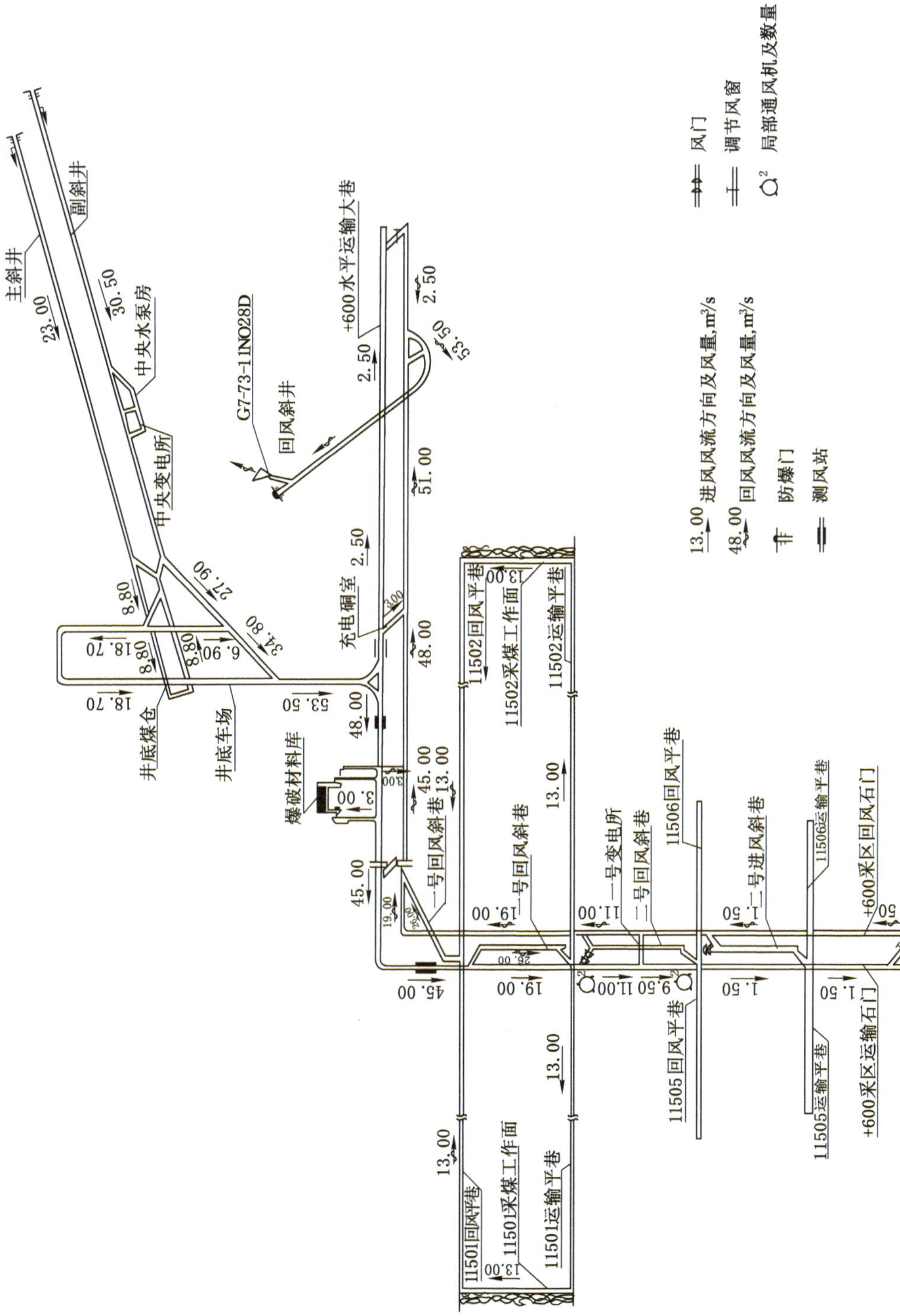

图 7-2　某矿井通风系统平面示意图

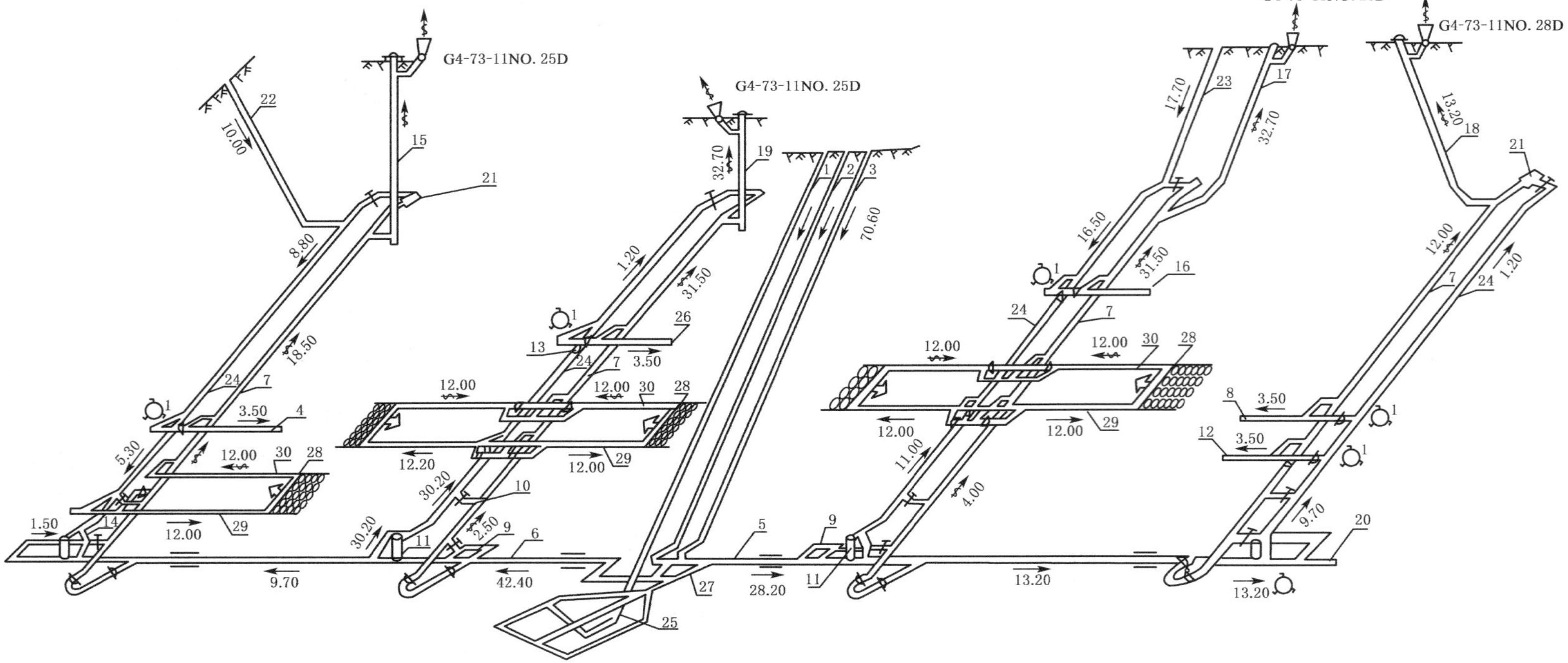

9.70 进风风流方向及风量，m³/s

12.00 回风风流方向及风量，m³/s

防爆门

风门

测风站

调节风窗

局部通风机及数量

主要通风机

1—胶带主斜井
2—副一斜井
3—副二斜井
4—14081下巷掘进工作面
5—+25 m东大巷
6—+25 m西大巷
7—轨道上山
8—13081上巷掘进工作面
9—爆炸材料库
10—采区变电所
11—采区煤仓
12—13081下巷掘进工作面
13—采区溜煤眼
14—采区进风斜巷
15—十四区回风立井
16—11031下巷掘进工作面
17—十一区回风斜井
18—十三区回风斜井
19—十二区回风立井
20—东大巷掘进工作面
21—绞车房
22—十四区进风斜井
23—十一区进风斜井
24—带式输送机上山
25—井底车场煤仓
26—12031下巷掘进工作面
27—水泵房、中央变电所
28—采煤工作面
29—工作面进风巷
30—工作面回风巷

图7-3　某矿井通风系统立体示意图

② 随着矿井开拓的延伸，采区和工作面位置的变化，利用矿井通风系统图能够科学、合理地调整矿井通风系统，满足矿井安全生产的需要。

③ 分析矿井通风系统、用风地点风量分配的合理性、稳定性、安全性，从中发现问题并及时处理。

④ 利用矿井通风系统图分析和评价矿井防灾抗灾能力的强弱，制定相应的切实可行的安全防范措施。

⑤ 根据矿井通风系统图，制定矿井井下避灾路线，绘制矿井井下避灾路线图。

⑥ 根据矿井通风系统图，可绘制矿井通风网络图，分析矿井风网结构，计算矿井通风阻力。

⑦ 核定矿井通风能力，编制以风定产计划。

⑧ 矿井一旦发生灾害，依据矿井通风系统图等资料，制订和实施抢险救灾方案。

三、矿井通风系统图的识读

识读矿井通风系统图，首先应认真仔细地阅读图纸的图名、图号，然后根据图样、图例、技术说明，按以下顺序进行识读：

① 识读矿井开拓开采巷道布置及采掘情况。如井口位置、井筒数目、井底车场、主要巷道布置、采区巷道布置、采掘工作面位置及主要硐室分布等。当矿井通风系统工程平面图的巷道系统复杂，不易看清各巷道的位置关系时，可借助有关剖面图对照识读。

② 识读矿井进风井、回风井数目及相互关系（矿井通风方式），矿井通风方法，进风大巷、总回风巷数目及相互关系，采区进、回风上（下）山数目及相互关系，采煤工作面通风系统，掘进工作面通风系统，硐室通风系统。

③ 识读矿井总风量及各用风地点的风量，主要通风机及局部通风机设置位置及有关技术参数。

④ 识读矿井通风设施种类、数量及其位置。

四、矿井通风系统图的绘制

1. 绘制依据

矿井通风系统图是矿井安全工程图中的一种，亦属于矿井生产系统图的一类。绘制矿井通风系统图的依据资料有：

① 矿井开拓开采技术资料。矿井开拓开采技术资料是绘制矿井通风系统图的首要基础资料。这些资料主要有：矿井采掘工程平面图，矿井采掘工程剖面图，矿井开拓方式平面图，矿井开拓方式剖面图，采区巷道布置平、剖面图等。

② 矿井通风技术资料。矿井通风技术资料是指依据矿井开拓开采布置所确定的矿井通风技术方案及参数。主要包括：矿井通风方式，矿井通风方法，矿井通风网络结构，通风路线，风流方向，采掘工作面，硐室、巷道配风量，通风设备（包括地面和井下）型号、技术参数、数量及位置，控制风流设施的结构及位置。

2. 绘制方法和步骤

绘制矿井通风系统图，首先应识读矿井采掘工程平面图或矿井开拓方式平面图，熟悉掌握整个矿井巷道系统的空间相互联系，为绘制矿井通风系统图建立起基本框架。然后，根据通风系统方案、通风系统图技术要求及矿井井巷复杂程度确定绘制矿井通风系统图的类别和图幅大小。最后，根据不同类型的通风系统图的绘制方法进行绘制。

（1）矿井通风系统工程平面图

矿井通风系统工程平面图是直接在采掘工程平面图或矿井开拓方式平面图上加注风流方向、风量、通风设施及通风构筑物而绘制成的。其绘制方法和步骤如下：

① 先复制一张采掘工程平面图或矿井开拓方式平面图。

注意：为使图纸清晰、明了，可删去图中与通风系统关系不大的图示内容，如保安煤柱线、运煤路线及采区、区段划分线等。保留坐标网、指北方向、煤层底板等高线、断层、采空区范围、巷道及采掘工作面等主要图示内容。

② 根据所确定的矿井通风方式、通风方法和通风风网结构，在复制的图上用专用符号标注进、回风风流路线，通风构筑物，巷道风量，局部通风机位置及数量。标注顺序：从进风井开始，先进风系统后回风系统，先采煤工作面后掘进工作面系统和硐室（巷道）系统。

③ 标注矿井主要通风设备的型号、台数及技术参数。

④ 标注绘制矿井通风系统图的依据资料。

⑤ 绘制图例。

（2）矿井通风系统平面示意图

矿井通风系统平面示意图是根据开拓巷道、准备巷道及回采巷道在水平面上投影的相对位置关系，不按比例绘制的。其绘制步骤及方法如下：

① 根据采掘工程平面图或矿井开拓方式平面图，不按比例，用双线条绘制出井下各种巷道、硐室及采掘工作面的平面位置。为使矿井通风系统平面示意图能较切合实际地反映矿井巷道相互关系，绘制时矿井主要井巷，各采区及工作面的相对位置、尺寸，一般尽可能按投影关系与比例绘制。对在水平投影下重叠或交叉的巷道，可不严格按各巷道的实际位置和比例绘制，只要求能清楚地反映出各巷道在通风系统中的相互关系。

② 标注图示内容。

（3）矿井通风系统立体示意图

矿井通风系统立体示意图是根据轴测投影原理绘制的。其绘制方法及步骤如下：

① 根据采掘工程平、剖面图，或矿井开拓方式平、剖面图，采用轴测投影的方法绘制出矿井巷道轴测图。在绘制矿井通风系统轴测投影图时，可根据需要采用不同类型的轴测投影。为作图方便和增强立体感，一般多用斜角二测投影和斜角三测投影。若以 X 轴表示煤层走向，Y 轴表示煤层倾向，Z 轴表示空间垂直方向，则 X-Y 轴间角可取：30°、45°、60°、75°中任一种，X-Z 轴间角为 90°；X 轴和 Z 轴的轴向变形系数取 1，Y 轴的轴向变形系数取 0.5。

另外，由于通风系统立体示意图是一种示意性的图，在绘制过程中为避免某些巷道重叠和拥挤，使图纸更清晰，立体感更强，巷道不必严格按其平面位置和高程绘制，某些局部巷道可以简化和移动位置。

② 在绘制的轴测图上，标注矿井通风系统图中应标注的图示内容。

五、矿井通风网络图

矿井通风网络图是指用不按比例、不反映巷道空间关系的单线条表示矿井通风网络的示意图。通风网络图可以把各通风巷道之间的关系和风流流动的情况更加清晰地表示出来，是将矿井通风系统图抽象成点或线集合的网状线路示意图。它反映的内容包括风网结构，风流分汇点，支路性质（串联、并联、角联），风流方向，进风、回风及用风地点。

对于一个矿井，通风系统工作的稳定性、合理性及安全性在很大程度上取决于风流线路的结构。由于矿井通风系统分流结构的复杂性，在矿井通风系统图中往往难以对其风流结构及流动关系进行准确的判断与分析，而矿井通风网络图则能直观、清楚地反映矿井通风系统中的风流线路结构和流动关系，便于分析、研究矿井通风系统的合理性、稳定性和安全性，进行网络解算，改善和加强通风管理工作。

矿井通风网络图的绘制方法和步骤如下：

① 在通风系统图上，沿风流方向，对风流的分、汇点进行有序编号。

② 以通风系统图为依据，用单线条代表巷道，由下而上或从左到右，按节点的编号顺序和通风巷道的连接形式绘制风网图。

③ 按风流系统，先绘主干线，后绘支线，减少风路的交叉。

④ 完成风网图的雏形后，适当美化加工，尽量绘成光滑弧状对称图形。

⑤ 在各条风路上，标注风流方向、巷道风阻、风量及通风阻力等数值，以及通风设备和设施，工作面的位置等。

⑥ 按上述方法绘制的通风网络图，往往较复杂，不便使用，还应根据分析问题的需要进一步简化。简化的原则为：

a. 阻力很小的局部风网或两个节点之间的阻力很小时，可简化为一个点，如井底车场等。

b. 某些并联（或串联）的分支群，可用风阻值与该并联（或串联）分支群的总风阻等效的分支来代替。

c. 正在掘进的局部通风机巷，虽然不消耗主要通风机功率，但局部风机安装地点应满足吸入风量、防止循环风产生，因此要在通风网络图中绘出。

d. 简化、合并那些对整个风网不产生影响、解算风网时又不影响准确性的部分（多在风网的进风和回风区内）。但重点分析的部分要慎重处理，不可随意简化，以免疏漏实际存在的通风问题。

⑦ 简化后的网络图，还应将节点编号、风阻值、风量等进行重新调整。各分支巷道也应按风流方向重新进行编号。图 7-4 为某矿通风系统示意图。图 7-5 为图 7-4 所示的矿井通风系统示意图的通风网络图。

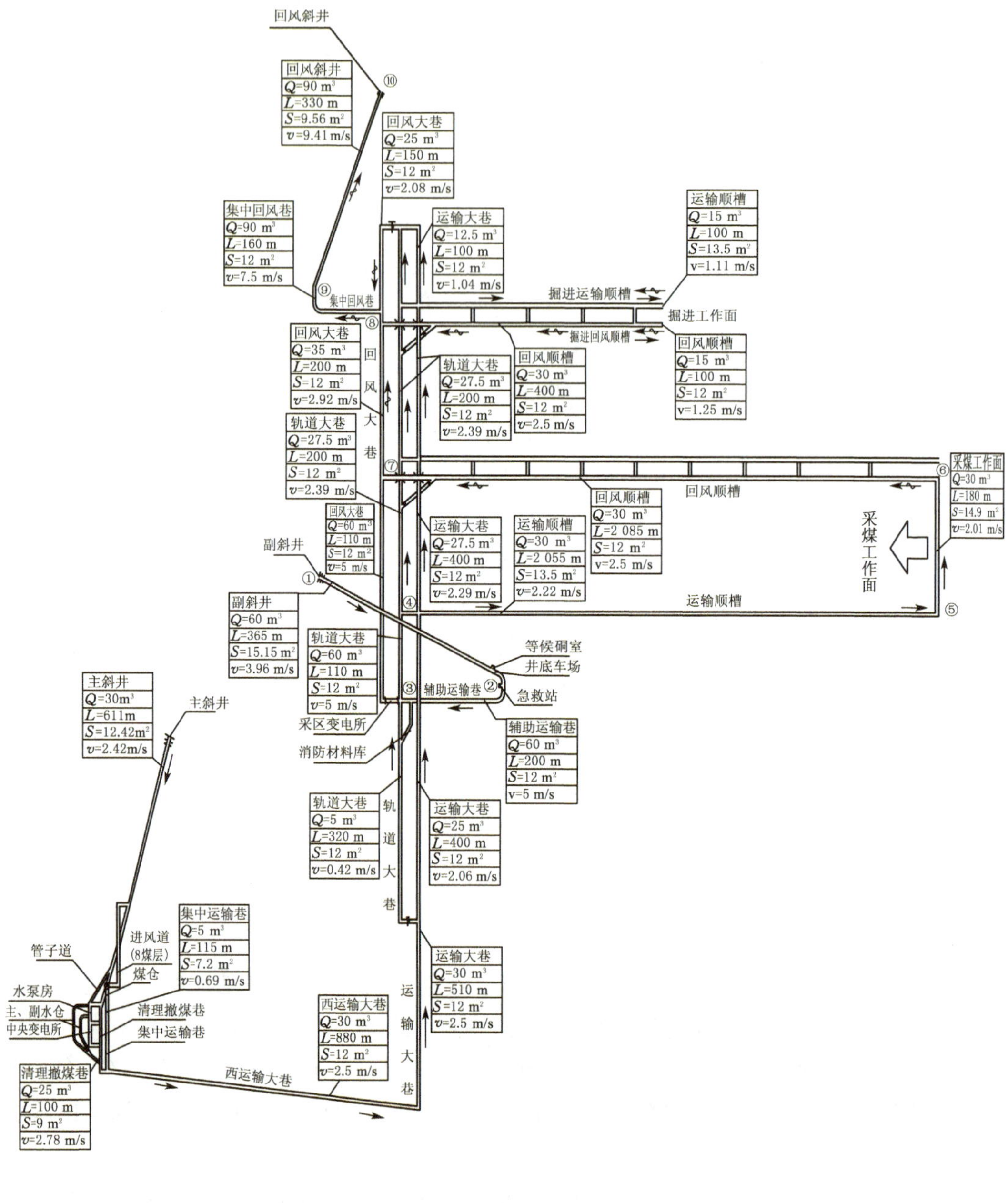

图 7-4　某矿通风系统示意图

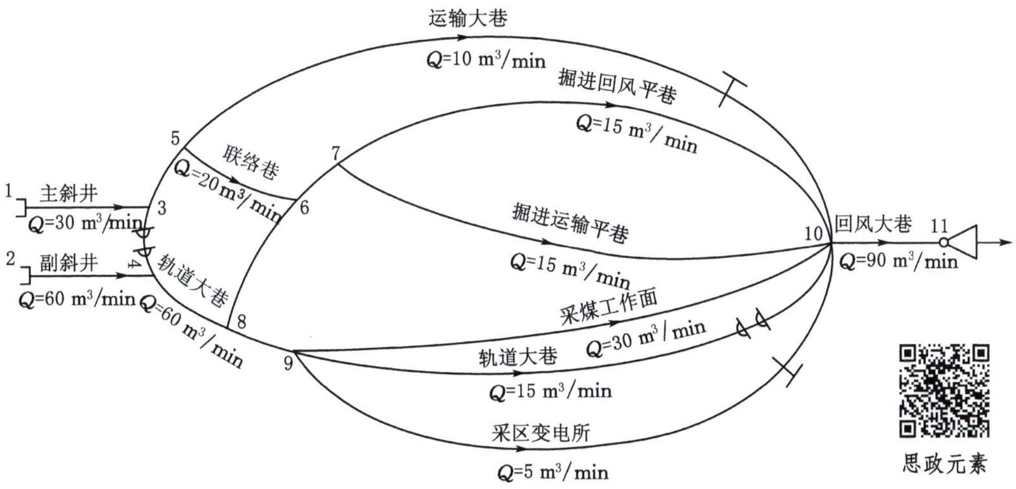

思政元素

图 7-5　某矿井通风网络图

任务二　安全管路系统图

安全管路系统图

煤矿井下瓦斯、火、煤尘、水、顶板隐患的存在，使得煤矿生产工作条件变得恶劣。人们在长期的煤矿生产中，总结出了一系列防治井下各种自然灾害的方法，对保障煤矿安全生产，促进煤炭工业持续、稳定、健康发展发挥着积极作用。其中，井下消防洒水、黄泥灌浆、抽采瓦斯等均是目前煤矿普遍采用且行之有效的防治措施。本节主要介绍煤矿安全工程中常用的井下消防洒水管路系统图、灌浆防灭火管路系统图和瓦斯抽采管路系统图的图示内容、识读方法和绘制。

一、井下消防洒水管路系统图

1. 概述

煤矿井下火灾是煤矿主要灾害之一。矿井一旦发生火灾，不仅会产生大量的有毒有害气体，烧毁设备和资源，往往还可造成瓦斯、煤尘爆炸，使灾害程度和范围相应扩大。为了安全、迅速、有效地扑灭和控制火势扩大、蔓延，最大限度地减少火灾事故所造成的人员伤亡和财产损失，《煤矿安全规程》规定："矿井必须设地面消防水池和井下消防管路系统。"

矿尘亦是煤矿的主要灾害之一。煤矿生产过程中，每一道生产工序都会产生大量的粉尘，井下粉尘分布面广。煤尘能造成严重的煤尘爆炸灾害，岩尘和煤尘还能污染作业环境，使工人患尘肺病。为了消除或减轻煤矿粉尘的危害，就必须对井下各种尘源进行治理。目前治理粉尘的基本手段是用水。《煤矿安全规程》规定："矿井必须建立消防防尘供水系统""没有防尘供水管路的采掘工作面不得生产"。

通常将井下消防管路系统和防尘洒水供水管路系统合二为一，称之为井下消防洒水管路系统。该系统应既能满足井下消防，又能满足井下防尘洒水。

井下消防洒水管路系统图是表示煤矿井下消防和防尘供水管路系统及有关技术参数的图件，是矿井消防洒水工程设计、施工、管理中的主要图纸。图 7-6 为某矿井下消防洒水管路系统工程平面图。

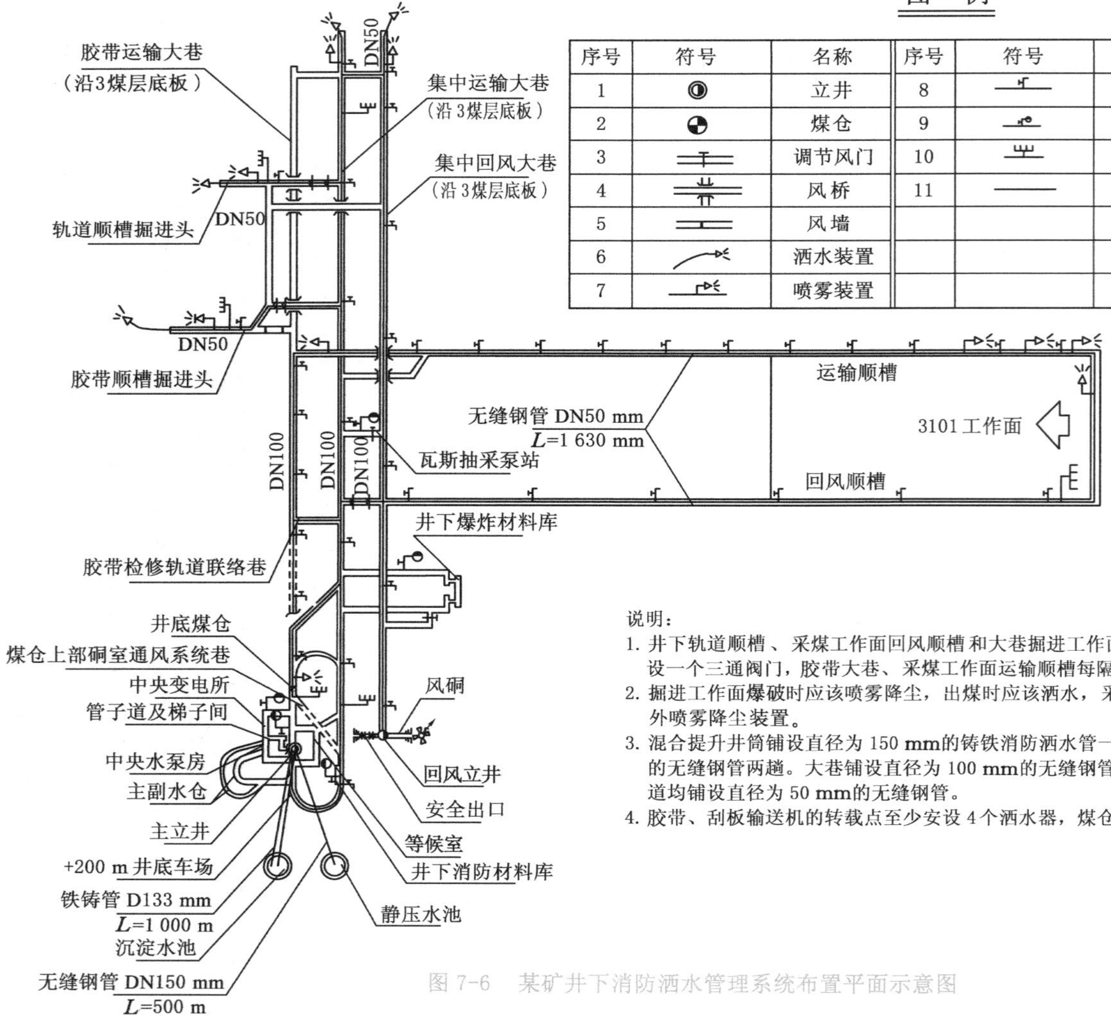

图 例

序号	符号	名称	序号	符号	名称
1		立井	8		喷水闸门
2		煤仓	9		消火栓
3		调节风门	10		水幕
4		风桥	11		排水管
5		风墙			
6		洒水装置			
7		喷雾装置			

说明：

1. 井下轨道顺槽、采煤工作面回风顺槽和大巷掘进工作面均每隔 100 m 设一个三通阀门，胶带大巷、采煤工作面运输顺槽每隔 50 m设一个三通阀门。
2. 掘进工作面爆破时应该喷雾降尘，出煤时应该洒水，采煤工作面采煤机应设内、外喷雾降尘装置。
3. 混合提升井筒铺设直径为 150 mm的铸铁消防洒水管一趟，铺设直径为 133 mm 的无缝钢管两趟。大巷铺设直径为 100 mm的无缝钢管，采煤工作面顺槽和掘进巷道均铺设直径为 50 mm的无缝钢管。
4. 胶带、刮板输送机的转载点至少安设 4 个洒水器，煤仓上、下口均设置洒水器。

图 7-6　某矿井下消防洒水管理系统布置平面示意图

井下消防洒水管路系统图中图示内容主要以图样形式反映，辅以文字和表格说明，主要内容如下：

① 井下管网布置及供水方式。

② 消防洒水水源及用水量。

③ 消火栓、阀门及三通、喷雾器、过滤器等的型号，设置位置及数量，净化水幕设置位置。

④ 井下用水点分布。

⑤ 井下管路系统管材及管径。

⑥ 减压(增压)设备(设施)及装置。

⑦ 井下巷道及硐室的名称。

2. 井下消防洒水管路系统图的用途

① 反映井下消防洒水管路系统的现状和供水能力，为矿井后续开拓开采规划提供技术资料。

② 随着采掘位置的变化，可合理地调配生产用水和防尘、消防用水。

③ 分析井下供水管路系统布置的科学性和合理性，以便调整系统，提高其运行的经济性和安全性。

④ 根据井下消防洒水管路图，可合理安排井下清洗巷道、清扫落尘等防尘工作。

⑤ 矿井一旦发生火灾，可依据井下消防洒水管路系统图及时迅速地制订和实施直接灭火方案，为扑灭火灾、抢险救灾赢得时间。

二、灌浆防灭火管路系统图

1. 概述

目前，我国的生产矿井中，有近一半多的矿井开采煤层具有自然发火性。矿井火灾事故中内因火灾数占矿井总火灾数的70%～90%，因此，矿井内因火灾防治工作十分艰巨。防治矿井内因火灾最常用、最有效的方法是灌浆。灌浆就是把黏土或粉碎的页岩、电厂粉煤灰等固体材料与水按适当比例混合，制成一定浓度的泥浆，借助输浆管路送往可能发生自燃火灾的地点，进行注入或喷洒，以达到防火和灭火的目的。

灌浆管路系统图是表示矿井灌浆防灭火管路布置及有关技术参数的图件，是具有自然发火煤层矿井灌浆防灭火工程设计、施工和管理中的主要图纸。图7-7所示为某煤矿黄泥灌浆管路系统工程平面图。

2. 灌浆管路系统图的主要内容

① 灌浆系统类别及制浆方法。

② 灌浆管路布置。

③ 灌浆方法。

④ 灌浆管路系统管材及管径。

⑤ 灌浆系统输浆量值。

⑥ 井巷名称等。

3. 灌浆管路系统图的用途

① 反映矿井灌浆防灭火管路系统的布置状况和灌浆能力，是矿井开拓开采规划、生产设计的基础技术资料。

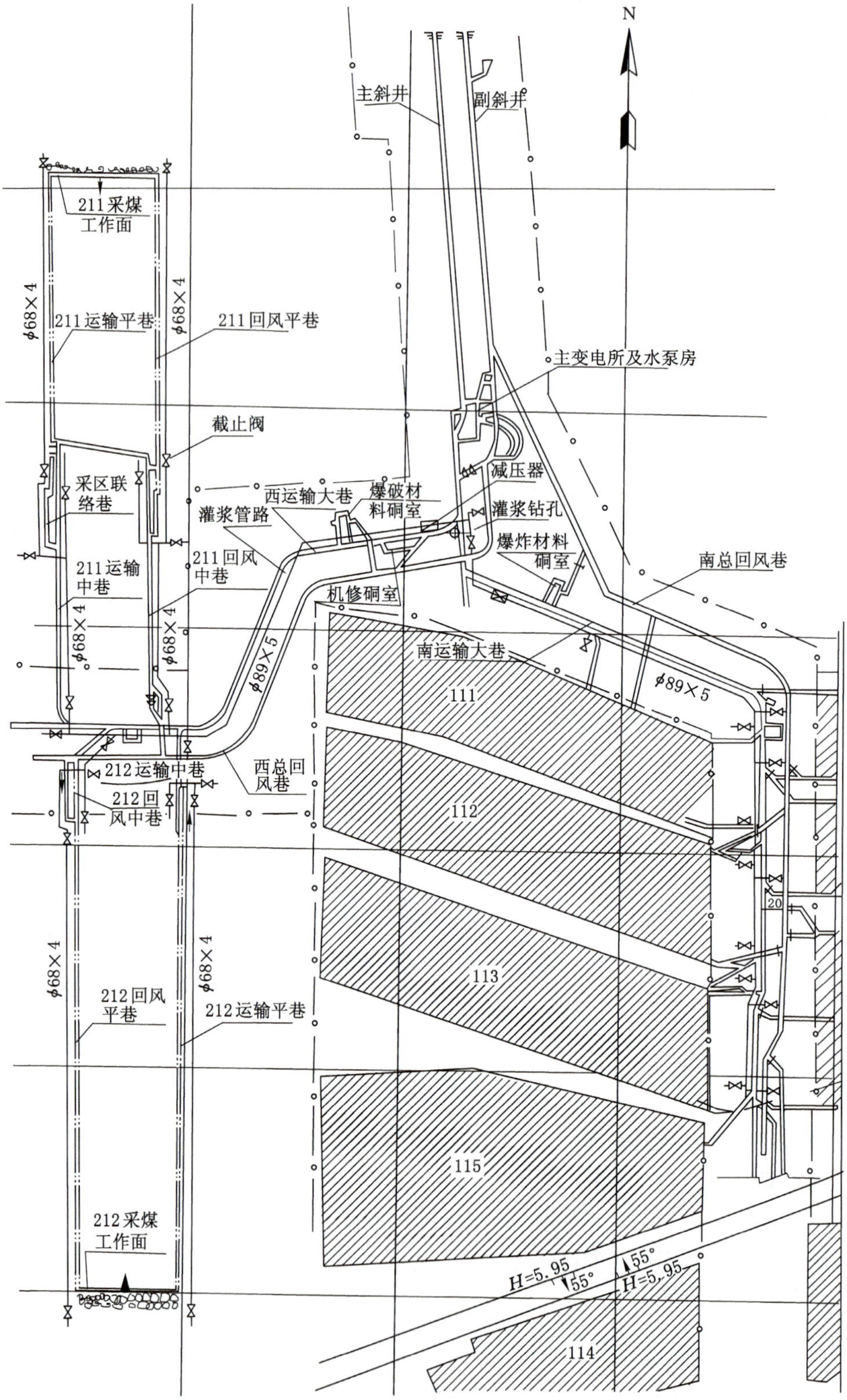

图 7-7　某矿黄泥灌浆管路系统工程平面图

② 反映矿井生产与灌浆防灭火的相互关系，是矿井安全生产管理中常用的图纸，用于指导生产。

③ 根据矿井自然发火预测预报，利用灌浆管路系统图，制订和实施切实可行的预防性防火灌浆方案。

④ 矿井一旦发生煤层自燃火灾，可利用灌浆管路系统图，迅速制订和实施矿井灌浆灭火方案。

三、瓦斯抽采管路系统图

1. 概述

思政元素

瓦斯主要是由煤层气构成的以甲烷为主的有害气体，有时单独指甲烷。其主要来源于煤层或岩层中，是对煤矿安全危害最为严重的有害气体。瓦斯抽采是采用专用设备和管路把煤层、岩层和采空区中的瓦斯抽出或排出的措施。采取抽采瓦斯措施，将富含于煤、岩层中的瓦斯抽采出来，可以有效地解决采掘工作面瓦斯浓度超限的问题，对防止瓦斯事故，保证煤矿安全生产，提高生产力有重要意义。同时，还可将抽出的高浓度瓦斯作为资源加以利用，变害为宝。

瓦斯抽采管路系统图是表示矿井瓦斯抽采管路系统及其有关参数的图件，是高瓦斯、煤与瓦斯突出矿井瓦斯抽采工程设计、施工和管理中的主要图纸。图 7-8 为某矿瓦斯抽采管路系统图。

《煤矿安全规程》规定，有下列情况之一的矿井，必须建立地面永久抽采瓦斯系统或者井下临时抽采瓦斯系统：

① 任一采煤工作面的瓦斯涌出量大于 5 m^3/min 或者任一掘进工作面瓦斯涌出量大于 3 m^3/min，用通风方法解决瓦斯问题不合理的。

② 矿井绝对瓦斯涌出量达到下列条件的：

a. 大于或等于 40 m^3/min；

b. 年产量 1.0～1.5 Mt 的矿井，大于 30 m^3/min；

c. 年产量 0.6～1.0 Mt 的矿井，大于 25 m^3/min；

d. 年产量 0.4～0.6 Mt 的矿井，大于 20 m^3/min；

e. 年产量小于或等于 0.4 Mt 的矿井，大于 15 m^3/min。

2. 瓦斯抽采管路系统图的主要内容

① 瓦斯抽采管路布置。

② 管材及管径。

③ 管路附属装置（瓦斯流量计、放水器、阀门、测压嘴、“三防”装置、放空管等）的设置位置。

④ 瓦斯抽采方法及抽采钻孔布置。

⑤ 瓦斯抽采泵站位置及瓦斯抽采泵的型号、台数。

⑥ 矿井瓦斯抽采量及抽采率。

⑦ 巷道名称。

3. 瓦斯抽采管路系统图的用途

① 指导矿井瓦斯抽采日常工作，如安排开凿钻场、打钻，敷设瓦斯抽采管路，测压与调压，统计抽采量等。

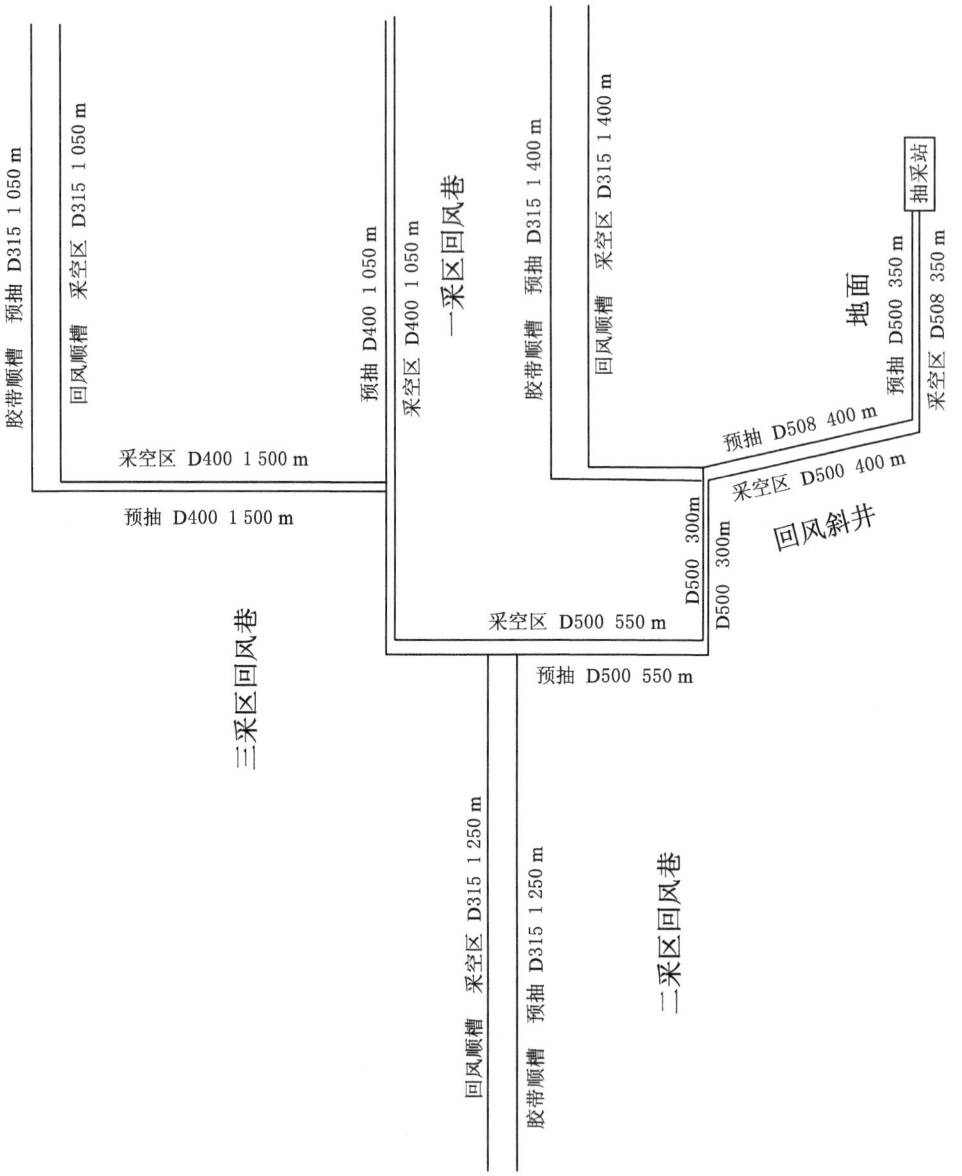

图 7-8　某矿瓦斯抽采管路系统图

② 指导制订矿井预防煤与瓦斯突出方案。

③ 分析矿井瓦斯抽采效果，采取其他瓦斯防治措施。

④ 作为编制矿井采掘工程计划、瓦斯利用计划及矿井安全监测系统方案的基础资料。

四、安全管路系统图的识读

识读矿井安全管路系统图时，首先应认真仔细地阅读图纸的图名、图号、比例尺。然后根据图样所表示的内容、图例、技术说明、相关表格，按照一定顺序进行识读。

① 识读矿井开拓开采巷道系统及采掘工作面的布置。识读井口位置、开拓方式、井底车场、主要巷道布置、采区巷道布置、回采巷道布置等，搞清全矿井巷道的空间位置及相互联系。

② 识读敷设安全管路的井筒及位置，井下主管、分管、支管的布置及连接关系。

③ 管路系统的管材、管径及敷设长度。

④ 对井下消防洒水管路系统图应识读以下内容：供水方式(静压供水、动压供水)及供水水源；消火栓、阀门及三通、喷雾器、过滤器型号及设置位置、数量；净化水幕设置位置；井下用水点及分布；减压(增压)设备(设施)及装置。

⑤ 对灌浆管路系统图应识读以下内容：识读矿井灌浆系统类别(集中灌浆系统、分散灌浆系统)，制浆材料及方法，灌浆方法，灌浆参数及泥浆比，灌浆系统输浆能力及倍数值。

⑥ 对瓦斯抽采管路系统图应识读以下内容：识读矿井瓦斯抽采方法，管路附属装置，抽采泵站位置及抽采泵型号、台数，瓦斯抽采量及抽采率。

五、安全管路系统图的绘制

安全管路系统图的绘制方法与煤矿其他图纸的绘制原理及表示方法基本一致，易读易懂，便于生产使用，在煤矿设计、建设和生产管理中被普遍采用。

安全管路系统图的绘制方法与绘制矿井通风系统图的方法基本相同，绘制方法及步骤如下：

① 先复制采掘工程平面图或开拓方式平面图。

注意：删去与管路系统无关的图示内容，留下保护坐标网、指北针、煤层底板等高线、断层、采空区范围、巷道及采掘工作面等图示内容，作为底稿图样。

② 根据确定的某种安全管路系统布置方案，用单线条表示管路，在底稿图样巷道旁(巷宽较大时，可在巷道内)绘出主管道、分管道及支管道。

③ 用专用符号绘制出管路附属装置。管路的附属装置的位置、技术性能均应满足技术要求。

④ 标注管径及长度尺寸。

⑤ 用文字说明或表格反映安全管路系统图中有关技术参数及绘制依据。

⑥ 若某些内容反映不出或不详时，可用局部放大详图。

⑦ 绘制图例。

⑧ 应对图样、表格、文字说明、图例等进行合理安排布局，线型粗细搭配得当。如管路用粗实线，巷道用较细实线，煤层底板等高线和尺寸线用细实线。

任务三 矿井安全监测系统图

一、概述

矿井安全监测系统图

煤矿安全监测系统是利用现代传感技术、信息传输技术、计算机信息处理与控制技术对煤矿井下瓦斯环境参数进行实时采集、分析、存储和超限控制的装置。矿井安全监控系统的安装、使用和维护必须符合《煤矿安全规程》和相关规定的要求。

矿井安全监测系统图是表示矿井安全监测系统井下信息传输电缆、分站及各种传感器布置及有关技术参数的图件，是矿井安全监测系统工程设计、施工和管理的主要图纸。

矿井安全监测系统图的主要内容有：

① 传输电缆(信道)的敷设。

② 井下分站、地面分站的设置位置及参数。

③ 井下、地面传感器的种类及布置位置。

④ 地面监测中心站的位置及设备配备。

二、矿井安全监测系统图的分类及用途

1. 矿井安全监测系统图的分类

矿井安全监测系统图根据绘制原理不同可分为三种：矿井安全监测系统工程平面图、矿井安全监测系统示意图和矿井安全监测系统立体示意图。其中，矿井安全监测系统工程平面图是目前矿井设计、建设和生产中最为常用的图纸，是直接在矿井采掘工程平面图或矿井开拓方式平面图中标注反映矿井安全监测系统图图示内容的专用符号和有关技术参数而形成的图件。

2. 矿井安全监测系统图的用途

矿井安全监测系统图主要用于监测井下瓦斯、风速、一氧化碳、风压、温度等环境参数，还可用于矿井生产监视、监控和监测。如监测井下风门开关、设备的开停，煤仓煤位、水仓水位是否正常，胶带是否跑偏，井下作业人员移动目标监测跟踪等。

① 分析监测系统信号传输电缆、井下分站、传感器布置的合理性，发现问题及时处理。

② 指导日常瓦斯等参数的监测工作。如随采煤工作面位置的变动，传感器位置的调整、传感器的增减、井下分站的调整及增设等。

③ 了解井下作业场所瓦斯等有害气体浓度，分析其涌出量及规律，掌握整个矿井瓦斯等有害气体的涌出情况，作为制定有效的防治瓦斯等有害气体措施的基础资料。

④ 评价矿井抗灾能力强弱及现代化管理水平的高低。

⑤ 用于矿井瓦斯管理。

三、矿井安全监测系统图的识读

识读矿井安全监测系统图，首先应认真仔细地阅读图纸的图名、图号、比例，然后根据图样表示的内容、图例、技术说明、相关表格，按照一定顺序进行识读。

① 识读矿井开拓开采巷道系统及采掘工作面的布置。如井口位置、开拓方式、井底车

场、主要巷道、采区巷道、回采巷道及井下主要机电硐室的布置等。

② 识读矿井安全监测系统地面监测站的布置位置，监测站主要设备配备；敷设信号传输电缆的井筒及位置；井下电缆的敷设及型号。

③ 分站设置位置、监测范围、配备的传感器及功能。

④ 各种传感器安设位置。

⑤ 瓦斯监测点甲烷传感器的报警、断电、复电浓度和断电范围。

四、矿井安全监测系统图的绘制

矿井安全监测系统工程平面图的绘制方法与矿井通风系统工程平面图基本相同。

绘制方法及步骤如下：

① 先复制矿井采掘工程平面图或矿井开拓方式平面图，删去与安全监测系统工程平面图无关的图示内容。

② 按确定的监测传输电缆布置方案，用单线条表示信号传输电缆，画在巷道旁。

③ 用专用符号绘制出井下分站、各种传感器。

④ 用文字说明或表格反映矿井安全监测系统工程平面图中有关技术参数及绘制的依据。

⑤ 绘制图例。

任务四　井下避灾路线图

一、概述

井下避灾路线图

矿井一旦发生灾害，在矿山专业救护队难以及时到达现场抢救时，井下受灾人员在无法进行抢救和控制事故的情况下，应选择安全路线迅速撤离危害区域，沿着避灾路线从安全出口逃至地面。避灾是减少井下工作人员伤亡损失的重要环节。井下工作人员必须熟悉避灾路线。

井下避灾路线图是表示矿井发生灾害时，井下人员安全撤离灾区至地面的路线图纸，是矿井安全生产的必备图纸。

井下避灾路线图图示的主要内容：

① 矿井安全出口。

② 矿井通风网络进、回风风流的方向和路线。

③ 井下发生瓦斯、煤尘爆炸，煤与瓦斯突出，矿井火灾时井下避灾路线。

④ 井下发生水灾时避灾路线。

⑤ 矿井巷道名称。

二、井下避灾路线图的分类及用途

1. 井下避灾路线图的分类

根据绘制原理不同井下避灾路线图可分为三种：井下避灾路线工程平面图、井下避灾路线示意图和井下避灾路线立体示意图。在矿井安全生产管理中，最常用的是井下避灾路线工程平面图。图 7-9 为某矿井下避灾路线工程平面图。

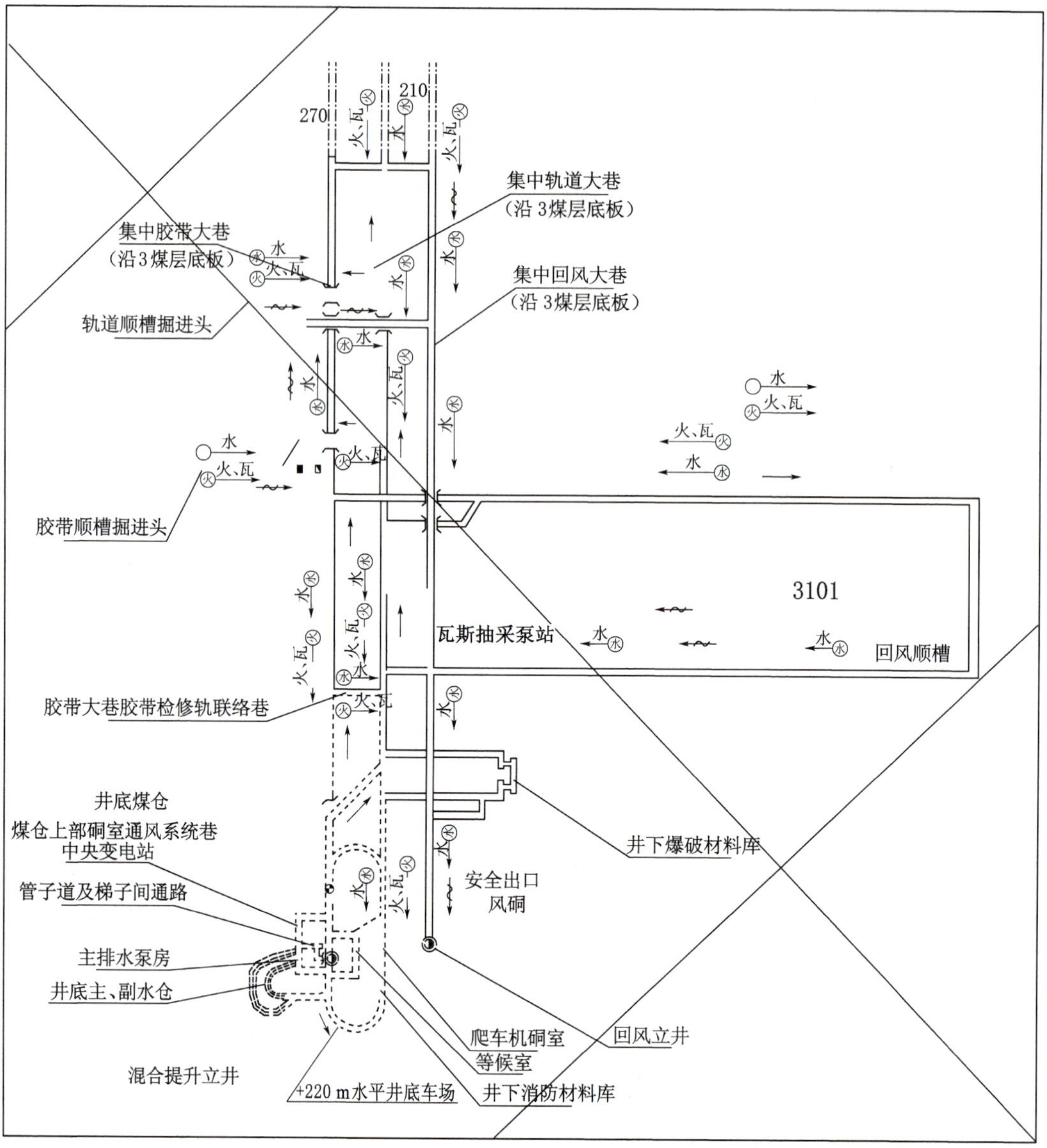

图 7-9　某矿井下避灾路线工程平面图

2. 井下避灾路线图的用途

① 用于井下职工安全基本知识培训，使职工熟悉井下避灾路线，具有一定的防灾抗灾能力。

② 部署、指导和实施矿井救灾演习工作。

③ 矿井一旦发生灾害，井下灾区工作人员可根据事故性质及所处位置，按照井下避灾路线图规定的路线，安全而迅速地从灾区撤离至地面，减少事故人员伤亡。

④ 井下发生灾害后，矿井避灾路线图是制订和实施营救井下被困人员方案的重要依据之一。

三、井下避灾路线图的识读

识读井下避灾路线图，首先应认真仔细地阅读图纸的图名、图号、比例，然后根据图样表示的内容、图例、技术说明、相关表格，按照一定顺序进行识读。

① 识读矿井开拓、开采巷道系统及采掘工作面的布置。

② 识读矿井的进、回风巷道系统，即进、回风风流方向及路线。

③ 识读采掘工作面、采区、水平及矿井安全出口的位置及相互联系。

④ 识读采掘工作面发生瓦斯、煤尘爆炸，煤与瓦斯突出，火灾时的避灾路线。避灾路线的起始位置为采掘工作面，终点为地面。

⑤ 识读井下采掘工作面发生突水事故时的避灾路线。

⑥ 识读井下安全设施名称及位置。

四、井下避灾路线图的绘制

井下避灾路线工程平面图的绘制方法与矿井通风系统工程平面图基本相同。

① 先复制矿井采掘工程平面图或开拓方式平面图，删去与井下避灾路线图无关的图示内容。

② 在巷道旁绘制避灾路线专用符号。

③ 绘制图例。

复习思考题

1. 矿井通风系统图的主要内容有哪些？
2. 矿井通风系统图的用途有哪些？
3. 煤矿安全工程中常用的安全管路系统图有哪几种？
4. 矿井安全监测系统图的主要内容有哪些？
5. 井下避灾路线图的用途有哪些？

项目八　矿井其他矿图

【学习目标】

1. 通过井上下对照图中地面与井下内容的对照关系建立矿井空间立体关系思维。
2. 了解矿井的各种生产系统图之间的关系以及对于矿井安全生产的重要性。
3. 掌握矿井主要保护煤柱图的读图方法和绘制方法。

【思政目标】

通过各系统图的讲解，介绍各系统相互配合才能保证煤矿安全有序生产，引出教学过程中的小组配合以及工作中各成员相互配合的重要性。

任务一　井上下对照图

井上下对照图

一、概述

用水平投影的方法将井下主要巷道投影到井田区域地形图上所得到的图纸称为井上下对照图。

井上下对照图上应绘出以下内容：

① 井田区域地形图所规定的内容。

② 各个井口(包括废弃不用的井口和小窑开采的井口)的位置。

③ 井下主要开采水平的井底车场、运输大巷、主要石门、主要上(下)山、总回风巷、采区内的主要巷道、开采的工作面及编号。

二十大元素

④ 井田技术边界线、保护煤柱围护带和边界线。

井上下对照图主要用于了解和掌握地面和井下的对照情况及回采对地面的影响，为井田范围内的规划、设计提供依据。

井上下对照图一般用 1∶5 000 或 1∶2 000 的比例尺绘制。

二、井上下对照图的绘制方法

从井上下对照图的概念可知井上下对照图是一种复合图，它是以井田区域地形图为基础绘制的。绘制时，首先在透明纸或聚酯薄膜上描绘井田区域地形图，标出井口位置、工业广场建筑物、道路、河流和其他重要地面建筑物等；然后用相同的比例尺，对好网格相应的坐标，再将主要巷道填绘上去，即得井上下对照图。如图 8-1 所示，图 8-1(a)为井田区域地形图的一部分，图 8-1(b)为相应的三个开采水平的主要巷道平面图的一部分。按上述方法将图 8-1(a)和图 8-1(b)综合绘制在一起，则可得井上下对照图[图 8-1(c)]。随着井下采掘活动的不断变化，井上下对照图上也必须按一定时间及时地将井下采掘情况填绘上去。

井上下对照图的合成方法

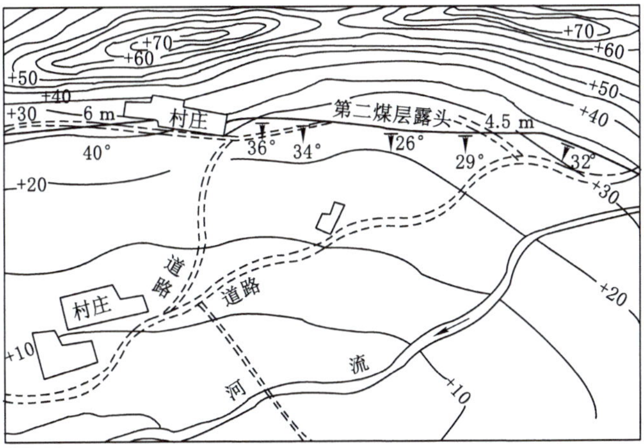

(a) 井田区域地形图

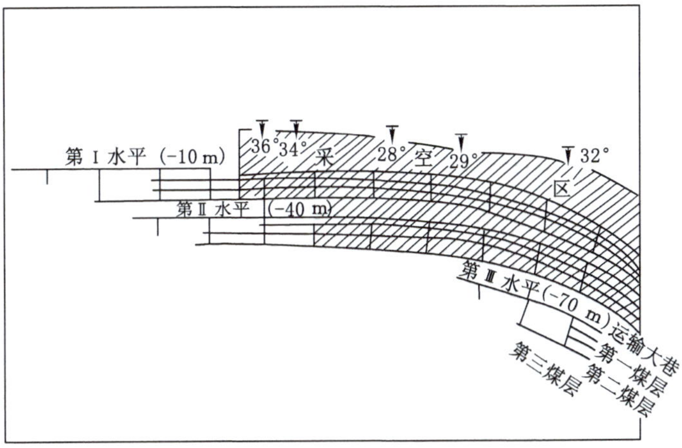

(b) 开采水平主要巷道综合平面图

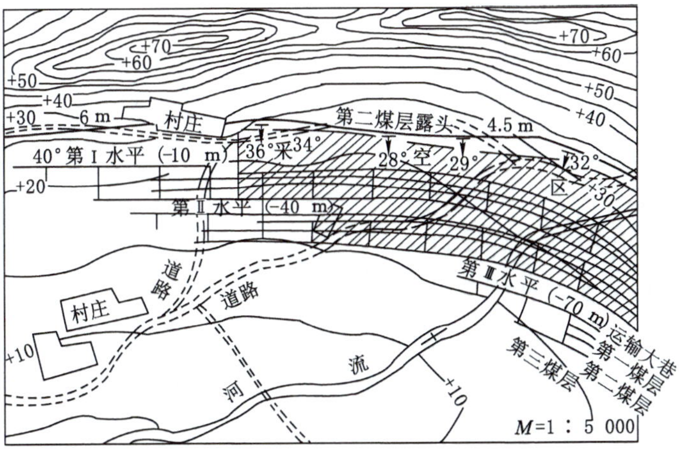

(c) 井上下对照图

图 8-1　某矿井上下对照图(局部)的绘制

三、井上下对照图的识读

识读井上下对照图时，应着重看清以下三方面的位置关系：

① 地面的地物、地貌，特别是通过矿区的河流、铁路，位于矿区内的湖泊、桥梁、工厂、村庄和其他重要建筑物等。

② 煤层埋藏情况，如煤层露头，煤层的层数、厚度、走向、倾向和倾角等。

③ 井下的采掘工程情况，如井下开采水平的数目、主要巷道的布置、采煤工作面和掘进工作面的位置、采空区的范围及处理方法等。

【例 8-1】 图 8-1(c)所示为某矿井上下对照图的一部分，矿区北部地形较高，有两个小山，由北向南地势渐趋平缓。铁路从矿区北部通过。有一条大河自东北向西南进入矿区。中部有一村庄因开采已迁移，矿区西部也有一村庄。该矿井共开采三个煤层，地面上有第二煤层的露头线，煤层走向大致为东西方向，向南倾斜，倾角为 28°～40°，煤层平均厚度为 5 m。矿井采用多水平、集中岩石运输大巷和采区石门开拓，第一、二水平正在回采，第三水平处于开拓准备阶段。

四、井上下对照图的应用

井上下对照图的主要用途是用来了解地面情况和井下采掘工程情况的相互位置关系，为地面建设规划、井下开采设计和施工服务。如在制定矿区规划时，应考虑将地面工厂、铁路和其他重要建筑物安置在井下采动影响范围之外；在进行井下开采设计时，井口位置的选择、井下巷道的布置、煤柱的留设、顶板管理方法的选择等，也要考虑地面的具体情况。有了井上下对照图，解决这些问题就方便多了。现举例说明井上下对照图的应用。

1. 确定地表移动范围

井下采动所引起的岩层移动和地表沉降，可能使地表的铁路和重要建筑物遭受破坏，还可能使地面河流或湖泊之水随地表塌陷而涌入井下，造成重大灾害。因此，必须准确地确定受到采动影响地表移动的范围，以便采取必要措施。

【例 8-2】 图 8-2 是某矿局部地区井上下对照图。地面有一个村庄，在井下－20～－60 m 和－60～－100 m 等高线间分别布置了正在采煤的工作面，现在要知道开采这两个工作面后村庄是否会有危险。为此，就必须确定由于煤层采出而引起的地面移动范围。

二十大元素

其作图步骤如下：

① 在井上下对照图上画出剖面线Ⅰ—Ⅰ、Ⅱ—Ⅱ和Ⅲ—Ⅲ的位置，如图 8-2 所示，沿此三条线作地表和煤层的垂直剖面图。

② 在Ⅰ—Ⅰ、Ⅱ—Ⅱ和Ⅲ—Ⅲ的剖面图的上部开采边界点上(如Ⅰ—Ⅰ、Ⅱ—Ⅱ的 5′点，Ⅲ—Ⅲ的 6′点)，按上山移动角 γ 作直线与地表相交，分别得到 A'、B'、C'三点。图中的上山移动角 γ 与煤层厚度、开采深度、上覆岩层的性质等因素有关。

③ 将 A'、B'、C'投影到水平线上，得 A、B、C 三点。

④ 将三个剖面图上的 A、B、C 三点分别转画到井上下对照图的三个剖面线上，得平面图上的 A、B、C 三个点。

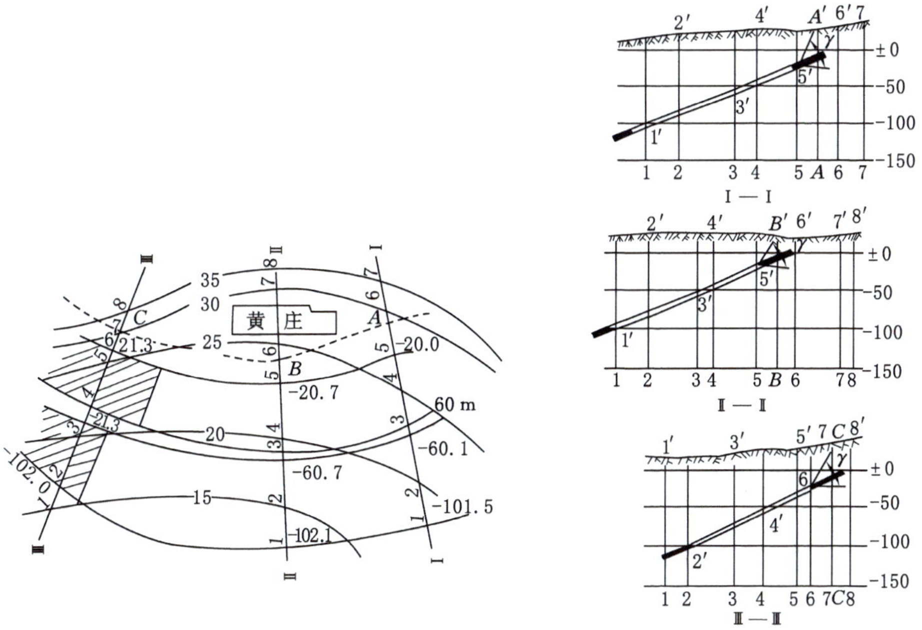

图 8-2　某矿局部地区井上下对照图

⑤ 过井上下对照图上的 A、B、C 三点作虚线，即为地表受岩层移动影响的范围。

由图 8-2 可知，村庄位于地表移动范围以外，井下开采不会危及村庄的安全。

2. 确定井下开采深度

在井上下对照图上，可同时知道地面某点标高 $H_{上}$ 和煤层底板标高 $H_{下}$，则该点的开采深度 H 为：

$$H=H_{上}-H_{下}$$

图 8-2 中Ⅰ—Ⅰ线上 5 点处的开采深度为：

$$H=27.5-(-20.0)=47.5\ (\text{m})$$

利用这种方法可确定排水钻孔、灌浆灭火钻孔等各种钻孔的深度。

3. 考虑铁路下、建筑物下和水体下采煤的问题

在铁路下、建筑物下和水体下进行开采工作，为了使地表发生的沉降不会引起铁路、建筑物的破坏和水体的水导入井下，则需要在开采方法、开采顺序和开采时间上采取适当的措施，有时还要在建筑物的结构上采取措施。井上下对照图是研究“三下”采煤问题的基础资料之一。

【例 8-3】 图 8-3 所示为某矿局部地区的井上下对照图。地面有一条大致纵贯东西的铁路和一条公路，并有一座铁桥，桥下 238 m 处有厚为 1.3～2.2 m 的煤层。为了使开采所引起的岩层移动不会引起地表铁路和大桥发生超出允许范围的变形，已在铁路下方沿铁路走向布置了长壁采煤工作面，并需在开采工艺上采取适当的措施。

4. 确定钻孔位置

在进行钻探、井下注浆灭火、排水或处理井下灾害事故中，往往需要向井下打钻，此时准确地定出钻孔位置是极其重要的。这一工作也需借助于井上下对照图来解决。

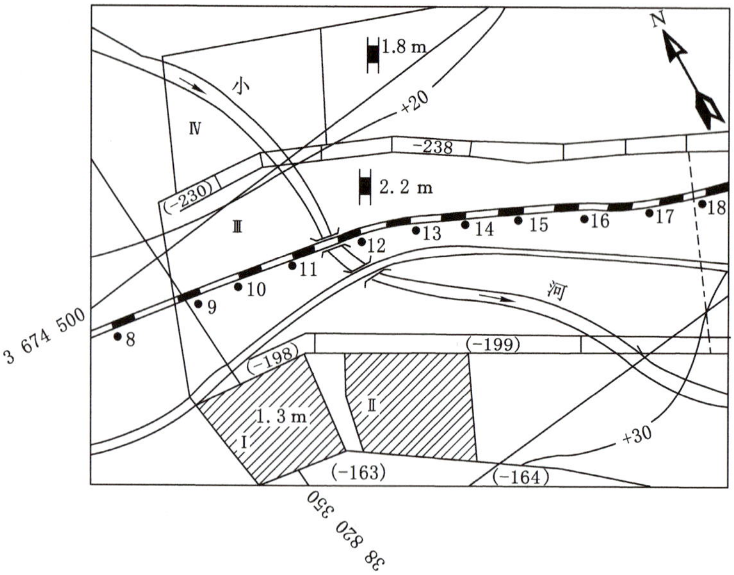

图 8-3　某矿局部地区井上下对照图

任务二　保护煤柱图

一、概述

为使井田范围内的地表铁路、建筑物和水体免受地下开采影响所划定的煤层开采边界的综合性图纸，称为保护煤柱图。保护煤柱有多种，如工业广场保护煤柱、铁路保护煤柱、村庄保护煤柱、井筒保护煤柱等。矿井主要保护煤柱图是确定矿井开采边界、进行矿井改扩建和指挥生产的重要依据。

保护煤柱图

主要保护煤柱图的比例一般与采掘工程平面图相一致，一般为 1∶2 000 或 1∶5 000。

二、留设保护煤柱的方法及作图步骤

留设保护煤柱的方法有垂直剖面法和垂线法，前者最为常用。现举例说明不同类型保护对象留设保护煤柱的作图方法和步骤。

【例 8-4】 立井井筒保护煤柱的留设。

某矿井地质开采条件及冲积层和基岩移动角值详见表 8-1，井筒保护煤柱如图 8-4 所示。

表 8-1　某矿矿井地质开采条件、冲积层和基岩移动角值

井筒垂直 H/m	煤层厚度 /m	煤层倾角 /(°)	ϕ /(°)	γ /(°)	δ /(°)	冲积层厚度 h /m
280	2	20	45	70	60	25

① 通过立井井筒中心沿煤层倾斜方向和走向分别作剖面Ⅰ—Ⅰ和Ⅱ—Ⅱ，按Ⅰ级保护建筑物在井筒周围留 20 m 宽的围护带，在剖面图上得 m、n、k、l 各点。

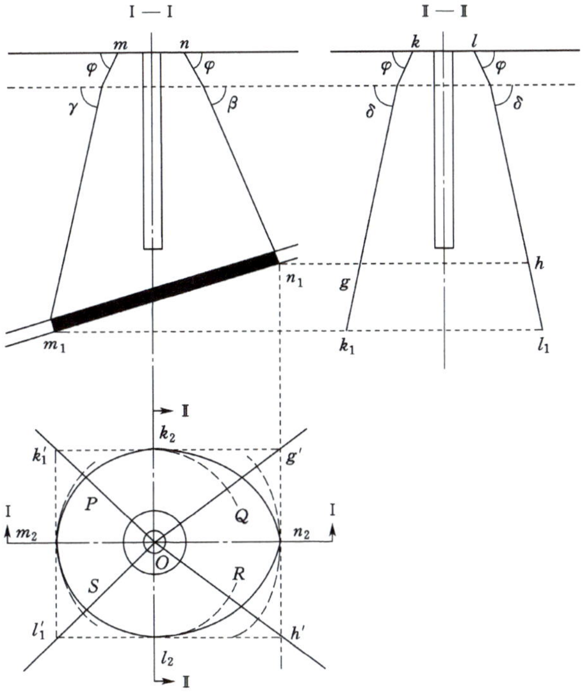

图 8-4　立井井筒保护煤柱的留设

② 根据冲积层和基岩的移动角值，绘出保护煤柱的边界线，在剖面Ⅰ—Ⅰ上得 m_1、n_1 点，在剖面Ⅱ—Ⅱ上得 k_1、l_1、g、h 各点。

③ 将 m_1、n_1、k_1、l_1、g、h 各点投影到平面图上，得 m_2、n_2、k_1'、l_1'、g'、h' 点，连接 $k_1'g'$、$g'h'$、$h'l_1'$、$l_1'k_1'$ 交Ⅰ—Ⅰ、Ⅱ—Ⅱ剖面线 m_2、n_2、k_2、l_2 点。连接对角线 Ok_1'、Og'、Oh'、Ol_1'。

④ 以井筒中心 O 为圆点分别以 Om_2、Ok_2、On_2、Ol_2 为半径画圆弧，并交对角线上，取中点为 P、Q、R、S 点。

⑤ 用圆滑曲线连接 m_2、P、k_2、Q、n_2、R、l_2、S 各点，即为立井井筒安全煤柱的边界。

【例 8-5】 工业广场煤柱的留设。

某矿工业广场需保护的建筑物如图 8-5 所示，保护级别为Ⅱ级，留围护带宽 15 m，该矿的地质开采条件及冲积岩层和基岩移动角值见表 8-2。

根据上述条件，用垂直剖面法留设保护煤柱的方法和步骤如下：

① 确定受保护面积。

根据井上下对照图，按比例尺绘出工业广场轮廓，过轮廓的角点作平行于煤层走向和倾向的外切矩形 $abcd$；工业广场保护级别为Ⅱ级，再向外加宽 15 m 的围护带，得矩形 $a'b'c'd'$，即为所确定的保护面积，如图 8-5(a)所示。

② 确定保护煤柱边界线。

过保护面积中心沿煤层倾向作剖面Ⅰ—Ⅰ，如图 8-5(b)所示。该图中保护边界点为 m、n，从这两个边界点作冲积层移动角 $\varphi=45°$，交于冲积层与基岩分界处，得交点 m_1、n_1；再由 m_1 作上山移动角 $\gamma=72°$，由 n_1 作下山移动角 $\beta=57°$，分别交煤层于 m_2、n_2 点，即为保护煤柱在倾斜方向的下部边界点和上部边界点，将两点转绘到平面图上，得 M 点和 N 点。

③ 作沿煤层走向的剖面图Ⅱ—Ⅱ。

用同样方法作沿煤层走向的剖面图Ⅱ—Ⅱ，如图 8-5(c)所示。由保护边界点 l、k 处作 $\varphi=45°$，得冲积层与基岩分界处的 l_1、k_1 点；再作基岩移动角 $\delta=72°$，与煤层交于上部保护边界得 l_2、k_2 点，交下部保护边界得 l_3、k_3 点。

④ 作保护煤柱边界。

在平面图上，过 M、N 点作平行于煤层走向的直线，将Ⅰ—Ⅰ、Ⅱ—Ⅱ剖面上的 l_2、k_2、l_3、k_3 点转到平面图上，即得保护煤柱边界 $ABCD$。

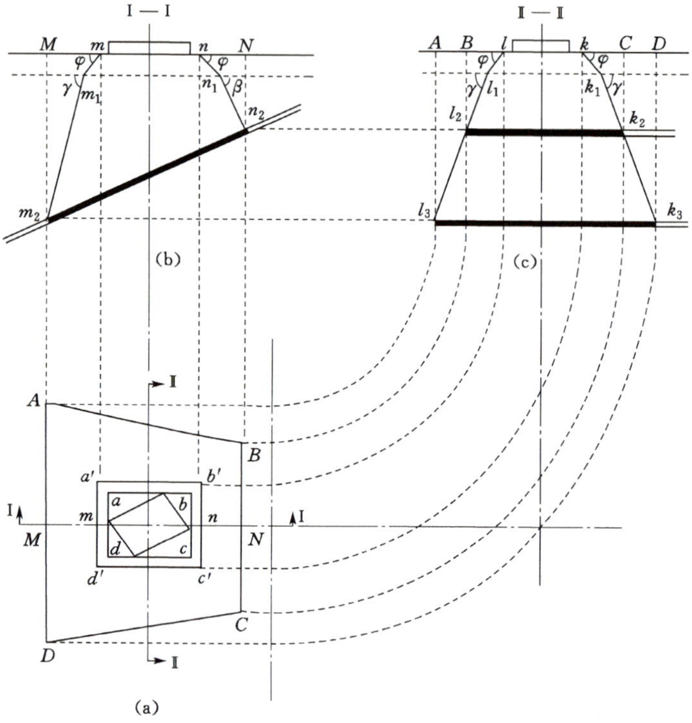

图 8-5 工业广场保护煤柱留设方法示意图

表 8-2 某矿矿井地质开采条件、冲积层和基岩移动角值

建筑物中心处地下煤层厚度 H/m	煤层厚度/m	煤层倾角/(°)	ϕ/(°)	γ/(°)	β/(°)	δ/(°)	冲积层厚度 h/m
320	2	26	45	72	57	72	30

任务三 煤矿生产系统图

煤矿生产系统图

为了便于生产管理，生产矿井往往还需绘制其他各种生产系统示意图，如运输系统示意图、排水系统示意图、供电系统示意图和通风系统示意图

等。这类图纸是在采掘工程平面图的基础上绘制的(有时可直接在采掘工程平面图上填绘各种符号而构成生产系统图),绘示意图时不严格按比例尺和投影关系,而是用示意的方法表示各种生产系统。

一、运输系统示意图

二十大元素

1. 概述

运输系统示意图是表示井下运输情况的综合性图纸。该图可用专用符号直接在采掘工程平面图上填绘;也可采用示意的形式,表示出各巷道运输系统的相互关系。图 8-6 所示为某矿的运输系统示意图。

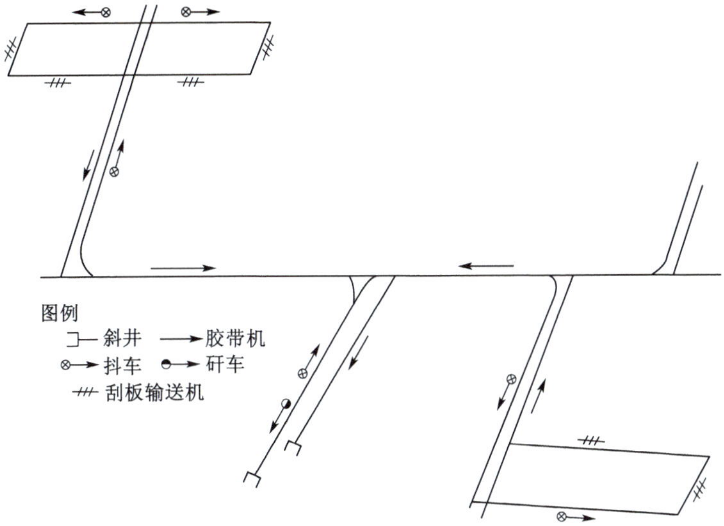

图 8-6　某矿运输系统示意图

运输系统示意图包括以下内容。

① 井筒的提升方式、提升设备及提升能力。

② 井底车场的通过能力。

③ 各段巷道的坡度、运输距离、提升运输方式及能力。

2. 运输系统示意图的应用

① 根据井下运输线路、运输方式,以及设备和通过能力等情况,指挥井下运输工作。

② 分析井下运输系统的合理性,以便简化、优化运输系统,提高提升运输效率。

③ 为编制年度运输计划及远景规划提供资料依据。

④ 为运输图表管理提供参考资料。

二、排水系统示意图

排水系统示意图是表示井下各开采水平和地段的排水线路、涌水量、水仓容量、排水设备及其位置、管路规格和排水量的综合性示意图,如图 8-7 所示。

排水系统示意图的主要用途是:

① 反映井下排水线路、排水设备和排水能力等情况,供主管人员了解排水情况、分析和解决井下排水问题。

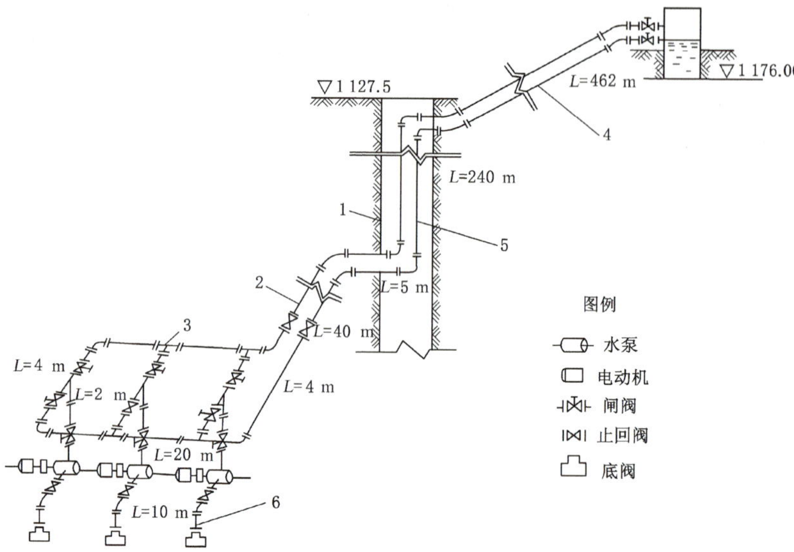

1—副井；2—管子道；3—中央泵房；4—焊接钢管；5—无缝钢管 $\phi 237\times7$；6—无缝钢管 $\phi 325\times8$。

图 8-7　排水系统示意图

② 便于审查排水线路和排水设备的布置是否合理，以便采取措施，改进排水工作。

③ 作为编制矿井年度计划和长远规划的基础资料。

④ 作为井下防水、处理井下水害的重要参考图。

三、井下供电系统示意图

煤矿各级变电所（地面变电所、井下中央变电所、采区变电所、移动变电站）的变压器、配电装置、供电线路及用电负荷，按照一定方式相互连接起来成为一个整体，称为矿井供电系统。

根据矿井的井田范围、地质构造、埋藏深度和井下涌水量的大小等条件，矿井供电系统可分为深井供电系统和浅井供电系统。一般情况下，当矿井埋藏深度超过 150 m 时，应采用深井供电系统。当矿井埋藏深度不超过 150 m 时，可采用浅井供电系统。

深井供电系统与浅井供电系统的区别：深井供电系统一般采用三级供电方式，即地面变电所、井下中央变电所、采区变电所，多为大型矿井采用；而浅井供电系统一般采用二级供电方式，即地面变电所、采区变电所，其特点是不设中央变电所，多为中小煤矿使用。

在井下供电系统示意图上，不表示井下各巷道的相对位置关系，只是表示井下供电线路、供电设备型号、电缆规格及长度，以及用电设备等情况，以便井下主管供电人员了解井下供电情况，研究和解决井下供电问题，如图 8-8 所示。

四、通信系统示意图

通信系统示意图是反映矿井通信系统网络的图件。通信系统由通信网络及通信设备组成，如图 8-9 所示。

煤矿井下通信装置的作用十分重要，在正常工作时，它可远距离联络工作人员，使机械设备互相配合运转。在输送机、转载机、斜巷串车运输设备启动前发出预警报信号，以保证启动运行的安全。井下通信系统采用矿用隔爆兼本质安全型设备，并与井下通信系统连接，在紧急情况下及时与地面管理部门联系，快速采取事故应急救援措施，处理事故。

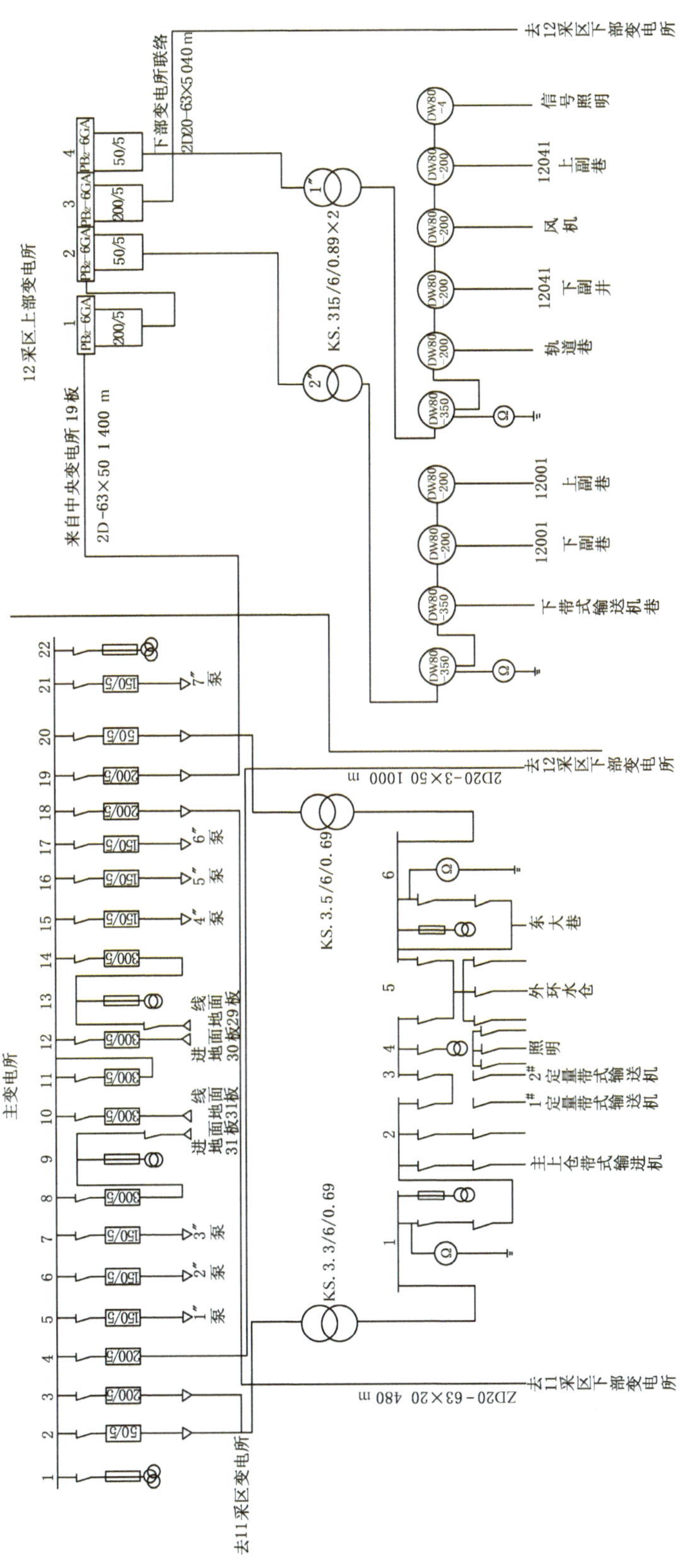

图 8-8　某矿深井供电系统示意图

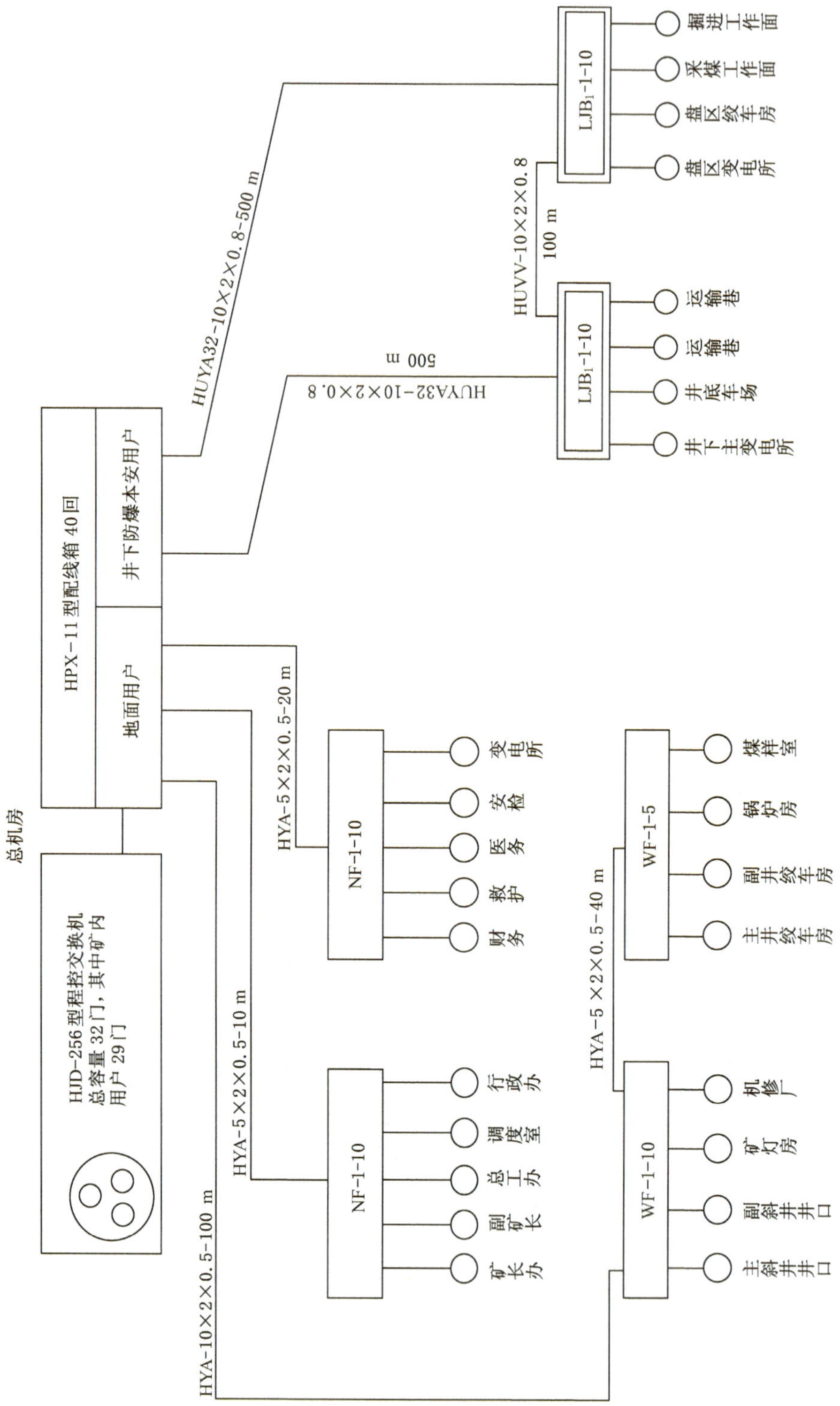

总机房
HJD-256型程控交换机
总容量32门，其中矿内用户29门
HPX-11型配线箱40回
地面用户
井下防爆本安用户
HUYA32-10×2×0.8-500 m
HUYA32-10×2×0.8
500 m
HUVV-10×2×0.8
100 m
LJB1-1-10
LJB1-1-10
掘进工作面
采煤工作面
盘区绞车房
盘区变电所
运输巷
运输巷
井底车场
井下主变电所
HYA-5×2×0.5-20 m
NF-1-10
变电所
安检
医务
救护
财务
HYA-5×2×0.5-10 m
NF-1-10
行政办
调度室
总工办
副矿长
矿长办
HYA-10×2×0.5-100 m
HYA-5×2×0.5-40 m
WF-1-5
煤样室
锅炉房
副井绞车房
主井绞车房
WF-1-10
机修厂
矿灯房
副斜井井口
主斜井井口

图 8-9 某矿通信系统图

复习思考题

1. 井上下对照图的主要内容有哪些?
2. 识读井上下对照图时,应着重看清哪三方面的位置关系?
3. 煤矿中常留设的保护煤柱有哪些?
4. 煤矿中常用的煤矿生产系统图有哪些?

项目九　综合训练

任务一　分项训练

1. 已知空间巷道中的两点 $A(8.6,40)$、$B(-5.3,75)$，在图 9-1 所示的坐标系中标出点 A、B 的位置。

2. 在图 9-2 所示的坐标系中标出方位角 $OA=37°$，$OB=102°$，$OC=188°$，$OD=342°$。

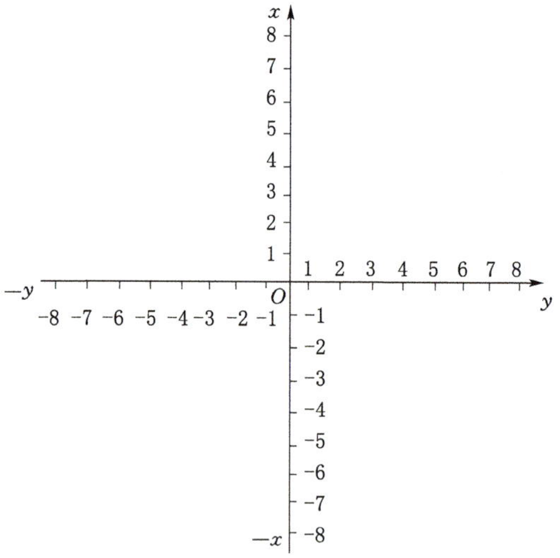

图 9-1　求点的位置

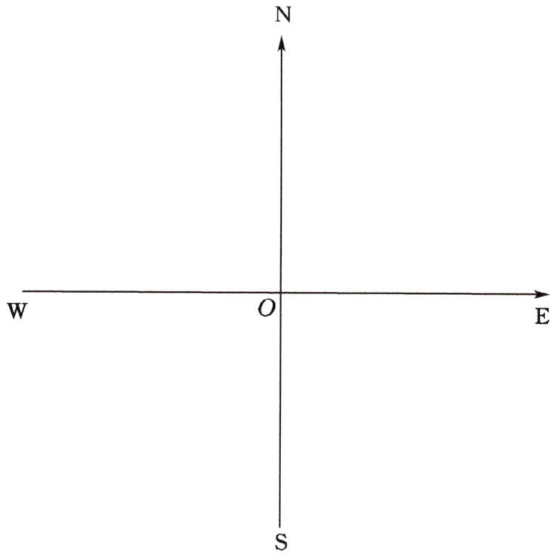

图 9-2　求方位角

3. 在图 9-3 所示的坐标系中标出象限角 $OM=$NE30°，$OP=$S45°E，$OQ=$N50°E。

4. 某水平运输大巷的长度为 1 024 m，若将其绘制在 1∶5 000 的储量图上，应该绘制的长度为多少？

5. 在比例尺为 1∶2 000 的采掘工程平面图上量得某条巷道的长度为 17.5 cm，求此巷道的实际长度是多少？

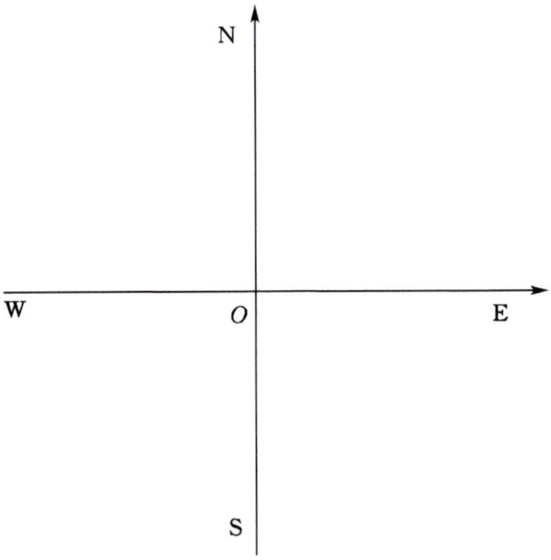

图 9-3　求象限角

6. 已知某地的磁偏角为 $8°15'$，某直线 MN 的磁方位角为 $154°55'$，则该直线的真方位角为多少？

7. 已知 $\alpha_{AB}=75°$，则 α_{BA} 的角度值是多少？

8. 绘制一张采掘工程平面图的标准图签，并标出尺寸。

9. 绘制出下列要求的图例符号。

① 导线点　　② 见煤钻孔

③ 立井　　④ 斜井

⑤ 井田边界　　⑥ 断层

⑦ 岩浆侵入　　⑧ 煤层露头

10. 已知 A 点标高为 55，B 点标高为 132，用内插法绘制出图 9-4 所示直线的整数标高点（每 10 m 绘制一点）。

11. 如图 9-5 所示，已知空间两条巷道中的导线点 A、B、C、D，且已知 $HA=32$、$HB=75$、$HC=17$、$HD=84$，试判断 AB、CD 两巷道的位置关系。

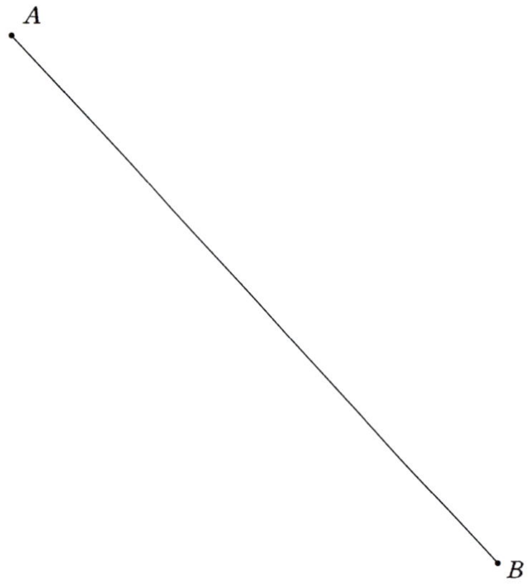

图 9-4　绘制标高点

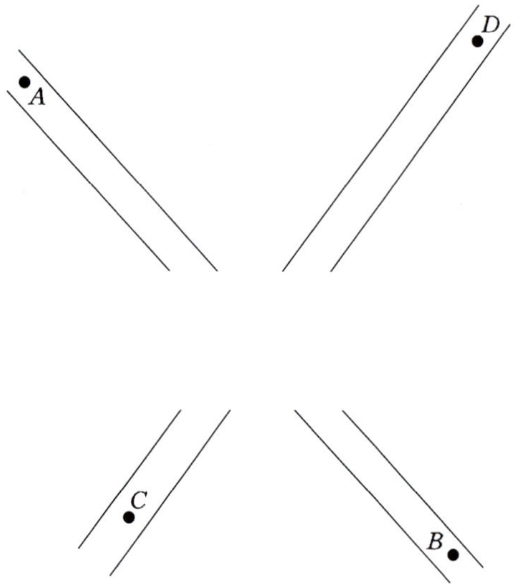

图 9-5　判断巷道位置关系

12. 已知 $A(0,5,20)$、$B(6,14,40)$，试求直线 AB 的方位角及直线 AB 的长度。

13. 已知图 9-6 为 1∶10 000 的平面图的一部分，在图中通过绘制出相同比例尺平面图的方法求出倾角的大小。

14. 求出图 9-7 中空间直线和平面的交点。

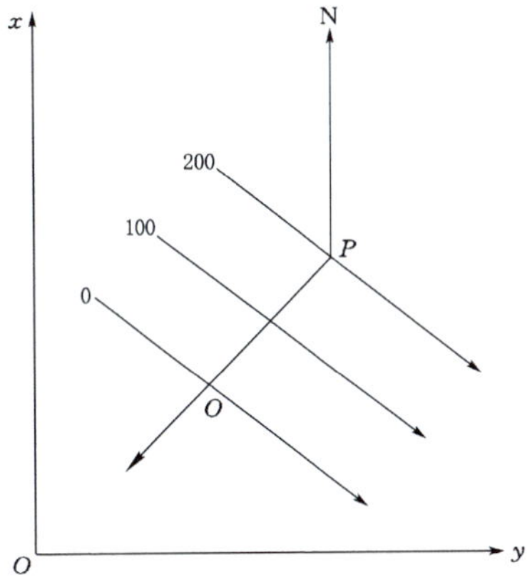

图 9-6　求倾角的大小

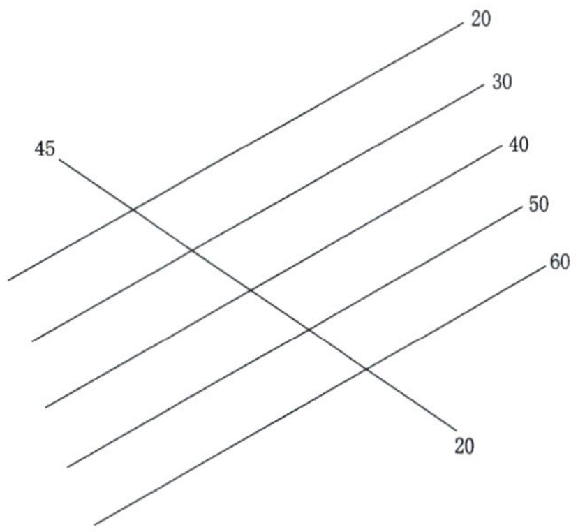

图 9-7　求交点

15. 求图 9-8 中 A、B 点的坐标和直线 AB 的长度及直线 AB 的方位角。

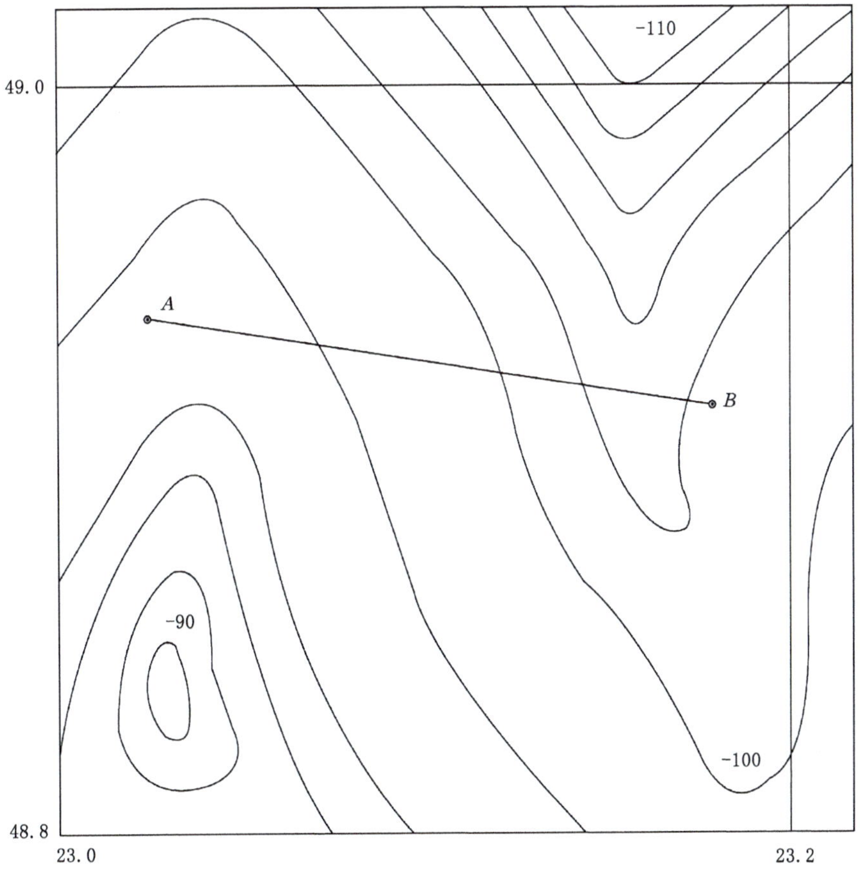

图 9-8　求坐标、长度和方位角

16. 已知下列钻孔数据(图 9-9),根据已知数据绘制整 10 m 等高线。

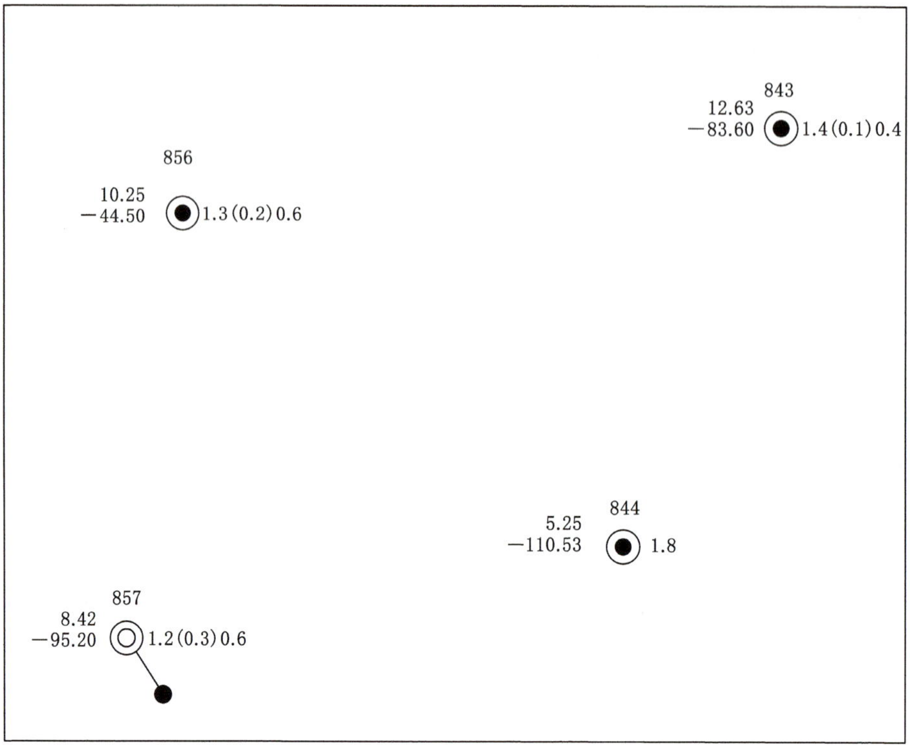

图 9-9　绘制等高线

17. 在横线上填写出地物符号的名称。

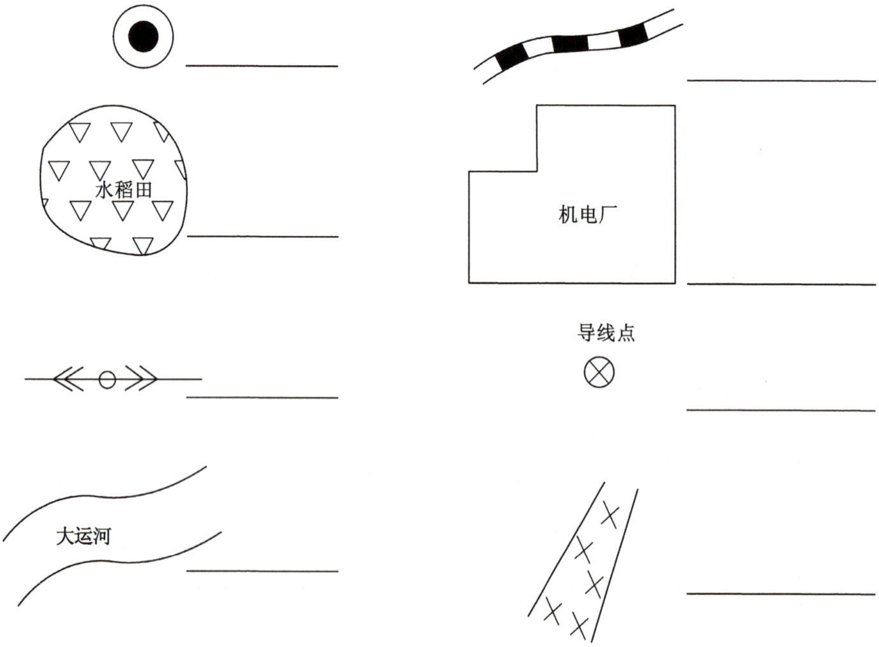

18. 判断图 9-10 中各地形的类型，填在下面的横线上。

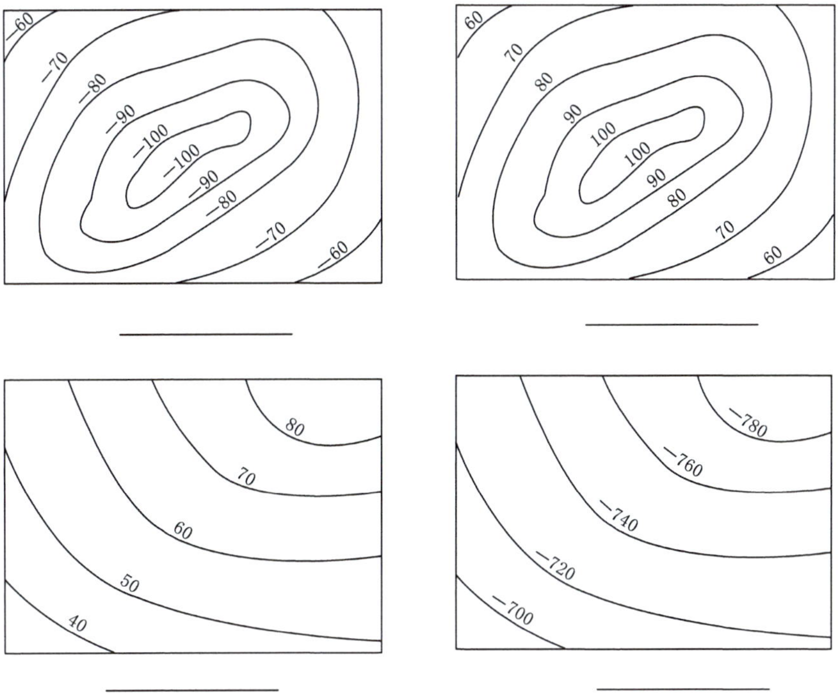

图 9-10 求地形类型

19. 某水厂由山上向山下引水，设计坡度为 $i=5\%$，已知等高距为 2 m，根据要求在图 9-11 中绘制引水的最短路线。（该图的比例尺为 1∶1 000）

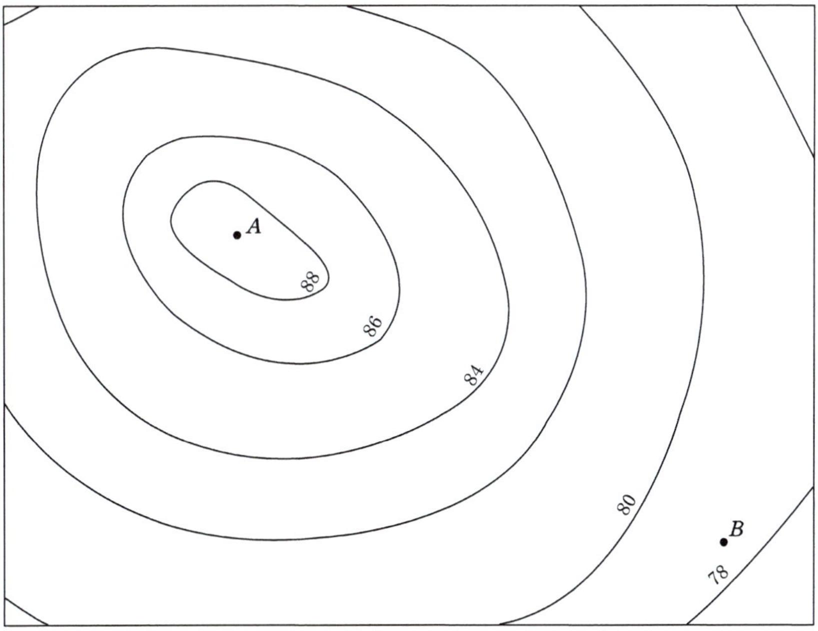

图 9-11 绘制最短路线

20. 根据图 9-12 绘制 Ⅰ—Ⅰ剖面的剖面图，比例尺为 1∶1 000。

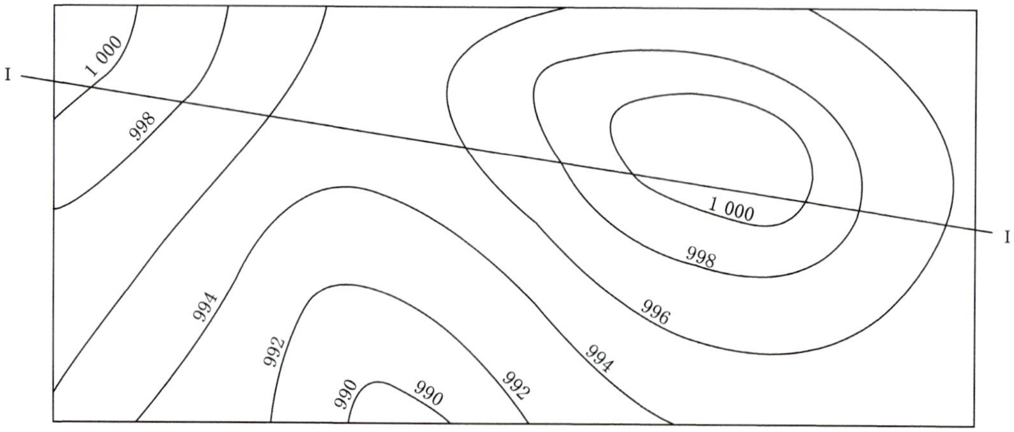

图 9-12　绘制剖面图

21. 求图 9-13 中断层的断距。

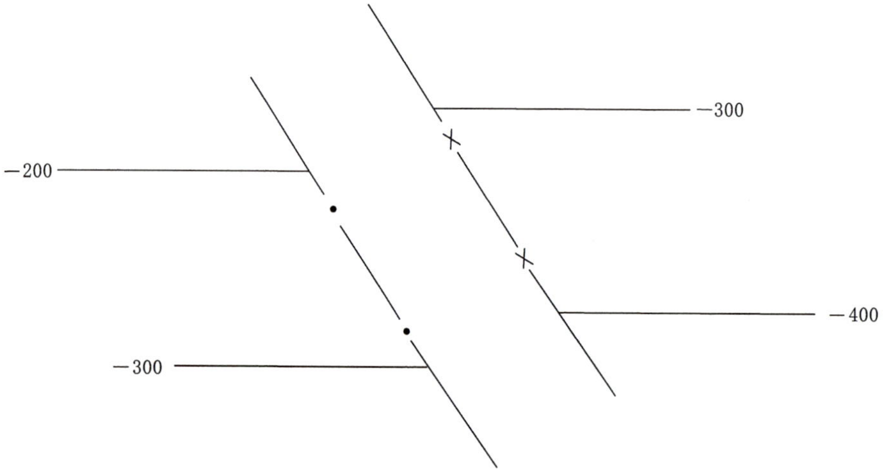

图 9-13　求断距

22. 已知图 9-14 中所用比例尺为 1∶1 000，煤层密度为 1.4，求图中工作面的储量。

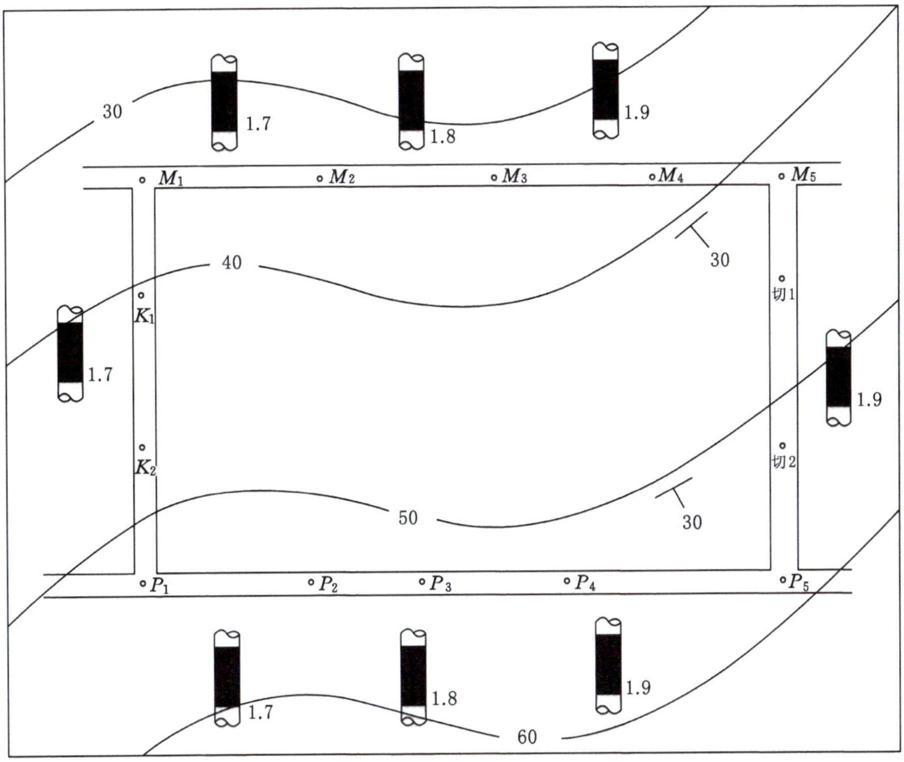

图 9-14　求储量

23. 求图 9-15 中的见煤点和见断层点。

寻找见煤点和见断层点

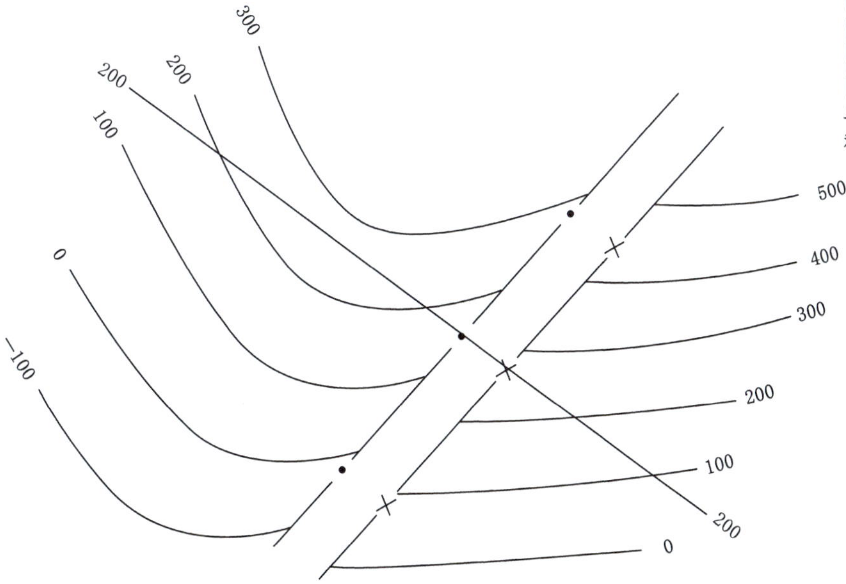

图 9-15　求见煤点和见断层点

24. 绘制图 9-16 中 Ⅰ—Ⅰ 剖面图，比例尺为 1∶10 000。

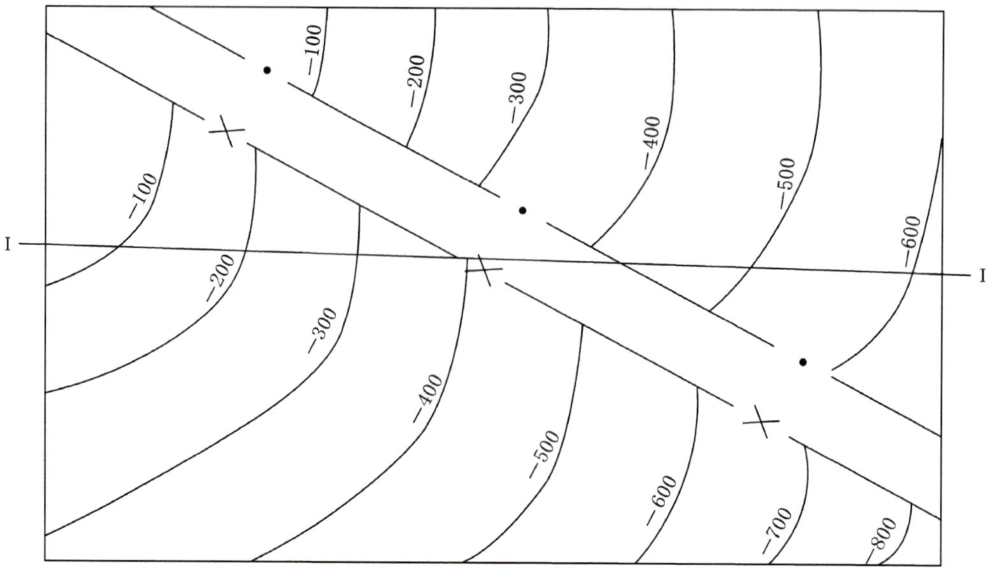

图 9-16　绘制剖面图

25. 图 9-17 为绘图人员马虎错画的一段井字形巷道，利用我们所学的知识将巷道分开。

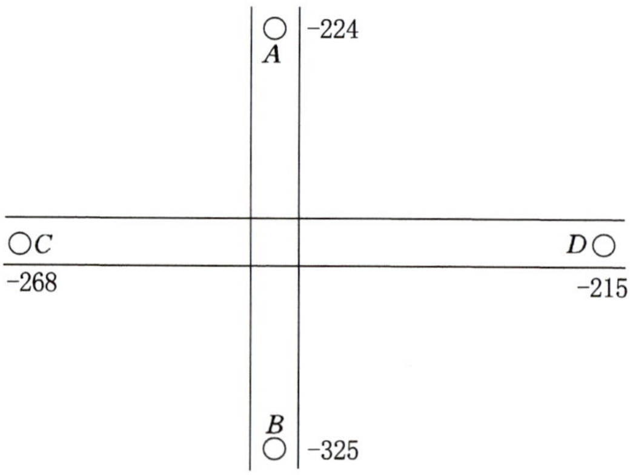

图 9-17　修正巷道图

26. 按读图要求，阅读图 9-18 所示的某矿地形地质图，获取该地形地质图的主要内容。

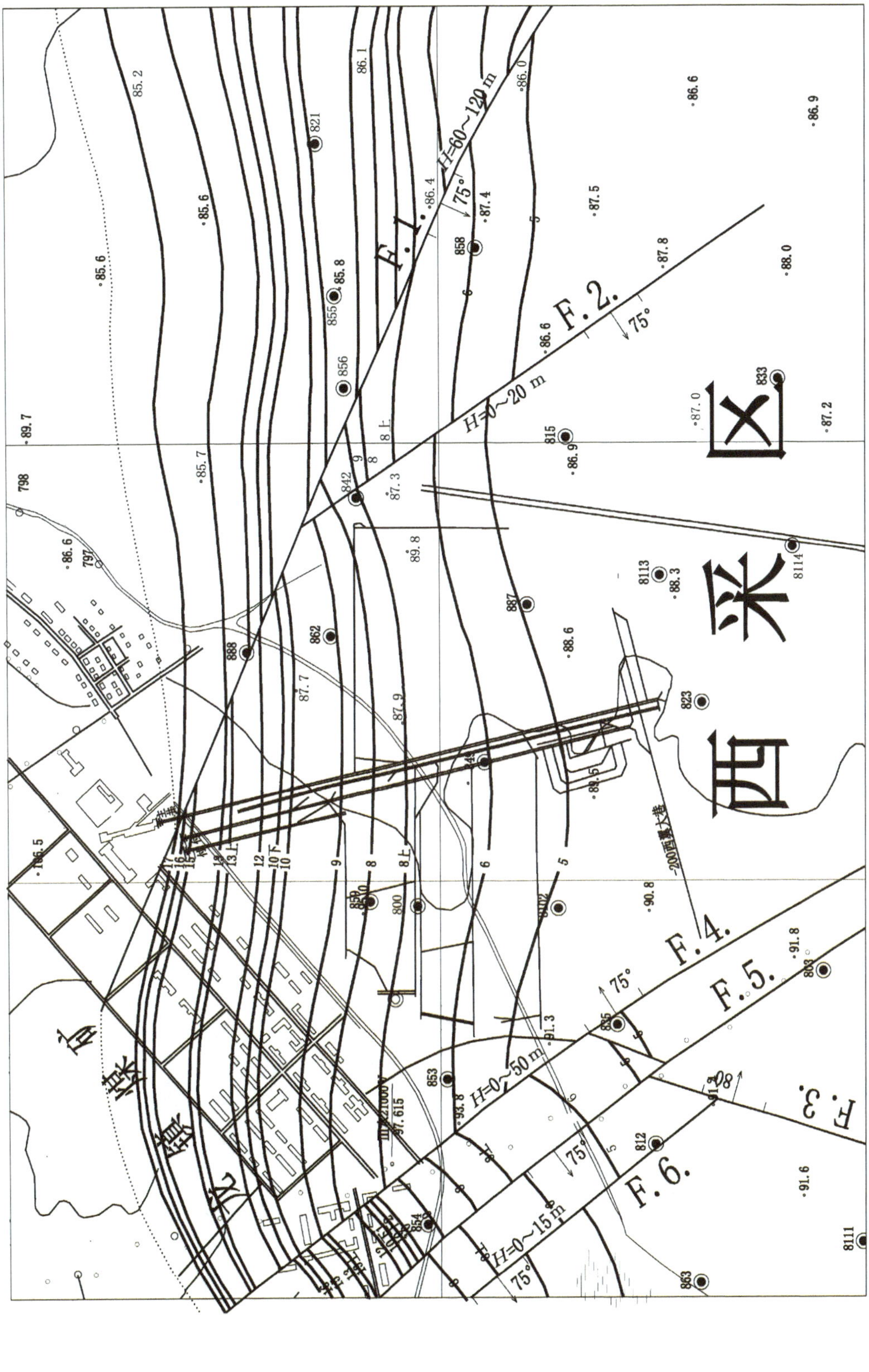

图 9-18 某矿地形地质图

27. 按读图要求，阅读图 9-19 所示的某矿工业广场平面图（部分），获取该工业广场平面图的主要内容。

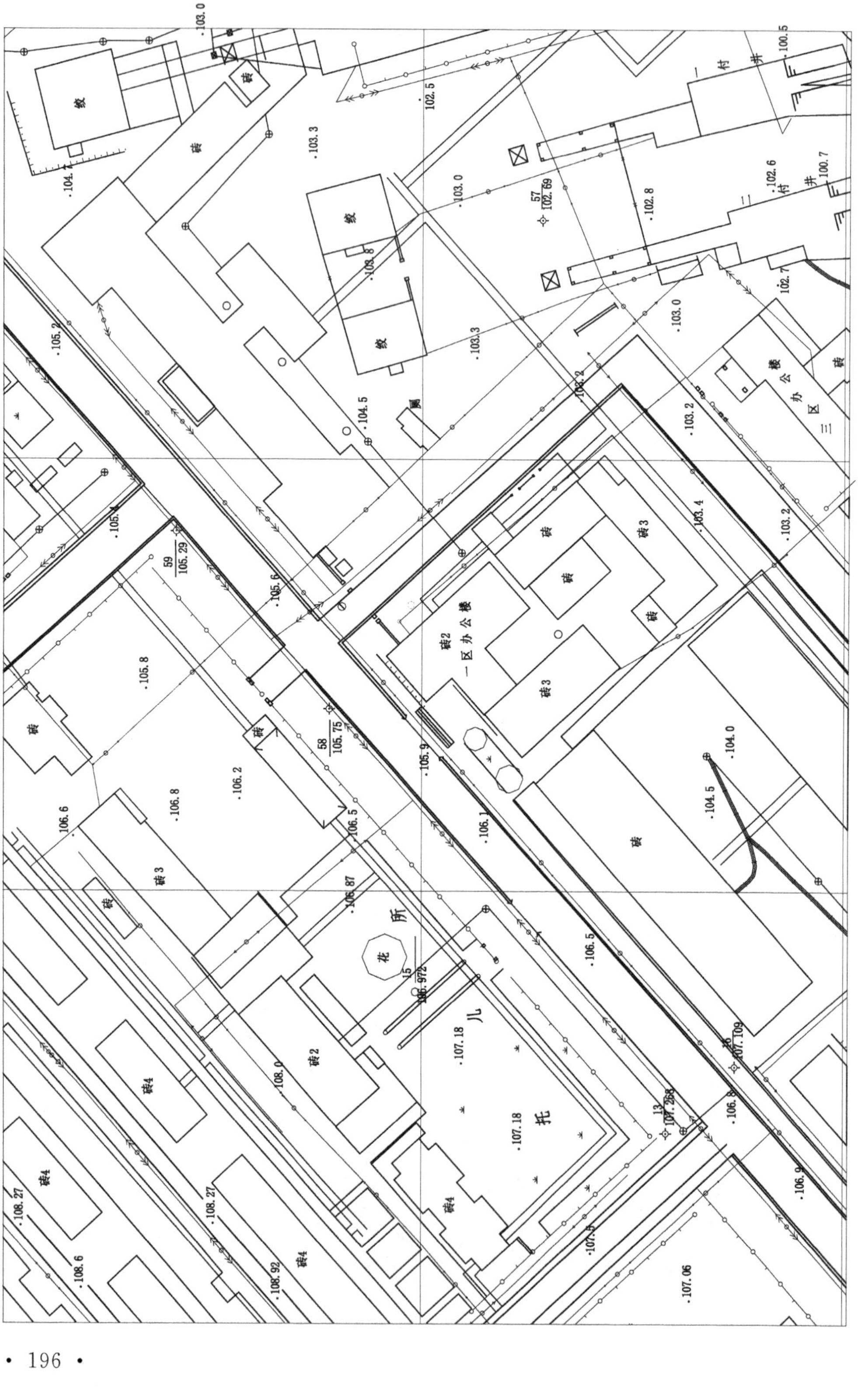

图 9-19 某矿工业广场平面图

28. 按读图要求，阅读图 9-20 所示的某矿井底车场平面图，获取该井底车场平面图的主要内容。

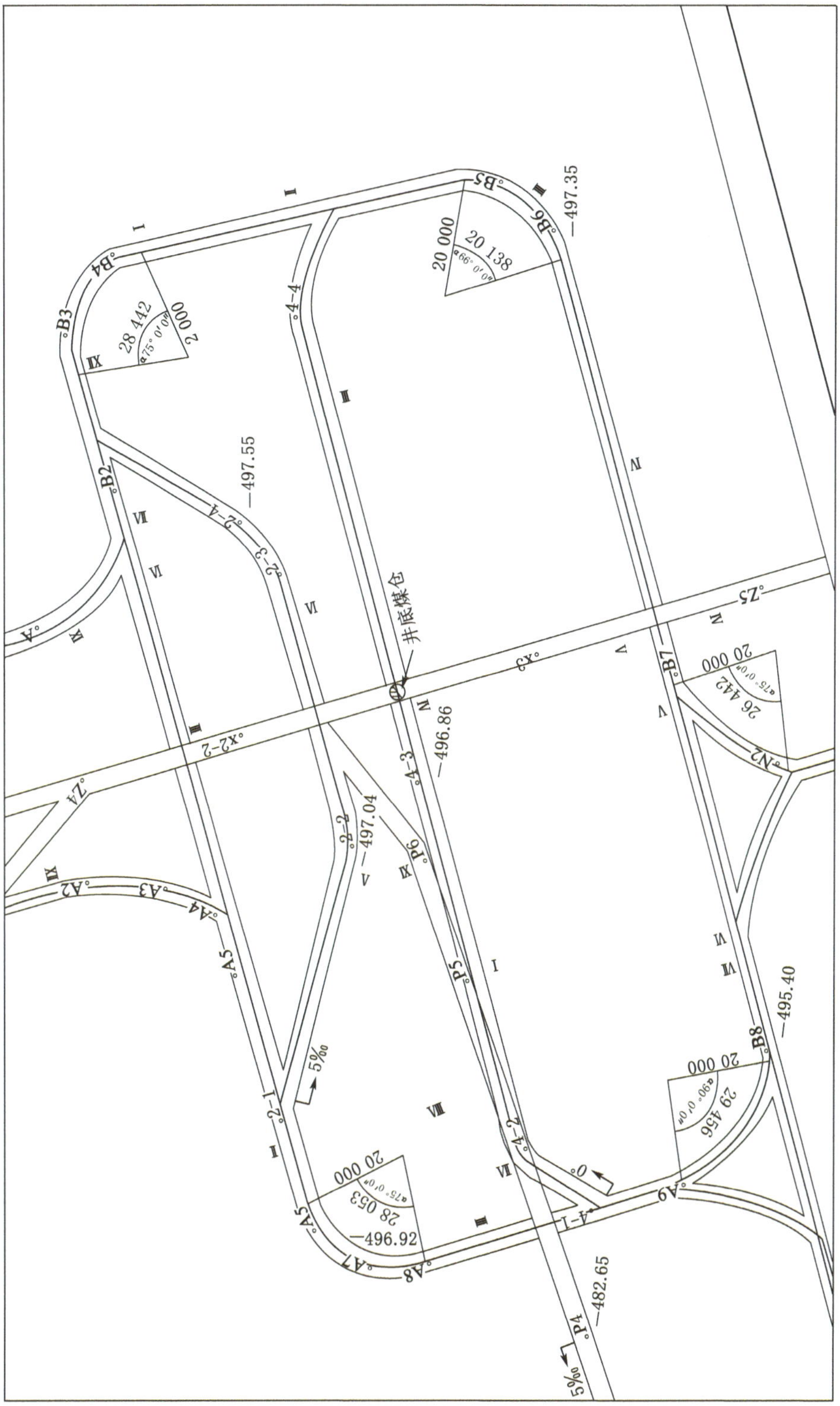

图 9-20 某矿井底车场平面图

29. 按读图要求,阅读图 9-21 所示的勘探线剖面图,获取该勘探线剖面图的主要内容。

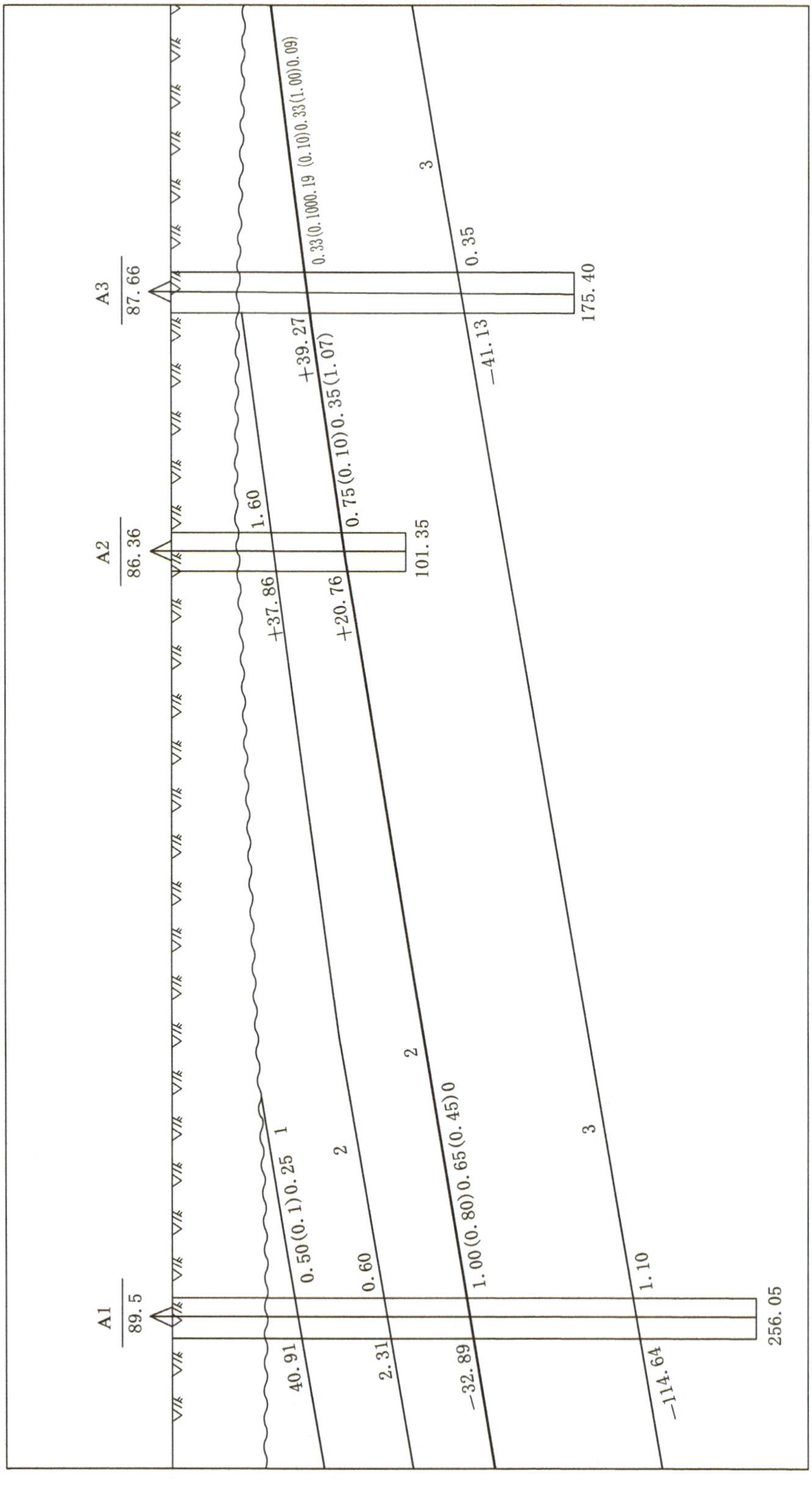

图 9-21 勘探线剖面图

30. 按读图要求，阅读图 9-22 所示的某矿采掘工程平面图，获取该采掘工程平面图的主要内容。

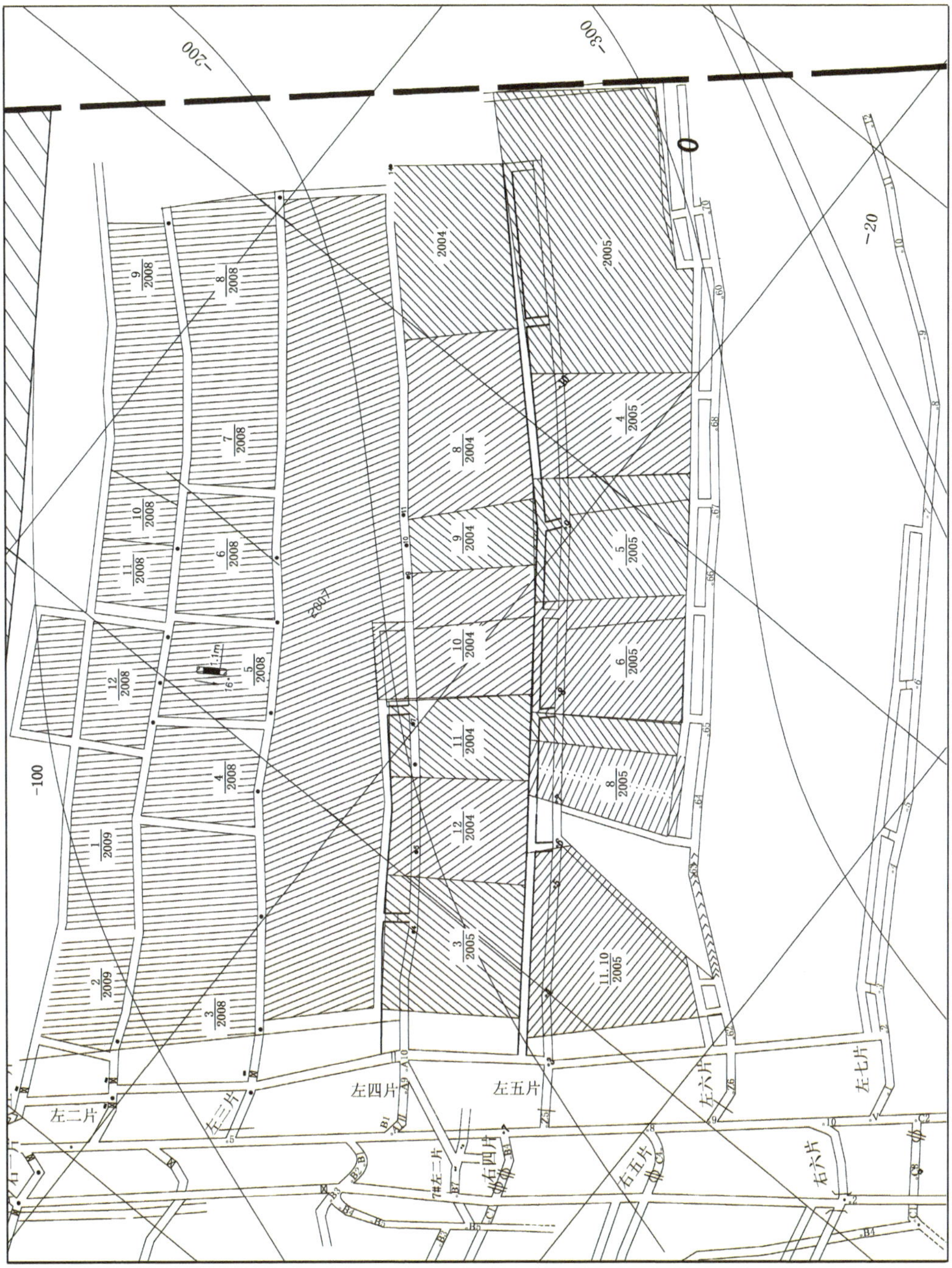

图 9-22 某矿采掘工程平面图

31. 按读图要求，阅读图 9-23 所示的储量计算图，获取该储量计算图的主要内容。

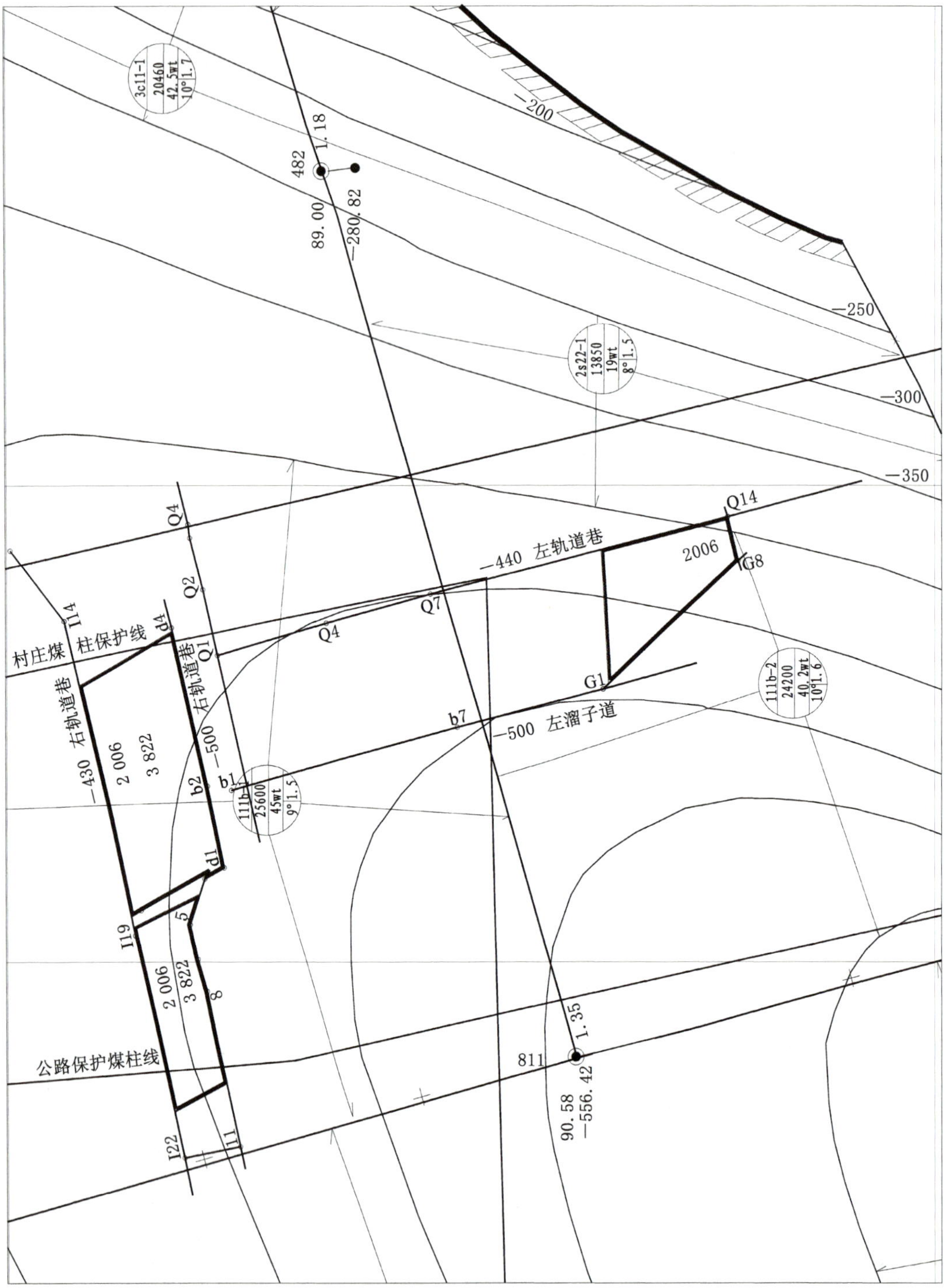

图 9-23　储量计算图

32. 阅读图 9-24 井筒断面图，获取图中的主要内容。

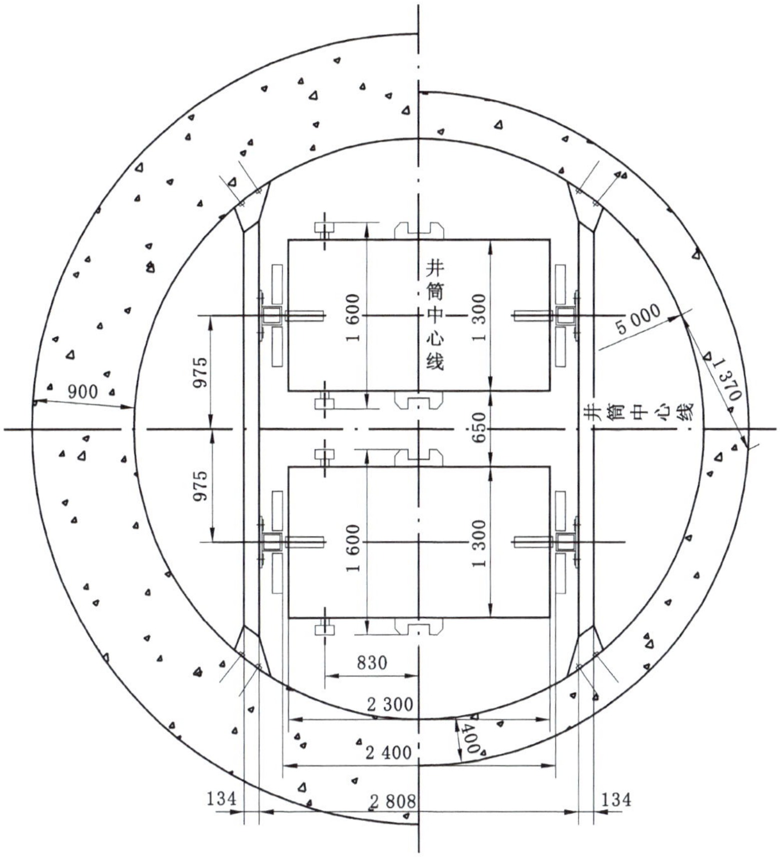

图 9-24　井筒断面图

任务二　综合绘图训练

一、绘图资料数据

1. 钻孔数据

钻孔	钻孔
111(5161936，−22810) 孔口标高　12.07 见煤标高　−110.66 煤厚　0.8(0.2)0.7	112(5161770，−22900) 孔口标高　14.88 见煤标高　−126.45 煤厚　1.3(0.1)0.4
钻孔	**钻孔**
113(5161540，−23060) 孔口标高　15.03 见煤标高　−136.44 煤厚　1.3(0.2)0.3	211(5161960，−22510) 孔口标高　12.07 见煤标高　−125.06 煤厚　0.8(0.1)0.7

续表

钻孔	钻孔
212(5161730,−22660) 孔口标高　13.02 见煤标高　−131.80 煤厚　0.6(0.2)0.9	213(5161570,−22820) 孔口标高 14.66 见煤标高　−142.58 煤厚　1.3(0.1)0.3
钻孔	钻孔
311(5161910,−22280) 孔口标高　11.69 见煤标高　−136.66 煤厚　0.9(0.2)0.6	312(5161765,−22390) 孔口标高　12.98 见煤标高　−139.25 煤厚　0.7(0.1)0.9
钻孔	
313(5161590,−22560) 孔口标高　13.87 见煤标高　−145.97 煤厚　1.4(0.1)0.3	

2. 导线点数据(只有部分导线点需要绘制标高数据)

A_1(5162040.008,−22980.063)　A_2(5162040.010,−22930.375,−106.213)
A_3(5162040.012,−22899.424)　A_4(5162040.011,−22862.312,−106.442)
A_5(5162040.010,−22827.025)　A_6(5162040.013,−22800.001,−107.405)
A_7(5162040.015,−22765.263)　A_8(5162040.017,−22731,660,−110.224)
A_9(5162040.018,−22695.025)　A_{10}(5162040.020,−22642.006,−116.205)
A_{11}(5162040.021,−22608.234)　A_{12}(5162040.021,−22571.001,−120.992)
A_{13}(5162040.026,−22534.820)　A_{14}(5162040.031,−22500.305,−126.035)
A_{15}(5162040.038,−22447.025)　A_{16}(5162040.038,−22405.076,−128.666)
A_{17}(5162040.045,−22370.272)　A_{18}(5162040.063,−22328.664,−129.992)
A_{19}(5162040.066,−22287.765)
B_1(5162120.037,−22287.035,−129.025)　B_2(5162065.003,−22287.034)
B_3(5161993.777,−22287.030,−134.653)　B_4(5161947.007,−22287.035)
B_5(5161899.025,−22287.027,−137.025)　B_6(5161863.224,−22287.031)
B_7(5161793.035,−22287.040,−139.006)　B_8(5161752.080,−22287.044)
B_9(5161706.662,−22287.047,−142.032)　B_{10}(5161674.032,−22287.051)
C_1(5161998.022,−22980.060)　C_2(5161942.007,−22980.070,−109.285)
C_3(5161902.023,−22980.075)　C_4(5161866.156,−22980,074,−120.022)
C_5(5161811.635,−22980.080)　C_6(5161777.730,−22980,081,−126.077)
C_7(5161709.235,−22980.084)　C_8(5161674.030,−22980,087,−135.663)
D_1(5161674.030,−22942.031)　D_2(5161674.031,−22901,358,−132.668)
D_3(5161674.032,−22875.337)　D_4(5161674.033,−22834,033,−135.025)

D_5(5161674.034，−22799.066)

D_6(5161674.035，−22756,621，−136.753)

D_7(5161674.034，−22710.010)

D_8(5161674.033，−22664,159，−136.992)

D_9(5161674.032，−22615.916)

D_{10}(5161674.031，−22580,800，−138.625)

D_{11}(5161674.035，−22544.123)

D_{12}(5161674.034，−22495,087，−141.665)

D_{13}(5161674.034，−22450.050)

D_{14}(5161674.033，−22400,320，−144.253)

D_{15}(5161674.033，−22368.227)

D_{16}(5161674.035，−22329,214，−147.927)

D_{17}(5161674.030，−22300.664)

3. 煤层小柱状数据

[A_1 0.8(0.1)0.7]粉砂岩

[A_4 0.7(0.2)0.7]粉砂岩

[A_8 0.8(0.2)0.9]细砂岩

[A_{11} 0.9(0.1)0.7]细砂岩

[A_{14} 0.8(0.2)0.7]细砂岩

[A_{17} 0.8(0.2)0.7]泥岩

[B_1 0.9(0.2)0.6]泥岩

[B_3 0.9(0.1)0.7]泥岩

[B_7 0.8(0.2)0.8]泥岩

[B_{10} 0.9(0.1)0.7]泥岩

[C_3 0.8(0.1)0.7]粉砂岩

[C_6 1.0(0.1)0.5]粉砂岩

[C_8 1.2(0.1)0.4]凝灰岩

[D_4 1.3(0.2)0.3]泥岩

[D_7 1.3(0.1)0.2]泥岩

[D_{10} 1.3(0.2)0.4]凝灰岩

[D_{14} 1.4(0.1)0.2]泥岩

[D_{17} 1.3(0.2)0.2]泥岩

说明：前面的导线点为小柱状最近的导线点，括号中间的数值为夹矸厚度，后面的描述为夹矸的岩性。

4. 掘进月末点数据

一月末掘进位置 A_{14} 与 A_{15} 之间与 A_{14} 距离 5 m；

二月末掘进位置 A_9 与 A_{10} 之间与 A_{10} 距离 8 m；

三月末掘进位置 A_9 与 A_4 之间与 A_4 距离 10 m；

四月末掘进位置 C_2 与 C_3 之间与 C_2 距离 6 m；

五月末掘进位置 C_4 与 C_5 之间与 C_5 距离 12 m；

六月末掘进位置 C_7 与 C_8 之间与 C_7 距离 10 m；

七月末掘进位置 D_2 与 D_3 之间与 D_3 距离 2 m；

八月末掘进位置 D_8 与 D_9 之间与 D_9 距离 14 m；

九月末掘进位置 D_{12} 与 D_{13} 之间与 D_{12} 距离 6 m；

十月末掘进位置 D_{15} 与 D_{16} 之间与 D_{16} 距离 8 m；

十一月末掘进位置 B_6 与 B_7 之间与 B_6 距离 4 m；

十二月末掘进位置过 B_1 后 12 m。

5. 采煤月末点数据

一月末采煤停采线上位置 A_7 与 A_8 之间与 A_7 距离 6 m、下位置 D_4 与 D_5 之间与 D_4 距离 10 m；

二月末采煤停采线上位置 A_{12} 与 A_{13} 之间与 A_{12} 距离 10 *m*、下位置 D_{11} 与 D_{12} 之间与 D_{11} 距离 12 m；

三月采煤量为剩余部分煤量。

6. 产状符号数据

产状：A_8 附近测量产状为 29°、A_{18} 附近测量产状为 31°、D_5 附近测量产状为 28°、D_{11} 附近测量产状为 32°。

二、设计任务

① 按照规范要求绘制坐标方格网、标题栏，比例尺按 1∶2 000 绘制。

② 填绘钻孔资料。

③ 根据煤层见煤标高及煤层厚度计算底板标高。

④ 根据底板标高利用内插法绘制煤层底板等高线。

⑤ 填绘导线点及实测导线点底板标高数据。

⑥ 根据导线点绘制巷道。

⑦ 根据导线点底板标高修订煤层底板等高线。

⑧ 填绘月末点。

⑨ 填绘产状。

⑩ 填绘煤层小柱状图。

⑪ 根据储量计算公式计算采掘月份储量。

三、绘图要求

① 准备 A_2 图纸一张，600 mm 直尺及铅笔、橡皮等工具。

② 绘图钻孔要求内直径 3 mm，外直径 4.5 mm。

③ 导线点直径 1 mm。

④ 巷道宽度 2 mm。

⑤ 储量计算圈直径 30 mm。

四、绘图示例

利用以上数据内容所绘制的图纸样例（由于图纸比较大，建议放大到 A_2 大小）。

五、说明

此图为练习图例符号、内插法及储量计算的练习图纸，其中有一些点号顺序及月季点顺序与实际工作可能不全相符。

六、成果展示

略。

参考文献

[1] 冯耀挺,闫光准.矿图[M].北京:煤炭工业出版社,2005.
[2] 郭玉社.矿井测量与矿图[M].北京:化学工业出版社,2007.
[3] 国家安全生产监督管理总局,国家煤矿安全监察局.煤矿安全规程:条文对比[M].北京:煤炭工业出版社,2016.
[4] 黄盛发.矿山测绘[M].北京:煤炭工业出版社,1995.
[5] 刘俊荷.矿图[M].北京:煤炭工业出版社,2011.
[6] 陶昆,姬婧.矿图[M].徐州:中国矿业大学出版社,2007.
[7] 王幼龙.机械制图:机械类[M].北京:高等教育出版社,2001.
[8] 杨孟达.煤矿地质学[M].北京:煤炭工业出版社,2000.
[9] 张荣立.采矿工程设计手册[M].北京:煤炭工业出版社,2003.
[10] 周冠军.矿图[M].修订版.北京:煤炭工业出版社,1993.
[11] 邹光华,吴健斌.矿山设计 CAD[M].北京:煤炭工业出版社,2007.